Helmut Schlegel (Hrsg.)

Steuerung der IT im Klinikmanagement

T0194725

Edition CIO

herausgegeben von
Andreas Schmitz und Horst Ellermann

Der Schlüssel zum wirtschaftlichen Erfolg von Unternehmen liegt heute mehr denn je im sinnvollen Einsatz von Informationstechnologie. Nicht ob, sondern WIE die Informationstechnik der Motor für wirtschaftlichen Erfolg sein wird, ist das Thema der Buchreihe. Dabei geht es nicht nur um Strategien für den IT-Bereich, sondern auch deren Umsetzung - um Architekturen, Projekte, Controlling, Prozesse, Aufwand und Ertrag.

Die Reihe wendet sich an alle Entscheider in Sachen Informationsverarbeitung, IT-Manager, Chief Information Officer – kurz: an alle IT-Verantwortlichen bis hinauf in die Chefetagen.

Konsequente Ausrichtung an der Zielgruppe, hohe Qualität und dadurch ein großer Nutzen kennzeichnen die Buchreihe. Sie wird herausgegeben von der Redaktion der IT-Wirtschaftszeitschrift CIO, die in Deutschland seit Oktober 2001 am Markt ist und in den USA bereits seit 20 Jahren erscheint.

Chefsache Open Source
Von Theo Saleck

Chefsache IT-Kosten
Von Theo Saleck

IT-Controlling realisieren
Von Andreas Gadatsch

Outsourcing realisieren
Von Marcus Hodel, Alexander Berger und Peter Risi

Optimiertes IT-Management mit ITIL
Von Frank Victor und Holger Günther

Führen von IT-Service-Unternehmen
Von Kay P. Hradilak

Von der Unternehmensarchitektur zur IT-Governance
Von Klaus D. Niemann

IT-Management mit ITIL® V3
Von Ralf Buchsein, Frank Victor, Holger Günther und Volker Machmeier

IT für Manager
Von Klaus-Rainer Müller und Gerhard Neidhöfer

Management von IT-Architekturen
Von Gernot Dern

www.viewegteubner.de

Helmut Schlegel (Hrsg.)

Steuerung der IT im Klinikmanagement

Methoden und Verfahren

Mit 60 Abbildungen

PRAXIS

**VIEWEG+
TEUBNER**

Bibliografische Information der Deutschen Nationalbibliothek
Die Deutsche Nationalbibliothek verzeichnet diese Publikation in der
Deutschen Nationalbibliografie; detaillierte bibliografische Daten sind im Internet über
<http://dnb.d-nb.de> abrufbar.

Das in diesem Werk enthaltene Programm-Material ist mit keiner Verpflichtung oder Garantie irgend-
einer Art verbunden. Der Autor übernimmt infolgedessen keine Verantwortung und wird keine daraus
folgende oder sonstige Haftung übernehmen, die auf irgendeine Art aus der Benutzung dieses
Programm-Materials oder Teilen davon entsteht.

Höchste inhaltliche und technische Qualität unserer Produkte ist unser Ziel. Bei der Produktion und
Auslieferung unserer Bücher wollen wir die Umwelt schonen: Dieses Buch ist auf säurefreiem und
chlorfrei gebleichtem Papier gedruckt. Die Einschweißfolie besteht aus Polyäthylen und damit aus
organischen Grundstoffen, die weder bei der Herstellung noch bei der Verbrennung Schadstoffe
freisetzen.

DIN-Normen wiedergegeben mit Erlaubnis des DIN Deutsches Institut für Normung e.V.
Maßgebend für das Anwenden der DIN-Norm ist deren Fassung mit dem neuesten Ausgabedatum,
die bei derBeuth Verlag GmbH, Burggrafenstr. 6, 10787 Berlin, erhältlich ist.

1. Auflage 2010

Alle Rechte vorbehalten
© Vieweg+Teubner Verlag | Springer Fachmedien Wiesbaden GmbH 2010

Lektorat: Christel Roß | Maren Mithöfer

Vieweg+Teubner Verlag ist eine Marke von Springer Fachmedien.
Springer Fachmedien ist Teil der Fachverlagsgruppe Springer Science+Business Media.
www.viewegteubner.de

Umschlaggestaltung: KünkelLopka Medienentwicklung, Heidelberg

Gedruckt auf säurefreiem und chlorfrei gebleichtem Papier.

ISBN 978-3-8348-0882-0

Vorwort

Der Einsatz der Informationstechnologie in Krankenhäusern ist von vielen Erlösungshoffnungen und Hypes geprägt, während sein Umfeld von einem eher hektischen Wandel bestimmt ist. Dies betrifft auch die Stabilität und die Nachhaltigkeit des Interesses der Anbieter von IT für Krankenhäuser. Die Aufgaben des Krankenhausmanagements bestehen vor diesem Hintergrund darin, aus der Vielfalt von Entwicklungen und neuen Technologien sich derer zu versichern, die einen tatsächlichen Wertbeitrag im Versorgungsprozess sichern und nachhaltig von Bestand sind.

Dass der Einsatz von IT für die Krankenhäuser immer bedeutsamer wird, ist für die Geschäftsführungen von Krankenhäusern unstrittig. Neu ist das hohe Maß an Übereinstimmung, mit dem die Führungskräfte aus den unterschiedlichen Bereichen der Krankenhäuser die Bedeutung des IT-Einsatzes einschätzen. Dies zeigte die 2009 veröffentlichte empirische Studie mit dem Titel „Wahrgenommener Wert von IT in Krankenhäusern".[1]

In der Skalierung von 1 = „stimme überhaupt nicht zu" bis 5 = „stimme voll zu" beantworteten 106 kaufmännische, 167 medizinische und 206 IT-Leiter Fragen der Studie. An dieser Stelle sei deren Einschätzung zu zwei Thesen wiedergegeben:

- „Ohne den Einsatz von IT-Systemen könnte unser Krankenhaus nicht mehr überleben" wurde mit einem Mittelwert von 4,7 bewertet.
- „IT liefert einen Wertbeitrag für unser Krankenhaus" bewerteten die Kollegen mit dem Mittelwert von 4,1.

Bei beiden Thesen unterschieden sich die Bewertungen durch die genannten Gruppen der Führungskräfte nicht.

Es überrascht ein wenig, dass die IT in den Krankenhäusern trotz aller noch bestehenden Unzulänglichkeiten heute in den Augen des Managements eine so hohe und einvernehmlich eingeschätzte Bedeutung erreicht hat.

Schließlich sind noch wesentliche Probleme ungelöst:

- Die IT-Systeme sind auch im Krankenhaus überwiegend für eine Arbeitsorganisation ausgelegt, bei der der Beschäftigte während des Arbeitstages an seinem IT-Arbeitsplatz bleibt und diesen alleine nutzt. In Wirklichkeit teilen

---

1   Fähling, J.; Köbler, F.; Leimeister, J. M.; Krcmar, H.: Wahrgenommener Wert von IT in Krankenhäusern. In: Hansen, H. R.; Karagiannis, D.; Fill, H. G. (Hrsg.): Business Services: Konzepte, Technologien, Anwendungen, Band II. Wien 2009, S. 709-718.

sich im klinischen Betrieb mehrere Beschäftigte einen IT-Arbeitsplatz. Die hierfür notwendige zügige und adäquate Unterstützung des Benutzerwechsels fehlt. Mit der Einführung des Heilberufsausweises wird dieses Problem noch deutlicher werden.

Es fehlt eine ähnlich performante Lösung, wie sie die Kellnerkasse in einer Gaststätte seit Jahrzehnten bietet.

– Die IT der Krankenhäuser hat sich lange Zeit in einer „Inselkultur" entwickelt: dem Rechnungswesen und der Patientenverwaltung, der Bürotechnik und der Telefonie, der Organisationsunterstützung und Dokumentation in den Kliniken und Instituten, der Qualitätsdokumentation mit ihren unterschiedlichen Darlegungsformen und Adressaten, der Medizin- und der Haustechnik.

Die Integration der aus diesen unterschiedlich strukturierten „Welten" stammenden IT-Systeme – unter Wahrung der unterschiedlichen medizinischen, technischen und administrativen Sichten – ist die aktuelle Herausforderung.

– Mit der Notwendigkeit, im ambulanten Bereich – sei es in der Form eines MVZ oder einer Ermächtigung selbst oder in Partnerschaft mit niedergelassenen Ärzten – tätig zu werden, ergibt sich für die Krankenhäuser ein neuer Bereich, in dem sie Synergien aus der sektorübergreifenden Versorgung erschließen können. Dies setzt jedoch die Unterstützung komplexer Kommunikationsbeziehungen durch IT voraus.

Die derzeit in den Praxen der niedergelassenen Ärzte etablierten IT-Systeme sind in der Regel für die Unterstützung dieser komplexen und kommunikationsintensiven Aufgaben nicht konzipiert.

In diesem Umfeld ist es für die Entscheidungsträger in den Krankenhäusern besonders wichtig, Informationen zu erhalten, deren Evidenz der täglichen Praxis entspringt. Deshalb wurde dieses Buch von Autoren geschrieben, die den IT-Einsatz im Alltag deutscher Krankenhäuser aus eigener Erfahrung kennen, die Sprache der Führungskräfte sprechen und sich persönlich an der Gestaltung und Umsetzung der Innovationen in der deutschen IT-Landschaft der Krankenhäuser beteiligen.

Führungskräfte in Krankenhäusern gleich welcher Größenordnung können aus den Beiträgen wertvolle und aktuelle Hinweise schöpfen und sich für Entscheidungen – sei es zur IT oder zur Organisation von IT im Krankenhaus - über die wesentlichen Entwicklungen und Restriktionen der IT praxisnah informieren.

Dr. Alfred Estelmann

Vorstand des Klinikums Nürnberg

Inhalt

1 Einführender Überblick

Helmut Schlegel, Dr. Margit Fischer

1.1 Warum ein Buch über IT-Steuerung?

Ein wesentlicher Grundsatz unternehmerischer Steuerung ist, dass auf der Basis vorliegender langfristigen Planungen (Strategien), kurzfristige und dynamische Maßnahmenpläne erstellt werden. Eine Mitte 2008 durchgeführte Befragung in deutschen Großkrankenhäusern ergab allerdings, dass den Mitarbeitern in den wenigsten Häusern eine schriftliche Strategie bekannt war. Eine Anregung an den Leser des Buches ist somit, sich zu informieren, wie dieser Tatbestand im eigenen Haus ist.

Weiterhin stellen die Autoren fest, dass die Nutzung und die Kenntnis um weltweite Organisationsstandards der IT vielen IT-Mitarbeitern in deutschen Krankenhäusern nicht geläufig sind. Ganz deutlich ist zu erkennen, dass in den IT-Abteilungen zu wenig in die methodische Ausbildung der Mitarbeiter investiert wird. Primat ist die Ausbildung in IT-Fachthemen. Ausbildungsinvestition in Methoden und Verfahren wird leider zu oft als noch verzichtbar angesehen.

Wir alle wissen, dass die größten zu erschließenden Potentiale in der optimalen Nutzung der Ressourcen innerhalb der Leistungsprozesse liegen. Unumstritten ist, dass die IT mit den Möglichkeiten der Workflowoptimierung und -unterstützung an dieser Stelle das meistgeforderte Werkzeug ist. Als daraus abzuleitende Forderung kann man dem Klinikmanagement nur raten, die IT viel mehr als strategische Komponente der Unternehmensteuerung zu sehen und daraus auch die notwendigen Konsequenzen zu ziehen.

Den Autoren ist es daher ein Anliegen, diese offensichtliche Lücke zwischen der verfügbaren methodischen Unterstützung und den technologischen Möglichkeiten auf der einen Seite und dem praktischen Einsatz auf der anderen Seite aufzuzeigen und Anregungen zur Schließung dieser Lücke zu geben.

1.2 Was erwartet den Leser?

Betrachten wir die Informationsverarbeitung (IT) im Unternehmen als zu steuernde organisatorische Einheit, besteht die wesentliche Aufgabenstellung darin, die wertschöpfenden Leistungsprozesse möglichst effektiv und effizient zu unterstützen. Dabei sind drei wesentliche Fragen zu beantworten:

– Welche Hilfsmittel bieten sich der Unternehmensleitung zur Steuerung der IT?
– Welche Hilfsmittel sollte die IT selbst einsetzen, um die eigenen Leistungsprozesse adäquat steuern zu können?
– Welche Entwicklungstrends sind für die IT in Kliniken relevant?

Das vorliegende Buch besteht aus vierzehn Beiträgen, die auf diese Fragen Antworten anbieten und dem interessierten Leser konkrete Vorschläge für die Umsetzung unterbreiten. Die Beiträge sind analog den obigen Fragestellungen in drei Themenbereiche gegliedert:

– Methoden und Verfahren zur Steuerung der IT für die Unternehmensleitung
– Methoden und Verfahren zur Steuerung der Serviceprozesse in der IT
– Ausgewählte Trends und Neuerungen in der IT, die für das Klinikmanagement relevant sind

Die Beiträge dieses Buchs stammen größtenteils von Praktikern, die Ihre Erfahrung und thematische Kompetenz und Motivation bei der Umsetzung einbringen. Dabei kommen die meisten Autoren aus dem klinischen Umfeld und befassen sich mit Themen, die für Krankenhäuser relevant sind. So gibt es Beiträge, die speziell auf das Klinikmanagement abstellen, aber auch eine Reihe von Beiträgen, die sich mit Methoden und Verfahren befassen, die in verschiedenen Branchen Anwendung finden, jedoch ebenso sinnvoll in Krankenhäusern anwendbar sind. Das gleiche gilt für die vorgestellten Trends und Neuerungen in der IT.

Die Kapitel sind in sich geschlossen, verweisen in nur wenigen Fällen auf den Inhalt eines anderen Autors. Der interessierte Leser kann deshalb die für ihn interessanten Beiträge auswählen.

Als Orientierungshilfe wird im Folgenden kurz der Inhalt der einzelnen Beiträge vorgestellt.

1.2.1 Methoden und Verfahren zur Steuerung der IT für die Unternehmensleitung

IT-Governance mit COBIT® – Methodenunterstützung für das Management

Ein integraler Bestandteil der Corporate Governance, die in der alleinigen Verantwortung der Unternehmensleitung liegt, ist die sogenannte IT-Governance. Diese stellt sicher, dass die IT-Strategie aus den Unternehmenszielen abgeleitet wird und entsprechende Maßnahmen zur Zielerreichung geplant, ergriffen, überwacht und deren Erfolg überprüft werden. Das inzwischen weltweit anerkannte Werkzeug für die Umsetzung der IT-Governance ist COBIT®. Dieses Framework wird zunächst vorgestellt und anschließend aus Sicht der Praxis bewertet. Weiterhin erhält der Leser konkrete Vorschläge für eine Implementierung im eigenen Unternehmen.

Strategisches Informationsmanagement

Strategisches Informationsmanagement kann betrieben werden, wenn die Informationsverarbeitung als Ganzes in einem Klinikum als strategischer Kernprozess verstanden wird und aus der Unternehmensstrategie des Krankenhauses eine Ableitung für die Strategische Planung der IT erfolgen kann. Hierbei geht der Autor auf die Formen und Aufgaben des Informationsmanagements allgemein und im Speziellen auf die Strukturen und Instrumente des strategischen Informationsmanagements ein. Der Verfasser zeigt anschaulich am Beispiel des Klinikums Braunschweig, wie das strategische Informationsmanagement organisatorisch in einer Klinik verankert und sinnvoll in der Praxis etabliert werden kann.

Die Balanced Scorecard als Management- und Controllinginstrument - Nutzenpotentiale für die IT im Krankenhaus

Das in vielen Branchen übliche Instrument der Balanced Scorecard (BSC) wird für Non-Profit-Organisationen vorgestellt und am Beispiel des Gesundheitswesens näher betrachtet. Die Autoren veranschaulichen weiterhin, welche zusätzlichen Perspektiven bei einer IT-spezifischen BSC ausgeprägt werden können, denn Service-Einheiten wie eine IT-Organisation können wie Unternehmen im Unternehmen betrachtet werden. Der Beitrag liefert konkrete Vorschläge, wie die IT-Leitung das Kennzahlensystem einer IT-BSC zur Steuerung einsetzen kann.

Die betriebswirtschaftliche Bewertung der IT-Performance im Krankenhaus am Beispiel eines Benchmarking-Projektes

Zielsetzung eines Benchmarkings ist es, sich seiner eigenen Position im Wettbewerbsvergleich bewusst zu werden und daraus Maßnahmen zur Verbesserung der Positionierung abzuleiten. Versteht man Benchmarking als permanenten Prozess, kann es dabei unterstützen, Arbeitsabläufe effizienter zu gestalten, Potential für Kostensenkungen aufzudecken und seine eigene Marktposition zu stärken. Die Autorin berichtet aus dem seit drei Jahren laufenden IT-Benchmarkingprojektes kommunaler Großkrankenhäuser, stellt ein theoretisch fundiertes Methodenset vor und ermöglicht dem Leser einen guten Einblick in die praktische Umsetzung.

IT-Compliance für nationale Unternehmen – die wachsende Herausforderung

In diesem juristischen Beitrag werden wesentliche Bereiche dargestellt, die im Zusammenhang mit der IT-Compliance im Krankenhaus stehen und Kernpunkte eines IT-Compliance-Konzeptes sein sollten. Hierzu gehören der Datenschutz, die elektronische Archivierung, das Software-Asset-Lizenzmanagement und Haftungsfragen bei der Internetnutzung. Der datenschutzrechtliche Teil nimmt wegen der besonderen Problematik der Erhebung, Verarbeitung und Nutzung von Gesundheits- und Patientendaten einen größeren Raum ein.

1.2.2 Methoden und Verfahren zur Steuerung der Serviceprozesse in der IT

Best Practice in der Servicesteuerung – ITIL® und ISO 20000

Effiziente Servicesteuerung ist ein zentrales Thema in Unternehmen. In deutschen Krankenhäusern scheint es allerdings noch Berührungsängste mit ITIL® und ISO 20000 zu geben. Es herrscht noch das Denken vor, dass ITIL® nur etwas für große Unternehmen mit einem relativ hohen IT-Budget sei. Die Chance für Krankenhäuser ist es aber gerade von der Erfahrung anderer Unternehmen zu lernen, zumal die IT-Serviceprozesse, egal in welcher Branche, annähernd identisch ausgeprägt sind. Der Beitrag stellt das Framework von ITIL® sowie die darauf aufsetzende ISO-Norm vor und verdeutlicht das Nutzenpotential von Best Practices.

IT Service Management – IT-Leistungskataloge als Basis für SLAs

Die effektive und effiziente Steuerung von Services der IT kann wie die Steuerung von Outsourcing- bzw. Outtasking-Partnern auf Basis von Service Level Agreements (SLAs) erfolgen. Der Autor beschreibt, wie die internen IT-Leistungen aus dem IT-Leistungskatalog gebündelt und Service-Paketen zugeordnet werden können. Somit ergeben sich die für den internen Kunden transparenten und nachvollziehbaren Serviceleistungen, die wiederum in einem IT-Servicekatalog zusammengefasst sind. Der Verfasser liefert neben einer theoretisch fundierten Darstellung eine Reihe anschaulicher Beispiele, wie IT Service Management in der Praxis aussehen kann.

Zertifizierung der Serviceprozesse nach ISO9001 – Nutzen für das Unternehmen

Wie man in der Praxis ein Qualitätsmanagementsystem mit strukturierten Serviceprozessen etablieren kann, beschreibt ein Erfahrungsbericht des Klinikums der Stadt Ludwigshafen. Der pragmatische Lösungsansatz verfolgt eine ganzheitliche Betrachtungsweise, die sich an den ITIL® Best Practices orientiert und mit einem geeigneten Qualitätsmanagement verbindet. Nach einer kurzen theoretischen Einführung beschreiben die Autoren die Phasen des Projekts, gehen unter anderem auf die verwendeten Kennzahlen ein und beurteilen kritisch Kosten und Nutzen.

IT-Sicherheit in Kliniken

Wirtschaftsprüfer legen aufgrund der gestiegenen Anforderungen an die IT-Compliance ein stärkeres Augenmerk auf die Einhaltung der IT-Sicherheit. Der Beitrag rückt die Bedeutung der IT-Sicherheit in Kliniken in den Vordergrund. Zunächst klären die Verfasser Begriffe wie „Schutzbedarfsanforderung" und „Sicherheitsleitlinie" und stellen anschließend verschiedene Aspekte von Sicherheit dar, wie z.B. die physikalische, logische, administrative, organisatorische Sicherheit. Am Beispiel des Klinikums Braunschweig wird anschaulich gezeigt, wie eine Serviceleistung der IT-Abteilung nach dem BSI-Grundschutz zertifiziert wurde.

1.2.3 Ausgewählte Trends und Neuerungen in der IT

Trends und Entwicklungen der Krankenhaus IT-Technologie

Die Hypes in der IT-Technologie und Kommunikationstechnik überschlagen sich förmlich. Dazu kommen die gesetzlich vorgegebenen Entwicklungen z.B. im Zusammenhang mit der elektronischen Gesundheitskarte. Die beschränkten finanziellen Möglichkeiten im Krankenhaus erfordern, dass Entscheider ihre Investitionen wohlüberlegt tätigen. D.h. dass sie sich nicht durchsetzende Technologien erkennen und in andere Technologien erst investieren, wenn diese einen ausreichenden Reifegrad für eine betriebliche Nutzung aufweisen. Der Beitrag unterstützt den Leser, die interessanten Trends und Entwicklungen einzuordnen und auf dieser Basis Entscheidungen für das eigene Haus zu treffen.

Virtualisierung im Rechenzentrum – treten die Einsparpotentiale ein?

Hersteller, Berater und Provider überbieten sich mit Angaben zu erreichbaren Einsparungen mit Virtualisierungen im Server- und Storage-Umfeld. Ist dieses Potential mit den aktuell verfügbaren Technologien auch auszuschöpfen? Der Verfasser dieses Beitrags beschreibt Ansatzpunkte und lässt den Leser teilhaben an konkreten Erfahrungen für Umsetzung und Betrieb. Weiterhin betrachtet er die erzielbaren Einsparungen in Form einer Beispielrechnung und beurteilt zusammenfassend die wesentlichen Effekte durch Virtualisierung im Rechenzentrum.

IT zur Prozessgestaltung im Krankenhaus – Wie bekommt man die optimale Kombination von IT-Anwendungen?

Werden die Kernleistungsprozesse im Krankenhaus zum heutigen Zeitpunkt optimal unterstützt? Wird eine integrierte Software den Anforderungen gerecht, bereitet eine auf Teillösungen spezialisierte Software bei der Integration Probleme und welcher Weg der Softwaregestaltung zwischen Parametrierung und umfassender Programmierung ist optimal? Diese Fragen muss sich jedes Krankenhaus stellen. Der Autor wägt zwischen verschiedenen Lösungsmöglichkeiten ab, z.B. Individualentwicklung vs. Standardlösungen, integrierte Gesamtlösungen vs. isolierte Speziallösungen und beurteilt die Potentiale serviceorientierter Konzepte in der Praxis.

Effizienzsteigerung im Krankenhaus – Ist der IT-Einsatz ein wesentliches Mittel zu mehr Wirtschaftlichkeit im OP?

Eine der meistgenannten Einsparmaßnahmen im Rahmen der Konvergenzphase war die Erschließung von nicht genutzten Potentialen im Workflow der Leistungsprozesse. Bestehende Ressourcen sollen besser geplant und effizienter genutzt werden. Ein IT-gestütztes OP-Management ist ein wesentlicher Baustein für ein optimiertes Kostenmanagement im Krankenhaus. Die Autoren arbeiten die Vorzüge sowie den erzielbaren Mehrwert heraus und betonen, wie wichtig eine längerfristige Evaluation der Prozesse ist. Gerade Letztere bietet die Chance einer kontinuierlichen Verbesserung.

Die dritte Generation von Krankenhausinformationssystemen – Workflowunterstützung und Prozessmanagement

Die Zukunft der Gesundheitssysteme liegt in der Vernetzung aller Beteiligten und der Unterstützung von sektorenübergreifenden Prozessen. Den Behandlungsprozess des Patienten optimal IT-technisch zu unterstützen ist Aufgabe der IT. Der Autor zieht in diesem Zusammenhang einen Vergleich zwischen den verschiedenen Generationen von Krankenhausinformationssystemen (KIS) und regt den Leser dazu an, über die Zukunft des KIS im eigenen Haus nachzudenken.

2 IT-Governance mit COBIT® – Methodenunterstützung für das Management

Helmut Schlegel

Der Beitrag ist eine Kurzfassung der Übersetzung von "COBIT 4.0" des IT Governance Institute (ITGI) aus dem Jahre 2005[1]. Zusätzlich wurden Updates aus der Version 4.1 eingearbeitet. Ergänzt ist der Beitrag um Handlungsempfehlungen zur Nutzung des Frameworks durch das Management. Die zum Teil imperativen Formulierungen in der Kurzfassung haben ihren Ursprung aus der Übersetzung der Originalversion.

Die Bedeutung der Informationstechnologie für die Unterstützung der Leistungs- und Entscheidungsprozesse in den Unternehmen fällt je nach Branche sehr unterschiedlich aus. In bestimmten Branchen ist die Informationsverarbeitung de facto das Business, denken wir hier z.B. an den Bücherversandhandel. Andere Branchen könnten ohne Informationsverarbeitung nicht mehr wettbewerbsfähig auf dem Markt tätig sein, an dieser Stelle kann man die Buchungssysteme oder auch die Banken nennen. Würde die IT nicht mehr unterstützend verfügbar sein, wie sollten die großen Automobilhersteller mit deren komplexen auftragsbezogenen Fertigungsprozessen, die auf einer lückenlosen Logistikkette nach dem "just in time"-Konzept basieren, wettbewerbsfähig bestehen können. Vielfach sind neue Geschäftsfelder nur mit IT zu erschließen, denken wir hier an das Feld der Telemedizin in der Gesundheitsbranche.

Neben diesen genannten Beispielen ist der effiziente und effektive Einsatz der IT inzwischen in fast allen Branchen unabdingbar. Die Verantwortung das Richtige - die Unterstützung der Kernleistungsprozesse - mit der IT auch richtig und wertschöpfend zu tun, bleibt letztendlich bei der Unternehmensleitung. Daneben unterliegt der Einsatz der IT immer mehr rechtlichen Rahmenbedingungen. Auch dafür trägt letztlich die Unternehmensleitung die Verantwortung.

Shareholder werden zunehmend Fragen stellen, ob denn nun das Werkzeug IT für diese Prozessunterstützung auch entsprechend den jeweiligen Möglichkeiten genutzt und eingesetzt wird.

Diese Verantwortung der Führung findet unter dem Begriff IT-Governance zunehmend Würdigung in Publikationen und Vorträgen. Als Hilfestellung für das Management hat sich COBIT® in den vergangenen Jahren als das unterstützende Rahmenwerk etabliert. Es bietet der Unternehmensleitung Hilfestellung im Con-

---

1 This publication includes COBIT 4.0, German edition. ©2005 IT Governance Institute. All rights reserved. Used by permission.

trolling der IT. Es ist Ziel des Beitrages, dem Management einen Überblick über das Rahmenwerk und dessen Nutzungsmöglichkeit zu geben.

2.1 Verständnis von IT-Governance

"IT-Governance ist die Verantwortung der Führungskräfte und Aufsichtsräte und besteht aus Führung, Organisationsstrukturen und Prozessen, die sicherstellen, dass die Unternehmens-IT dazu beiträgt, die Organisationsstrategie und –ziele zu erreichen und zu erweitern." [ITGI 2005, S. 6]

Diese Definition der IT-Governance durch das ITGI legt den Schwerpunkt auf die Unterstützung der Strategie und der Ziele des Unternehmens. Darauf zielen die wesentlichen Aufgabenstellungen der IT-Governance:

- Sicherstellen, dass gesetzliche Anforderungen und vertragliche Vorgaben eingehalten werden
- Vermeiden von Problemen in der IT, die den Wert und das Image des Unternehmens beeinträchtigen (schädigen)
- Sicherstellen, dass die IT dabei unterstützt oder es ermöglicht, die Unternehmensziele zu erreichen
- Schaffen der Balance zwischen steigenden IT-Kosten und steigender Bedeutung des immateriellen Wertes Information
- Managen der Risiken (Risikominimierung), die durch die Geschäftstätigkeit in einer verbundenen, digitalen Welt entstehen
- Sicherstellen des Aufbaus von Wissen durch die IT als auch dessen nachhaltige Wahrung

Eine andere Definition für IT-Governance lautet:

„IT-Governance bzw. das strategie- und wertorientierte IT-Management strebt Transparenz und ein ausgewogenes Verhältnis von Führung und Kontrolle über Prozesse und Verfahren (Was/Wie), Aufgaben und Funktion (Aktivitäten/Werte) und Organisation und Ressourcen (Mitarbeiter/Tools) an." [Baurschmid & Adelsberger 2005, S. 59]

Diese etwas neuere Definition legt den Schwerpunkt vor allem auf die wertbeitragsorientierte Ausrichtung der IT.

Unabhängig von der jeweiligen Definition ist die IT-Governance in fünf wesentliche Kernbereiche gegliedert:

- **Strategic Alignment**
  Ausrichten der IT an den Zielen des Unternehmens (das Richtige tun = Effektivität der IT)
- **Value Delivery**
  Realisieren des Wertbeitrages im Leistungszyklus, Generieren des geplanten

Nutzens, Optimieren der Kosten und Erbringen des intrinsischen[2] Nutzens der IT

– **Ressource Management**
Optimieren der Investition in IT-Ressourcen (es richtig tun = Effizienz der IT)

– **Risk Management**
Erfüllen der Compliance-Anforderungen und Transparenz über die IT-Risiken

– **Performance Management**
Überwachen der Umsetzungsstrategien, Umsetzen in Projekten, Verwenden der Ressourcen, Prozessperformance und Leistungserbringung (Organisation und Monitoring der IT-Verantwortung)

Diese Kernbereiche beschreiben die Themen, die das operative Management bei der Steuerung der IT im Unternehmen im Blick haben sollte.

Bedenkt man die Zielsetzung von IT-Governance und die daraus resultierenden Aufgabenstellungen, wird deutlich, dass diese für jede Branche und auch für jedes Unternehmen individuell ausgeprägt sein muss.

2.2 Einbindung der IT-Governance in die Corporate Governance

Die IT-Governance ist Teil der Corporate Governance. Diese beschäftigt sich – vereinfacht ausgedrückt - mit dem Setzen und Einhalten von Regeln für das Unternehmen und für die Mitarbeiter. Um diesem umfänglich nachzukommen, hat die Corporate Governance folgende Aufgabenstellung:

– Weiterentwickeln des Unternehmens im Sinn der strategischen Ausrichtung, Vorgabe der Unternehmensstrategie (z.B. Vorgaben für die IT-Strategie)
– Sicherstellen der Zielerreichung
– Gewährleisten des angemessenen Risikomanagements (z.B. Ziele für IT-Risikomanagement bzw. IT-Compliance)
– Gewährleisten des verantwortungsvollen Einsatzes der Unternehmensressourcen (z.B. IT)

Demnach ist IT-Governance die Projektion der unternehmerischen Steuerungsverantwortung auf die spezifischen Steuerungsaufgaben in der IT.

2.3 Nutzen von IT-Governance für das Unternehmen

„Die Fähigkeit von erfolgreichen Unternehmen, betrachtet man deren Einbindung der IT, basiert darauf, dass die IT-Strategie auf die Unternehmensstrategie ausgerichtet ist, dass Organisationsstrukturen entwickelt wurden, die die Umsetzung der Strategien und Ziele ermöglichen, dass eine konstruktive Beziehung und eine effektive Kommunikation zwischen der IT und den Business-Units geschaffen

---

2   von innen kommend, aus eigenem Antrieb

wurde und dass ein adaptiertes IT-Kontrollsystem inkl. der Messung der IT-Performance verfügbar ist." [ITGI 2003, S. 6]

Von diesem Idealbild des erfolgreichen Unternehmens sind aber die meisten noch weit entfernt. So sehen die Nutzer der IT (Kliniken, Institute und weitere sekundäre Leistungserbringer in den Kliniken) aber vor allem die vielfach noch bestehenden Problembereiche:

- Die IT ist im Regelfall nicht effizient genug, nicht messbar und nicht nachvollziehbar
- Die IT-Kosten sind vielfach nicht transparent und zuordenbar
- Die IT verfügt in der Regel über kein umfassendes Kontrollsystem (Überziehung von Budgets und Terminen), es fehlt vielfach ein Risikomanagement
- Fehlende Innovationen, Einsatz veralteter Technologien und fehlende Zeitnähe von Services
- Der Wertbeitrag der IT-Investitionen ist häufig weder transparent, noch erheb- und überprüfbar

Gleichzeitig steht das Business vor der Ausgangslage:

- IT ist ein nicht mehr weg zu denkendes Werkzeug für die Prozessunterstützung
- Neue Geschäftsprozesse verlangen eine enge Verknüpfung mit der IT, bzw. sind ohne IT nicht mehr vorstellbar (z.B. Telemedizinische Verfahren)
- Das Business erwartet von der IT Funktionen für die Steuerung und die Weiterentwicklung der IT-Unterstützung für die Leistungsprozesse
- Informationen sind wichtige Assets
- IT ist wesentlich bei der Schaffung und Erhaltung immaterieller Vermögenswerte

Durch den steigenden Wettbewerb und Kostendruck - dies trifft für alle Branchen zu - erwartet das Business die Erfüllung permanent steigender Anforderungen durch die IT. Diese sind in Abbildung 1 abstrahiert dargestellt.

Abbildung 1: Anforderung des Business an die IT

Um diese Differenz zwischen Anspruch an die IT und den vorhandenen Problembereichen zu minimieren, wurden verschiedene Ansätze zur formalen Unterstützung der IT-Governance entwickelt. Mit COBIT® hat sich inzwischen weltweit ein Framework durchgesetzt.

2.4 COBIT® - Methodenunterstützung für das Management

2.4.1 Einbindung von COBIT®

Control Objectives for Information and Related Technology (COBIT®) ist das international anerkannte Framework zur IT-Governance und gliedert die Aufgaben der IT in Prozesse und Control Objectives (Steuerungsvorgaben). COBIT® wurde 1993 vom internationalen Verband der EDV-Prüfer (Information Systems Audit and Control Association, ISACA) entwickelt. Ab 1998 übernahm das IT Governance Institute (ITGI) die Fortentwicklung. Im Jahr 2007 wurde der letzte Stand, die Version 4.1, veröffentlicht. COBIT® hat sich inzwischen weltweit als das führende Werkzeug für die Steuerung der IT aus Unternehmenssicht etabliert.

> **Mission von COBIT®**
>
> „To research, develop, publicise and promote an authoritative, up-to-date, internationally accepted IT governance control framework for adoption by enterprises and day-to-day use by business managers, IT professionals and assurance professionals." [ITGI 2007, S. 9]

Aus dieser Mission hat COBIT® an sich den Anspruch entwickelt, dass es:

- Die gemeinsame Sprache zwischen Business und IT bildet
- Unabhängig in der Anwendung vom jeweiligen technischen und geschäftlichen Umfeld ist
- Auf Kontroll- und Steuerungsmaßnahmen und weniger auf die Ausführung von Prozessen fokussiert
- Ein anerkanntes Modell von Kontrollzielen für IT-Prozesse darstellt, das eine verlässliche Anwendung und Steuerung der IT gewährleistet
- Die Zielerreichung durch Überwachung mit Hilfe von Metriken und Reifegradmodellen unterstützt
- Die Kontrollanforderungen der bekanntesten Modelle für das Management der IT integriert hat

Dabei wurden insgesamt 41 nationale und internationale Standards berücksichtigt. Einige der Bekanntesten dürften ITIL®, ISO 9000, COSO, SPICE und ITSEC sein. Die Einbettung von COBIT® ist in Abbildung 2 dargestellt.

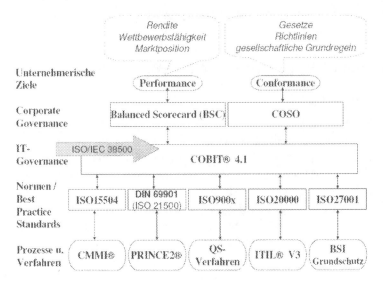

Abbildung 2: Einbettung von COBIT®

2.4.2 Framework COBIT®

COBIT® stellt ein generisches Prozessmodell zur Verfügung, das sämtliche in der IT vorzufindenden Aktivitäten aus der Sicht der Steuerung umfasst.

COBIT® konzentriert sich auf die wesentlichen Erfordernisse, um ein angemessenes Management und Steuerung der IT umzusetzen und ist damit auf der strategischen Ebene angesiedelt. Das Framework unterstützt das Management in der Steuerung der IT durch 34 vorformulierte Prozesse mit deren Steuerungsvorgaben. Dabei betrachtet COBIT® die IT-Ressourcen als zu steuernde Größe. Diese bestehen aus:

- **Informationen**
  Daten in allen Arten und in jeder im Unternehmen verwendeten Form, durch Informationssysteme eingelesen, verarbeitet oder ausgegeben
- **Anwendungen**
  Summe von manuellen und programmierten Abläufen
- **Infrastruktur**
  Technologien, Anlagen (Hardware, Betriebssysteme, Datenbanksysteme, Netzwerke, Multimedia usw.) und Einrichtungen, die diese beherbergen und unterstützen
- **Personal**
  Internes und externes Personal für Planung, Organisation, Beschaffung, Implementierung, Betrieb, Unterstützung, Monitoring und Evaluierung der Systeme und Services

Diese IT-Ressourcen sind so einzusetzen, dass die Anforderungen an Information aus den Geschäftsprozessen erfüllt werden. COBIT hat im Framework diese Anforderungen (Information Criteria), die an Informationen aus unternehmerischer Sicht gestellt werden, wie folgt definiert:

- **Effektivität** (Wirksamkeit) – Relevanz und Angemessenheit von Informationen für den Geschäftsprozess, angemessene Bereitstellung hinsichtlich Zeit, Richtigkeit, Konsistenz und Verwendbarkeit
- **Effizienz** (Wirtschaftlichkeit) – Bereitstellung der Informationen durch optimale Verwendung von Ressourcen
- **Vertraulichkeit** – Schutz sensitiver Informationen gegen unberechtigte Offenlegung
- **Integrität** – Richtigkeit und Vollständigkeit von Informationen, Gültigkeit in Übereinstimmung mit Unternehmenswerten und Erwartungen
- **Verfügbarkeit** – Jederzeitige Verfügbarkeit der Informationen für die Geschäftsprozesse, Schutz notwendiger Ressourcen und deren Leistungen
- **Compliance** – Einhaltung von Gesetzen, Regelungen und vertraglichen Vereinbarungen, denen die Geschäftsprozesse unterliegen
- **Verlässlichkeit** – Angemessenheit bereitgestellter Informationen als Grundlage für die Unternehmenssteuerung (für die Governance)

Basierend auf diesen Information Criteria bietet das COBIT®-Framework in vier getrennten thematischen Domänen Steuerungsprozesse an. Diese sind in der Abbildung 3 mit den Verknüpfungen zu den IT-Ressourcen und den Anforderungen an Informationen dargestellt.

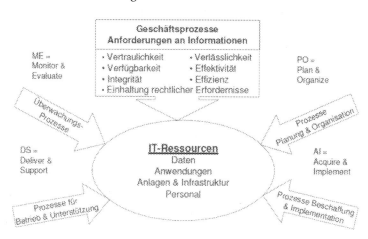

Abbildung 3: Das COBIT®-Framework

2.4.3 Prozessdomänen von COBIT®

Die IT-Prozesse bilden einen geschlossenen Zyklus innerhalb der Prozessdomänen:

- Planung und Organisation,
- Beschaffung und Implementation,
- Betrieb und Unterstützung und

- Überwachung.

Jeder IT-Prozess enthält ein übergeordnetes Control Objecitve sowie mehrere detaillierte Control Objectives. In Summe wird damit die Eigenschaft eines angemessen gemanagten Prozesses sichergestellt. Für jeden COBIT®-Prozess gelten generische Prozessanforderungen, die zusammen mit den detaillierten Control Objectives ein vollständiges Bild der Kontrollanforderungen darstellen. Die sechs Process Controls sind:

- **PC1 Prozess Eigner**
  Eigentümerschaft für jeden Prozess, damit eine klare Verantwortung vorliegt
- **PC2 Wiederholbarkeit**
  Definition des Prozesses in einer Art und Weise, dass dieser wiederholbar ist
- **PC3 Ziele und Vorgaben**
  Klare Ziele und Vorgaben für die wirksame Ausführung des Prozesses
- **PC4 Rollen und Verantwortlichkeiten**
  Eindeutige Rollen, Aktivitäten und die Verantwortlichkeit für die wirksame Ausführung
- **PC5 Performanz des Prozesses**
  Messung der Performanz des Prozesses im Hinblick auf die Zielerreichung
- **PC6 Policy, Pläne und Verfahren**
  Dokumentation, Überprüfung, Aktualisierung und Verabschiedung aller Richtlinien, Pläne und Verfahren, die einen Prozess treiben und Kommunikation an alle Beteiligten

2.4.3.1 Prozessdomäne Planung & Organisation

Die **Prozessdomäne Planung & Organisation** (PO - Plan and Organize) besteht aus zehn Prozessen, deren Fokus auf der IT-Strategieentwicklung und IT-Planung liegt. Dabei steht die Beantwortung folgender Fragestellungen im Vordergrund:

- Ist die IT auf die Ziele des Unternehmens ausgerichtet?
- Werden die IT-Ressourcen im Unternehmen optimal genutzt?
- Werden die Zielsetzungen der IT im Unternehmen verstanden?
- Beschäftigt sich die IT mit den bestehenden Risiken und werden diese „gemanaged"?
- Ist die Qualität der IT-Systeme für die Anforderung des Business ausreichend?

Bei der folgenden Aufzählung der Prozesse werden beispielhaft für den ersten Prozess auch die Control Objectives (CO) genannt:

PO1 Definition eines strategischen Plans für IT
Mit dieser strategischen Planung sollen die IT-Ressourcen in Übereinstimmung mit der Unternehmensstrategie gesteuert werden. Dafür existieren sechs Control Objectives, wobei an dieser Stelle wiederum eines näher ausgeführt wird:

- Management des Wertbeitrages der IT

- Ausrichtung der IT auf das Kerngeschäft
  "Unterrichte die Geschäftsführung über aktuelle technologische Möglichkeiten und künftige Richtungen, über deren Möglichkeiten, welche die IT bietet, sowie über die durch das Unternehmen zu ergreifenden Maßnahmen, um diese Möglichkeiten nutzen zu können. Stelle sicher, dass das Geschäft, an dem die IT ausgerichtet ist, verstanden wird. Die Geschäfts- und IT-Strategien sollten integriert und allgemein kommuniziert werden; es sollte eine klare Verbindung zwischen Unternehmenszielen, IT-Zielen, erkannten Möglichkeiten und Grenzen des Potentials geben. Identifiziere, in welchen Bereichen die Geschäftsstrategie von der IT kritisch abhängt und vermittle zwischen den Erfordernissen des Kerngeschäfts und der Technologie, damit vereinbarte Prioritäten festgehalten werden können." [ITGI 2005, S. 34]
- Bewertung der gegenwärtigen Performance
- Entwicklung eines strategischen IT-Planes
- Erstellen eines Portfolios von taktischen IT-Plänen
- Management des Portfolios an IT-unterstützten Investitionsvorhaben

Im Prozess PO2 wird die Steuerung des Prozesses zur Entwicklung und Fortschreibung der Informationsarchitektur des Unternehmens als datentechnisches Abbild des Unternehmens vorgeschlagen. Der Prozess PO3 legt den Fokus auf die Festlegung der IT-Technologien. Im Prozess PO4 wird die Organisation der IT, die Entscheidungsstrukturen zu IT-Fragen im Unternehmen und die Verantwortlichkeit der IT behandelt (siehe auch dazu den Beitrag von Seidel in einer praktischen Umsetzung). PO5 beschäftigt sich als Steuerungsprozess mit dem Management von IT-Investitionen. Im Prozess PO6 wird vorgeschlagen, wie die Umsetzung der Aufgaben der IT mittels Kommunikation gegenüber den Mitarbeitern gesteuert werden kann. Das Management der Human Ressources der IT ist Thema des Prozesses PO7. Die drei wichtigen Prozesse Qualitätsmanagement, Risikobeurteilung und -management sowie das Projektmanagement sind Themen der Prozesse PO8 bis PO10.

2.4.3.2 Prozessdomäne Beschaffung & Implementierung

Die **Prozessdomäne Beschaffung & Implementierung** (AI – Acquire and Implement) besteht aus sieben Prozessen. Dabei steht die Beantwortung folgender Fragestellungen im Vordergrund:

- Funktionieren neue Systeme nach Ihrer Fertigstellung korrekt?
- Werden die Ergebnisse der Projekte mit hoher Wahrscheinlichkeit den Unternehmensanforderungen entsprechen?
- Werden die Veränderungen ohne unnötige Beeinträchtigung der laufenden Geschäftsprozesse durchgeführt?
- Werden Projekte voraussichtlich rechtzeitig fertig und bleiben diese innerhalb des verabschiedeten Budgets?

Der Fokus liegt in der Identifikation, Entwicklung, Beschaffung, Umsetzung und Integration von IT-Lösungen. Daneben wird ein Schwerpunkt auf die Weiterentwicklung der bestehenden Lösungen gelegt, damit diese weiterhin veränderte Unternehmenszielsetzungen unterstützen können.

Im Prozess AI1 schlägt COBIT® vor, wie das Unternehmen über eine Analyse der Unterstützungsanforderungen des Business zu einem Portfolio an automatisierten Lösungen kommen kann. AI2 beschreibt insbesondere, wie gesteuert Anwendungssoftware beschafft und gewartet werden sollte. Dabei liegt der Schwerpunkt auf der Festlegung der Anforderungen, der Implementierung und der Einhaltung der Qualität. AI3 befasst sich wie AI2 auch mit der Steuerung, jedoch auf die technologische Infrastruktur gerichtet. Der gesteuerte Prozess AI4 regelt den Aufbau und die Weitergabe des Wissens um diese beschafften Systeme. In AI5 wird beschrieben, wie wiederum das Management der IT-Beschaffung gesteuert werden soll. Das ITIL®-Thema Change Management und die Inbetriebnahme von Lösungen behandeln die Prozesse AI6 und AI7.

2.4.3.3 Prozessdomäne Auslieferung & Unterstützung

Die **Prozessdomäne Auslieferung & Unterstützung** (DS – Deliver and Support) besteht aus dreizehn Prozessen, deren Fokus auf der Erbringung der benötigten IT-Leistungen liegt. Dabei steht die Beantwortung folgender Fragestellungen im Vordergrund:

– Werden IT-Services entsprechend den Prioritäten des Unternehmens erbracht?
– Sind die IT-Kosten optimiert?
– Können die Anwender die IT-Systeme produktiv und sicher nutzen?
– Ist die geforderte Vertraulichkeit, Integrität und Verfügbarkeit gegeben?

Schwerpunkte der Prozesse sind dabei das Management der Sicherheit und Kontinuität, der Service Support für Benutzer und das Management der Daten und Einrichtungen.

So steuert der Prozess DS1 beispielsweise auf der Basis von Service Levels die Angleichung der IT-Services an die Unternehmensanforderungen. In Prozess DS2 wird vorgeschlagen, wie die von Dritten erbrachten Leistungen so gesteuert werden können, dass diese ebenfalls den Unternehmensanforderungen nachkommen. Prozess DS3 erklärt, wie die Kapazität und die Performanz der IT-Ressourcen kontinuierlich an den Bedarf angepasst werden können. Weitere Prozesse behandeln die Aufrechterhaltung der IT-Services in Notfällen als auch den möglichst störungsfreien Betrieb, die Steuerung der IT-Security, die Zuordnung und Verrechnung von IT-Kosten und die Schulung der Anwender. Die Steuerungsprozesse DS8 bis DS10 behandeln ITIL®-nahe Steuerungsthemen: Die Behandlung von Störungen mit Hilfe eines Service Desks, die Steuerung des Konfigurations- und Problemmanagements. Weitere Prozesse drehen sich um die Steuerung des Lifecycles der Unternehmensdaten, die physikalischen Fragen der IT-Infrastruktur, von der Standortwahl bis hin zu Zugangsverfahren und darum, wie die IT-Produktion gesteuert werden sollte.

2.4.3.4 Prozessdomäne Überwachung

Die **Prozessdomäne Überwachung** (ME – Monitor and Evaluate) besteht aus vier Prozessen, deren Fokus in der Beurteilung aller IT-Prozesse hinsichtlich ihrer Qualität und Einhaltung der Kontrollanforderungen liegt. Dabei steht die Beantwortung folgender Fragestellungen im Vordergrund:

- Wird die Performance der IT gemessen, um Probleme zu erkennen, bevor diese eintreten?
- Kann die IT-Performance zurück zu den Unternehmenszielen verknüpft werden?
- Werden Risiko, Internal Controls, Compliance und Performance gemessen und berichtet?
- Stellt das Management sicher, dass interne Kontrollen effektiv und effizient sind?

Die Schwerpunkte der Prozesse liegen auf dem Management der IT-Performance, der Überwachung von Internal Controls, der Einhaltung von Regulativen und der Sicherstellung der IT-Governance.

2.4.4 Aufbau und Struktur der Prozessbeschreibungen in COBIT®

Die 34 Prozesse sind alle in gleicher Weise strukturiert. Die Prozessbeschreibung startet jeweils mit der Zielsetzung des Prozesses (High-Level Control Objective). Es folgen die wesentlichen IT-Ressourcen, die von dem jeweiligen Prozess angesprochen werden. Außerdem ist dokumentiert, welche Information Criteria primär oder sekundär davon betroffen sind. Die grundsätzliche Struktur ist wie folgt aufgebaut:

> Kontrolle über den Prozess *<Prozessname>*
>
> der die Anforderungen des Unternehmens an die IT bezüglich *<Zusammenfassung der wichtigsten Unternehmensziele,>* zufrieden stellt
>
> durch die Konzentration auf *<Zusammenfassung der wichtigsten IT-Ziele>*
>
> wird erreicht durch *<wichtigste Kontrollen>*
>
> und gemessen durch *<wichtigste Metriken>*

Zu jedem Prozess sind detaillierte Control Objectives vorhanden, die als Zielsetzung für Teilprozesse formuliert sind. In Referenztabellen ist dokumentiert, aus welchen anderen Prozessen von COBIT® der jeweilige Prozess Input erhält und an welche Prozesse ein Output zur Verfügung gestellt wird. Ein sogenanntes RACI-Chart beschreibt, welche Rollen im Untenehmen in unterschiedlicher Ausprägung am Prozess zu beteiligen sind (vgl. auch die weiteren Ausführungen hierzu im folgenden Kapitel).

In einer Übersicht „Ziele und Metriken" werden die IT-Ziele mit den Prozesszielen und Aktivitätszielen über Indikatoren verknüpft. Die Verbindung ist in Abbildung 4 dargestellt.

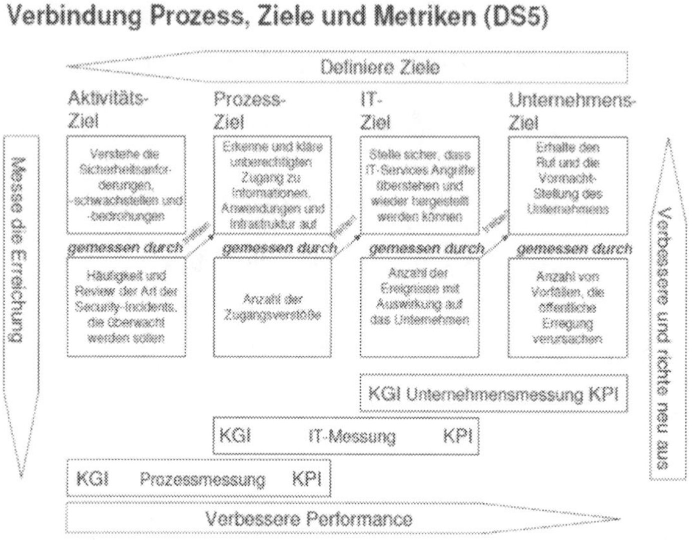

Verbindung Prozess, Ziele und Metriken (DS5)

Abbildung 4: Darstellung der Zielverknüpfung für den Prozess DS5 [ITGI 2005, S. 25]

Den Abschluss jeder Prozessbeschreibung bildet ein auf den jeweiligen Prozess zugeschnittenes Reifegradmodell. Das hilft, den eigenen Stand der Umsetzung des jeweiligen Prozesses zu ermitteln. Mit diesem Reifegradmodell hat das Unternehmen die Voraussetzung, sich an einem Benchmarking - im Idealfall innerhalb der Branche - zu beteiligen.

2.4.5   Erläuterung zu den Elementen der Prozessbeschreibung

2.4.5.1 RACI-Chart

Das RACI-Chart ordnet den betroffenen Funktionsträgern im Unternehmen (sog. Rollen) Prozessaktivitäten zu. Mit Hilfe der folgenden vier Kategorien kann man zu einer klaren Beschreibung der Verantwortlichkeiten und Zuständigkeiten gelangen:

– **R - Responsible**
  Person, die für die Durchführung der Aktivität operativ verantwortlich ist
– **A - Accountable**
  Person, die im kaufmännischen oder juristischen Sinne verantwortlich ist
– **C - Consulted**
  Person mit thematischer Kompetenz bzw. fachlicher Verantwortung
– **I - Informed**
  Person, die informiert werden muss

Als Rollen werden dabei im Unternehmen adressiert:

– CEO für die Geschäftsleitung
– CFO für den Finanzchef

- Business Executive für die Führungskraft im Fachbereich
- CIO für die IT-Leitung
- Geschäftsprozesseigner
- Leitung Betrieb (RZ)
- Chief Architect (IT-Strategieentwicklung)
- Leitung Entwicklung (SW- u. Systementwicklung)
- Leitung IT-Systemadministration
- Projektbüro für den Projektleiter
- Compliance, Audit, Risk und Security für die Revision, den Datenschutz, den IT-Sicherheitsbeauftragten usw.

Tabelle 1: Auszug RACI-Chart zu DS5 [ITGI 2005, S. 134]

Aktivität	CIO	Prozess-owner	Leitung Betrieb	Chief Architect	Leitung Entwick-lung	Compliance, Audit, Risk und Security
Überwachung von Security-Incidents	A	I	R	C	C	R

2.4.5.2 Key Performance Indicator / Key Goal Indicator

Für die Messung der Prozesse schlägt COBIT® zwei Steuerungsindikatoren vor:

Unter einem **Key Performance Indicator** (KPI) versteht man eine Messgröße, die bestimmt, wie gut die Performance des IT-Prozesses hinsichtlich der Zielerreichung ist (Frühindikator für die Zielerreichung).

Unter einem **Key Goal Indicator** (KGI) versteht man eine Messgröße, die dem Management aufzeigt, ob ein IT-Prozess die Unternehmensanforderung erfüllt hat (Nachgelagerter Indikator zur Zielerreichung).

2.4.5.3 Reifegradmodell

Ein wesentlicher Vorzug von COBIT® besteht darin, dass die Qualität des Umsetzungsgrades eines Steuerungsprozesses in einem Reifegradmodell dargestellt werden kann. Die in dem Modell verwendete Skalierung erlaubt es, die Veränderung der Controllingqualität sowohl intern als auch im externen Benchmarking periodischen Reviews zu unterwerfen. Die Grundlage für die auf den jeweiligen Einzelprozess bezogenen Modelle besteht aus dem generischen Reifegradmodell von COBIT®.

Für das Reporting an das Management empfiehlt sich die Darstellungsform in Abbildung 5:

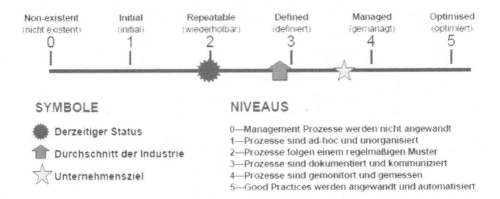

Abbildung 5: Graphische Darstellung des Reifegradmodells [ITGI 2005, S. 21]

Mit Hilfe des in Tabelle 2 näher erläuterten generischen Reifegradmodells kann man die Umsetzungsreife von Prozessen messen.

Parallel zum generischen Modell liegt in COBIT® ein Attribut-Reifegradmodell vor. In dem Modell der Reife der Attribute von Prozessen wird auf sechs Attribute eingegangen:

- Bewusstsein und Kommunikation
- Policies, Standards und Verfahren
- Werkzeuge und Automatisierung
- Skills und Expertise
- Zuständigkeit und Verantwortlichkeit
- Zielsetzung und Messung

Diese beiden Modelle werden mit der Zielsetzung des jeweiligen Prozesses verknüpft, wodurch in COBIT® für jeden Prozess das auf seine Erfüllung individuelle Reifegradmodell vorliegt.

Tabelle 2: Generisches Reifegradmodell [ITGI 2005, S. 22]

Grad	Reife der Erfüllung
5	**Optimiert**: Prozesse wurden, basierend auf laufender Verbesserung und Vergleichen mit anderen Unternehmen auf ein Best-Practice-Niveau gesteigert. IT wird integriert für die Workflow-Automatisierung verwendet, stellt Werkzeuge für die Verbesserung der Qualität und Wirksamkeit zur Verfügung und macht das Unternehmen flexibel, um sich Änderungen anzupassen.
4	**Gemanaged**: Es ist möglich, die Einhaltung von Verfahren zu überwachen und zu messen sowie dort Aktionen zu ergreifen, wo Prozesse nicht wirksam funktionieren. Prozesse werden laufend verbessert und folgen Good Practices. Automatisierung und Werkzeugunterstützung finden eingeschränkt und nicht integriert statt.
3	**Definiert**: Verfahren wurden standardisiert, dokumentiert und durch Trainings kommuniziert. Die Einhaltung der Prozesse ist jedoch der Einzelperson überlassen und die Erkennung von Abweichungen ist unwahrscheinlich. Die Verfahren sind ausgereift und ein formalisiertes Abbild bestehender Praktiken.
2	**Wiederholbar**: Prozesse wurden soweit entwickelt, dass gleichartige Verfahren von unterschiedlichen Personen angewandt werden, die dieselbe Aufgabe übernehmen. Es besteht kein formales Training oder eine Kommunikation der Standardverfahren und die Verantwortung ist Einzelpersonen überlassen. Es wird stark auf das Wissen von Einzelpersonen vertraut, demzufolge sind Fehler wahrscheinlich.
1	**Initial**: Es bestehen Anzeichen, dass das Unternehmen den Bedarf erkannt hat, das Thema zu behandeln. Es existieren keine standardisierten Prozesse, es ist ein Ad-hoc-Ansatz in Verwendung, der individuell und situationsbezogen angewandt wird. Der gesamte Managementansatz ist nicht organisiert.
0	**Nicht existent**: Es ist kein Prozess erkennbar. Das Unternehmen hat nicht einmal den Bedarf erkannt, das Thema in Angriff zu nehmen.

Als Beispiel ist in der Folge für den bereits bekannten Prozess DS5 „Stelle die Security von Systemen sicher" die Festlegung für den Reifegrad 3 aufgeführt:

"Ein Sicherheitsbewusstsein ist vorhanden und wird durch das Management gefördert. Die IT-Sicherheitsverfahren sind festgelegt und mit der IT-Sicherheitspolitik abgeglichen. Verantwortlichkeiten für die IT-Sicherheit sind festgelegt und werden verstanden, jedoch nicht konsistent durchgesetzt. Eine Planung der IT-Sicherheit und Sicherheitslösungen sind, durch Risikoanalysen angetrieben, vorhanden. Die Berichterstattung über Sicherheit

beinhaltet keinen klaren betrieblichen Fokus. Ad-hoc-Sicherheitstests werden durchgeführt. Sicherheitsschulungen sind für die IT und die Fachbereiche verfügbar, werden
aber nur informell geplant und verwaltet." [ITGI 2005, S. 135]

2.5 Vorteile der Nutzung von COBIT® für das Unternehmen

Wenn die Unternehmensleitung das Framework von COBIT® als Grundlage der
Steuerung der IT einsetzt, kann die Unternehmens- und die IT-Leitung von einigen
wesentlichen Vorteilen profitieren.

Beide Seiten sprechen die „gleiche Sprache", nämlich die, die das Framework von
COBIT® vorgibt. In diesem Fall spricht nicht die in der Informatik verhaftete Führungskraft in deren typischem IT-Vokabular mit der Führungskraft des Unternehmens im Business-Vokabular (teils betriebwirtschaftlich bzw. medizinisch ausgeprägt), sondern mittels der „normierten" Sprache, die COBIT® vorgibt und für
beide Seiten verständlich ist. Damit können viele Probleme der Kommunikation
weitestgehend eliminiert werden (Interpretationsspielräume werden eingegrenzt,
Eindeutigkeit von Begrifflichkeiten wird erzeugt usw.).

Durch die Vielzahl an vorgeschlagenen KPIs und KGIs kann man sich relativ
schnell und einfach auf Ziel- und Messkriterien einigen, die man als Monitoringda-
ten nutzen will. Es bleibt allerdings die Schwierigkeit, deren Größenordnung zu
vereinbaren.

Das in COBIT® verwendete Reifegradmodell ist für die Bewertung des Reifegrads
der eigenen Prozesse zur IT-Governance äußerst hilfreich. Auch wenn sich ein
Unternehmen das erste Mal mittels COBIT® methodisch dem Reifegrad der eigenen IT-Governance nähert, wird es erkennen, dass an vielen Stellen bereits mehr
oder weniger geregelte Prozesse vorliegen. COBIT® kann also in einem ersten Ansatz eine Übersicht über den Stand im eigenen Unternehmen vermitteln.

Wenn ein Unternehmen Schwachstellen in der unternehmerischen Steuerung der
IT lokalisiert hat, kann man auf relativ einfache Weise diejenigen Steuerungsprozesse aus COBIT® herausgreifen, die hierfür Handlungsempfehlungen inklusive
Zielsetzungen und Monitoringgrößen vorschlagen. Der wesentliche Vorteil von
COBIT® ist, dass man gezielt einzelne Steuerungsprozesse nutzen kann, die zwar
im Gesamtrahmen enthalten sind, aber jederzeit isoliert angewendet und auf das
jeweilige Unternehmen adaptiert werden können.

2.6 Verbindung zwischen COBIT® und ITIL®

Ein nicht zu unterschätzender Vorteil der Anwendung von COBIT® ist die enge
Verknüpfung zwischen den in COBIT® vorhandenen Steuerungsprozessen mit den
Best-Practice-Ansätzen, die in ITIL® formuliert sind. Abbildung 6 zeigt einen Aus-
zug aus der Verknüpfung der Prozesse der COBIT®-Domäne DS mit den ITIL®-
Prozessen, die im Service Support bzw. dem Service Delivery angesiedelt sind.

ITIL - Cobit Mapping	Service Support					Service Delivery				
	Incident Mgmt	Problem Mgmt	Configuration Mgmt	Change Mgmt	Release Mgmt	Service Level Mgmt	Capacity Mgmt	Availability Mgmt	IT Service Continuity Mgmt	Financial Mgmt for IT Services
DS Auslieferung und Unterstützung										
DS1 Definition und Management von Dienstleistungsgraden						x				
DS2 Handhabung der Dienste von Drittparteien						x				
DS3 Leistungs- und Kapazitätsmanagement							x	x		
DS4 Sicherstellen der kontinuierlichen Dienstleistung									x	
DS5 Sicherstellen der Systemsicherheit										
DS6 Identifizierung und Zuordnung von Kosten										x
DS7 Aus- und Weiterbildung von Benutzern					x					
DS8 Unterstützung und Beratung von Kunden	x									
DS9 Konfigurationsmanagement			x							
DS10 Umgang mit Problemen und Zwischenfällen	x	x								
DS11 Verwaltung von Daten										
DS12 Verwaltung von Einrichtungen										
DS13 Management der Produktion										

Abbildung 6: Auszug aus den Verknüpfungen ITIL – COBIT® [Glenfis 2009]

2.7 Was sollte bei der Implementierung von COBIT® beachtet werden?

Tunlichst sollte man vermeiden, sich nicht realisierbare Ziele zu setzen. Ziele, die in einer zu kurzen Zeit für eine Umsetzung oder in einem zu umfangreichen Volumen einer Umsetzung (Zahl der Steuerungsprozesse) oder im Erreichen eines zu hohen Reifegrades für Steuerungsprozesse (von Null auf Fünf) liegen.

Als sinnvolles Vorgehen kann folgender Vorschlag herangezogen werden:

– **Schritt 1:**
 Als gemeinsame Arbeit (Unternehmensleitung, IT-Strategieausschuss, erweiterte IT-Leitung) wird eine Defizitliste für die IT-Steuerungsprozesse erstellt. Dabei sollten alle Ausprägungen betrachtet werden (von der IT-Mission über die IT-Strategie bis hin zu den Steuerungsprozessen der operativen Umsetzung). Die eigentliche Herausforderung ist dabei, dass die Unternehmensleitung so viel Mut und Integrität besitzt, sich der Verantwortung und konstruktiven Kritik für nicht optimale Steuerungsprozesse zu stellen. Wenn dazu keine Bereitschaft vorliegt, sollte man besser auf den Versuch verzichten.
– **Schritt 2:**
 In einem Team (bitte niemals alleine) kann man sich die Steuerungsprozesse von COBIT® vornehmen und die Qualität der Umsetzung mittels des generi-

schen Reifegradmodells in einer Eigenbewertung ermitteln. Dabei kann nur geraten werden, die fachlichen Führungskräfte der IT mit einzubeziehen. Eine Bewertung zu einer Prozessqualität sollte von mindestens drei Mitarbeitern erfolgen, die thematische Kompetenz in diesem Prozess besitzen.

– **Schritt 3**:

Aus der Analyse der Defizite und dem Abgleich der Selbsteinschätzung des Reifegrades der Steuerungsprozesse sollte ein Projektauftrag entstehen, der gezielt auf die priorisierten Steuerungsprozesse (als Vorschlag nicht mehr als gleichzeitig drei) in einer zeitlichen Zielsetzung (maximal ein Jahr) und verbunden mit einer Ressourcenzuordnung dem bzw. den Projektleiter(n) die Zielsetzung der Prozessverbesserung um höchstens einen Reifegradpunkt erteilt.

Weiterhin sollten zumindest die Führungskräfte der IT eine Überblicksschulung zu ITIL® erhalten und das gesamte Projektteam inklusive des gesamten erweiterten Führungsteams der IT eine Überblicksschulung zu COBIT® besuchen.

2.8 Die neue Norm ISO 38500 Governance of IT

Diese internationale Norm zur verantwortungsbewussten Führung von IT-Serviceorganisationen spricht direkt die Unternehmensleitung als für die IT-Governance zuständige Stelle an. Klar artikuliert wird auch, dass diese Verantwortung nicht delegiert werden darf. Die Ziele der Norm sind:

– Alle Interessengruppen (Shareholder, Kunden, Mitarbeiter usw.) sollen sich auf den verantwortungsvollen Einsatz der IT verlassen können.
– Die Geschäftsleitung (CEO, Vorstand) wird in ihrer Verantwortung hinsichtlich der IT unterstützt.
– Die Methode fördert die objektive Überprüfung der Wirksamkeit der Corporate Governance für die IT.

In der Norm werden in sechs Leitsätzen jeweils drei Hauptaktivitäten für eine Umsetzung beschrieben (Bewertung, Anordnung von Maßnahmen, Überprüfung der Auswirkung). Die Verknüpfung ist in Abbildung 7 dargestellt.

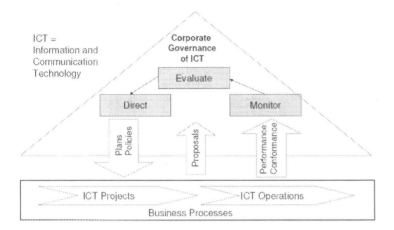

Abbildung 7: Das Modell der Corporate Governance of IT (ISO 38500)

Die Leitsätze lauten:

1. Verantwortlichkeit

Alle Betroffenen in der Organisation verstehen und akzeptieren ihre Verantwortung hinsichtlich der Nutzung und der Bereitstellung von IT. Ebenso sind alle verantwortlichen Personen für die Umsetzung befugt und befähigt.

2. Strategie

Die Strategie umfasst neben dem gegenwärtigen auch das zukünftige Potential der IT. Die strategische IT-Planung wird an der Unternehmensstrategie ausgerichtet.

3. Anschaffungen

IT-Investitionen basieren auf fundierter Analyse und klarer Entscheidung. Der Nutzen der Investition steht in einem ausgewogenen Verhältnis zu dessen kurz- und langfristigen Kosten und Risiken.

4. Leistungsfähigkeit und Effektivität

Qualität und Nutzen der IT-Leistungen (Services) erfüllen sowohl die momentanen als auch die zukünftigen Anorderungen des Business.

5. Konformität

Alle gesetzlichen Vorschriften und Anforderungen werden berücksichtigt. Die dafür notwendigen Regelungen und Prozesse sind eindeutig formuliert, eingeführt und durchgesetzt.

6. Verhalten und Bedürfnisse der Mitarbeiter

Die auf IT bezogenen Entscheidungen, Regelungen und Handlungsabläufe sind vom Respekt gegenüber den betroffenen Personen getragen.

Am Beispiel des Leitsatzes 5 sind in der Folge kurz die drei relevanten Hauptaktivitäten dargestellt:

- **Bewertung**
  Der Vorstand bewertet regelmäßig die Erfüllung der Verpflichtungen der IT hinsichtlich der gesetzlichen, vertraglichen und internen Regeln. Ebenso turnusmäßig wird geprüft, ob das Unternehmen diese Norm einhält.
- **Maßnahmen**
  Der Vorstand legt Verantwortliche fest, weist sie an und führt regelmäßig die Konformitätsüberprüfung hinsichtlich der vertraglichen, gesetzlichen und internen Regeln durch.
- **Überprüfung**
  Der Vorstand überwacht die Konformität durch Reporting und Audits.

Um diesen Steuerungsaufgaben nachgehen zu können, gilt es viele Steuerungsprozesse zu modellieren. Die neue Norm ist für die Unternehmensleitung gedacht und es fehlen die vielen konkreten Controls, die über die letzten Versionen in COBIT® entwickelt wurden. Es darf gespannt beobachtet werden, ob und wie schnell sich COBIT® auf die Norm zubewegen wird. COBIT® hat auf jeden Fall den wesentlichen Vorteil, dass es für viele der geforderten Controllingprozesse Vorgehen aufzeigt und auf konkrete Controls verweist. Somit werden fast alle Unternehmen, die sich bemühen, der ISO 38500 nachzukommen, im konkreten Einzelfall dediziert das Framework von COBIT® nutzen.

2.9 Ausblick: Entwicklungen im Bereich IT-Governance und in COBIT®

Drei perspektivische Entwicklungen können festgestellt werden.

Zunächst wird die neue ISO/IEC 38500 alleine schon durch die Verfügbarkeit das Engagement in der IT-Governance forcieren. Weiterhin nimmt die Qualität und Ausprägung der Integration von ITIL® und COBIT® zu und man kann von einer weitgehenden Integration beider Rahmenwerke ausgehen, was wiederum den verstärkten Einsatz in der Praxis fördern wird. Zudem erhöht sich der Druck externer Stellen zum Nachweis der Nutzung formalisierter Methoden der IT-Governance (Wirtschaftsprüfer, Aufsichtsbehörden usw.) und zwingt die Unternehmen zum Nachweis des Handelns.

Aus den oben genannten Gründen ist es durchaus als ein Gebot der Vernunft zu bezeichnen, wenn sich Unternehmen und in unserem Fall speziell auch Klinikleitungen COBIT® zunutze machen, um methodisch unterstützt die Aufgabenstellung der IT-Governance zu intensivieren.

Literaturverzeichnis / Internetseiten / Markenrechte

Literaturverzeichnis

[Baurschmid & Adelsberger 2005] Baurschmidt, M.; Adelsberger, H.: Vorlesungs-unterlagen „Grundlagen und Einführung in das strategie- und wertorientierte IT-Management". Universität Duisburg-Essen 2005.

[Glenfis 2009] Glenfis Schweiz: ITIL-COBIT-Mapping Excel-File.
http://www.glenfis.ch/media/content/documents/downloads/ITIL-Cobit-Mapping_de.xls, zuletzt geprüft am 10.08.2009.

[Huber 2009] Huber, M.: Managementsysteme für IT-Serviceorganisationen. Heidelberg 2009.

[ITGI 2003] IT Governance Institute (ITGI): IT Governance für Geschäftsführer und Vorstände. www.itig.org, 2003.

[ITGI 2005] IT Governance Institute (ITGI): COBIT 4.0. www.itig.org, Deutsche Ausgabe 2005.

[ITGI 2007] IT Governance Institute (ITGI): COBIT 4.1. www.itig.org, 2007.

Internetseiten (IT Governance Institute / ISACA / COBIT®)

www.isaca.at

www.isaca.de

www.itgi.org

www.isaca.com

Markenrechte

COBIT® ist eine eingetragene Marke des IT Governance Institute, www.itgi.org

ITIL® ist eine eingetragene Marke des Office of Government Commerce (OGC), www.ogc.gov.uk

PRINCE2® ist eine eingetragene Marke des Office of Government Commerce (OGC), www.ogc.gov.uk

3 Strategisches Informationsmanagement

Dr. Christoph Seidel

3.1 Vorwort[1]

Ein Klinikum der Maximalversorgung ist ein hoch komplexes System, in dem sehr unterschiedliche Berufsgruppen in einzelnen Kliniken oder Instituten zusammenwirken. Vor allem der Primärprozess in der Patientenbehandlung erfordert eine ausgesprochen dichte interdisziplinäre Zusammenarbeit. Große Flexibilität bedarf zusätzlich die ständige Fortentwicklung der Krankenversorgung durch Innovation, medizinischen Fortschritt und Wachstum. Diese Prozesse setzen grundsätzliche Ziele und Strategien zur Steuerung der Krankenversorgung, der ökonomischen Schwerpunkte und der Entwicklung der Infrastruktur voraus. Hierzu gehört ganz maßgeblich eine funktionsfähige und zielgerichtete Informationstechnologie mit einer zentralen IT-Abteilung. Diese hat vor allem die Aufgabe, die Funktionsfähigkeit der Systeme der Primärversorgung, der Administration und der Führung des Krankenhauses sicherzustellen.

Das Klinikum Braunschweig hat in einem sehr intensiven und im Wesentlichen selbst gestalteten Prozess eine IT-Abteilung aus dezentralen Einheiten zu einer schlagkräftigen Einheit zusammengeführt. Die unterschiedlichen Interessenlagen im Klinikum werden mit einem neuen IT-Strategieausschuss und einem IT-Projektausschuss zielgerichtet gesteuert. Gleichzeitig beinhaltet die IT-Strategie ein einheitliches und übergeordnetes Ziel, das die notwendigen Potentiale für den ärztlichen Dienst, den Pflegedienst und die Administration im IT-Bereich bereitstellt. Dies gibt Sicherheit innovative Projekte anzugehen und erfolgreich in die Routine umzusetzen.

Für die Strategieentwicklung und eine moderne Ausrichtung der Informationstechnologie ist eine kooperative Zusammenarbeit mit externen Institutionen und Klinikverbünden außerordentlich hilfreich. Am Beispiel des Klinikums Braunschweig sind hier insbesondere das Peter L. Reichertz Institut für Medizinische Informatik der TU Braunschweig und der Medizinischen Hochschule Hannover und der Arbeitskreis Informationstechnologie in der Arbeitsgemeinschaft kommunaler Großkrankenhäuser zu nennen. Diese Zusammenarbeit ist grundsätzlich wichtig und für beide Seiten sehr befruchtend.

Mit dieser IT-Strategie, den neuen Strukturen und Steuerungsinstrumenten ist die Geschäftsführung entlastet und kann sich auf die Zieldefinition und -überwachung

---

1   von Helmut Schüttig, Geschäftsführer des Städtischen Klinikums Braunschweig

im Bereich der IT und im Rahmen der Gesamtzielsetzung für das Klinikum konzentrieren. In einer abgestuften Struktur werden Entscheidungen auf der Ebene des IT-Strategieausschusses, des IT-Projektausschusses und des Geschäftsbereichsleiters und CIOs schnell getroffen. Damit sind sowohl Geschäftsführung als auch Betriebsleitung von langwierigen Diskussionsprozessen befreit und zugleich in die wesentlichen Prozesse integriert. In dieser Struktur sind der ärztliche Dienst, der Pflegedienst und die Administration konstruktiv eingebunden. Dies führt zu Lösungen im Sinne des Gesamthauses und vermeidet Optimierungen nur im Sinne einzelner Kliniken und Abteilungen.

Mit dieser Zentralisierung und Strukturierung wurde eine Kommunikationskultur geschaffen, die großes Vertrauen innerhalb des Klinikums in die IT-Abteilung ermöglicht hat und umgekehrt die IT-Abteilung motiviert, immer mehr und große Projekte aufzunehmen und erfolgreich umzusetzen. In diesen Prozess ist auch der Betriebsrat offensiv eingebunden und beteiligt sich konstruktiv.

Das Klinikum Braunschweig ist ein kommunales Großkrankenhaus in einem starken Wachstums-, Konzentrations- und Modernisierungsprozess. Es ist Ziel, die Maximalversorgung für die Region Braunschweig auszuprägen, den medizinischen Fortschritt weiterhin möglich zu machen, im Bereich der spezialisierten Ambulanzen sowie in der ambulanten und stationären Notfallversorgung präsent zu sein.

Außerdem gilt es, im Wettbewerb gegenüber den privaten Ketten und gegenüber den freigemeinnützigen Mitbewerbern erfolgreich zu bestehen. Das ist bisher außerordentlich gut gelungen. Dabei hatte die gesamte IT-Entwicklung der letzten Jahre einen sehr wichtigen Anteil an diesem Erfolg. Die eingesetzten Steuerungsinstrumente und Strukturen für die Führung, Ausrichtung und Entwicklung der Informationstechnologie wie im Folgenden beschrieben, haben sich hierbei bewährt und können in analoger Weise auch auf andere Krankenhäuser übertragen werden.

3.2 Motivation

Mit der neuen Generation von Werkzeugen der Informationsverarbeitung in Kliniken, der stetig wachsenden Verflechtung von IT und Medizintechnik werden über die klassischen Felder der IT-Versorgung - von Administration und wirtschaftlicher Führung bis zur klinischen und abrechungsrelevanten Dokumentation - hinaus, zunehmend folgende Bereiche von der IT-Unterstützung durchdrungen: Primärprozesse der unmittelbaren Patientenversorgung in Bezug auf adäquate, zeitnahe Gewinnung und Bereitstellung von Informationen, Entscheidungsunterstützung, Prozessmanagement und Steuerung. Die Potentiale der Informationstechnologie als Unterstützung für eine moderne qualitativ hochwertige Patientenversorgung und wirtschaftlich orientierte Führung eines Klinikums sind groß. Infolgedessen kommt der Informationsverarbeitung in Kliniken eine wesentliche Bedeutung und Verpflichtung zu, den Aufgaben mit einer modernen, transparenten, zielgerichteten, qualitativ und wirtschaftlich orientierten Entwicklung gerecht zu werden. Möglich wird dies nur, wenn die Informationsverarbeitung als Ganzes in einem Klinikum als strategischer Kernprozess verstanden und von allen Entscheidungsträgern gemeinsam gestaltet und getragen wird. Im Folgenden sollen hierfür die Methoden und das notwendige Umfeld dargestellt und an konkreten praktischen Vorgehensweisen erläutert werden.

3.3 Methodik

Für die Steuerung der Informationsverarbeitung in Krankenhäusern haben sich Methoden und Strukturen etabliert, die sich in der Praxis als effektiv und zielführend erwiesen haben.

3.3.1 Formen und Aufgaben des Informationsmanagements

In Bezug auf die strategische Steuerung der Entwicklung, die konkrete Weiterentwicklung durch Projekte und den Betrieb der Informationsverarbeitung wird differenziert zwischen folgenden Bereichen [Haux et al. 2004]:

- Strategisches Informationsmanagement
- Taktisches Informationsmanagement
- Operatives Informationsmanagement

3.3.1.1 Strategisches Informationsmanagement

Das strategische Informationsmanagement hat das Management der Informationsverarbeitung als Ganzes zum Gegenstand der Betrachtung. Wesentliche Aufgabe ist die Festlegung des Rahmens der Gesamtentwicklung mit direkter Ausrichtung an den Zielen des Unternehmens. Die Gestaltung des Rahmenplans bzw. des Rahmenkonzeptes als Ergebnis und die Überwachung der Einhaltung der dort festgelegten Strategie. Zu den Entscheidungen des strategischen Informationsmanagements gehören insbesondere wesentliche übergreifende Entwicklungen bzw. Entwicklungsprojekte sowie die Festlegung oder Verabschiedung des jährlichen IT-Budgets [Haux et al. 2004].

3.3.1.2 Taktisches Informationsmanagement

Die Einführung neuer Teilkomponenten der Informationsverarbeitung ist Aufgabe des taktischen Informationsmanagements. Diese Einführung geschieht bei größeren Vorhaben üblicherweise in Form von Projekten, die es gilt zu initiieren, deren Umfeld zu schaffen und zu überwachen. Je nach Vertrauensstellung werden kleinere Vorhaben und Projekte im taktischen Informationsmanagement selbst entschieden, sofern eine Ausrichtung am strategischen Informationsmanagement sichergestellt ist [Ammenwerth & Haux 2005].

3.3.1.3 Operatives Informationsmanagement

Das operative Informationsmanagement ist verantwortlich für die Steuerung der Organisation des Betriebs der Informationssysteme in einem Klinikum. Hierzu gehören die Konzeption der operativen Aufgaben, die Planung und Überwachung der Aktivitäten sowie die Erstellung von hierzu erforderlichen Konzepten.

3.3.2 Geschäftsmodelle für das Informationsmanagement

Je nach Unternehmensstruktur treten in der Praxis alle Varianten von Geschäftsmodellen für die drei genannten Bereiche des Informationsmanagements auf. Von der kompletten externen Bereitstellung, der Bereitstellung als Service einer Tochtergesellschaft bis zur vollständigen eigenen Leistung im Haus. Teilweise unterliegen die Formen auch gewissen Trends. So hat sich der vor einigen Jahren vorherrschende Trend des Outsourcens umgekehrt zu einem Wiederinsourcen, nachdem es sich herausgestellt hat, dass entsprechende Betreibermodelle zunehmend kostspieliger wurden oder der speziell auf die Bedürfnisse des Hauses zugeschnittene Service nicht erbracht wurde. Eine Grundregel gibt es nicht, sondern das jeweilige Konzept sollte im Einzelfall insbesondere unter dem Aspekt der Nachhaltigkeit abgewogen werden.

Generell können folgende Aussagen getroffen werden:

- Das strategische Informationsmanagement ist so eng mit den Kernaufgaben und der strategischen Ausrichtung des gesamten Unternehmens verwoben, dass es nicht aus der Hand gegeben werden sollte. Eine externe Beratung und Unterstützung kann sinnvoll sein.
- Der eigene Betrieb des taktischen Informationsmanagements mit einer effektiven überschaubaren personellen Besetzung - unter Zuhilfenahme von eigenen, zeitlich begrenzten abteilungsübergreifenden Ressourcen bei Projekten und punktuellem Einkauf externer Dienstleistungen - hat sich langfristig als tragfähig und kostengünstig erwiesen.
- Die Eigenentwicklung größerer Softwarekomponenten in einer Klinik hat sich in Hinblick auf die langfristig erforderliche Betreuung und Weiterentwicklung vielfach als unwirtschaftlich gezeigt.
- In größeren Kliniken ist der eigene Betrieb des operativen Informationsmanagements insbesondere unter dem Aspekt der zunehmenden Verflechtung von IT und Medizintechnik angezeigt.

Wie auch das Informationsmanagement in einer Klinik gestaltet sei: Die Zusammenarbeit und der Informationsaustausch mit anderen Kliniken, in Klinikverbünden und Arbeitsgruppen auf allen Ebenen des Informationsmanagements hat sich als nützlich erwiesen.

3.3.3 Strategisches Informationsmanagement: Strukturen - Instrumente

Für das strategische Informationsmanagement haben sich gewisse Strukturen und Instrumente als wesentlich und zielführend herausgestellt. Je klarer diese Strukturen definiert und im gesamten Haus transparent sind, desto einfacher und zeitsparender ist die konkrete Durchführung des strategischen Informationsmanagements. Dies hat unmittelbare Auswirkungen auch auf den taktischen und operativen Teil des Informationsmanagements, das durch ein gutes strategisches Informationsmanagement erst in die Lage eines effektiven Handelns versetzt wird.

3.3.3.1 Organisationsstruktur

Als Gremium für das strategische Informationsmanagement hat sich ein „IT-Strategieausschuss" mit direkter Angliederung an die Geschäftsführung und Betriebsleitung als praktikabel und geeignet bewährt. Um Entscheidungsfähigkeit zu gewährleisten, sollte die Besetzung mit den entsprechenden Kompetenzen ausgestattet sein, idealerweise durch den Geschäftsführer als Vorsitzenden, den Ärztlichen Direktor, den Pflegedirektor und dem Chief Information Officer CIO, der im günstigsten Fall das taktische und operative Informationsmanagement leitet (vgl. Abb. 1).

Bei entsprechender Vorbereitung der Sitzungen durch das taktische Informationsmanagement ist eine jährliche Sitzungsfrequenz von drei bis vier Sitzungen ausreichend, wobei in seltenen dringenden Fällen zusätzlich die Möglichkeit der Abstimmung außerhalb der Sitzungsreihe auf schriftlichem Wege eingeräumt werden sollte.

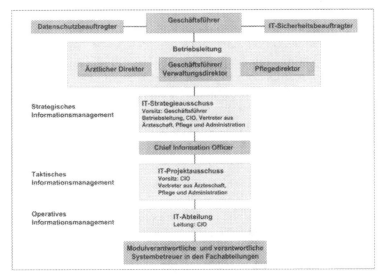

Abb. 1: Organigramm des Informationsmanagements am Beispiel des Klinikums Braunschweig

3.3.3.2 Die Funktion des Chief Information Officer

Für die Durchführung des strategischen Informationsmanagements empfiehlt es sich, die Funktion eines Chief Information Officers CIO zu etablieren. Er hat die Aufgabe, zwischen dem Unternehmensmanagement und dem Informationsmanagement zu vermitteln. Die Sitzungen des IT-Strategieausschusses sollten durch den CIO fachlich vorbereitet und organisiert werden. Idealerweise trägt er die Verantwortung für die Gesamt-IT des Hauses, sitzt dem taktischen und operativen Informationsmanagement vor und leitet die IT-Abteilung. So ist eine enge Verzahnung der Umsetzung und der Sicherstellung des täglichen Betriebs mit dem strategischen Informationsmanagement gegeben, derart, dass sich strategische Entscheidungen auch im praktischen Einsatz bewähren können.

3.3.3.3 IT-Rahmenkonzept

Die Bedeutung eines IT-Rahmenkonzepts für das strategische Informationsmanagement, aber auch für die moderne Krankenhausführung, wird oft unterschätzt. Vielfach wird in einem IT-Rahmenkonzept ein mit hohem personellem Aufwand erzeugtes Dokument gesehen, das Umfeld und Prozesse beschreibt, die ohnehin in Einzelbeschlüssen vorliegen und in praktischen Vorgehensweisen gelebt werden. Oft ist auch eine hierfür notwendige schriftliche Festlegung von Verantwortlichkeiten und Zuständigkeiten nicht gewünscht, da hierin starre Strukturen ohne die Möglichkeit der flexiblen Einflussnahme gesehen werden. Beides ist falsch und kann zu kostenintensiven Fehlentwicklungen führen.

Richtig verstandene Zuständigkeiten beinhalten insbesondere die transparente Integration aller maßgeblich Verantwortlichen in die Entscheidungsprozesse. Ebenso muss ein richtig verstandenes IT-Rahmenkonzept als Weg angesehen werden, der für einen definierten Zeitraum eine Auseinandersetzung der entscheidenden Leitungskräfte mit der Struktur und der Entwicklung der Informationsverarbeitung eines Klinikums erfordert. Hiermit wird gleichzeitig ein Kommunikationsprozess initiiert, der als Wertschöpfungsfaktor an sich gesehen werden muss und der Potentiale für entscheidende Wertbeiträge der Informationsverarbeitung an den Kernaufgaben eines Klinikums freisetzt. Eine Fortschreibung des IT-Rahmenkonzeptes sollte spätestens nach 5 Jahren erfolgen.

Für die erfolgreiche Gestaltung eines IT-Rahmenkonzeptes sind eine Projektinitiierung durch die Geschäftsführung, die schriftliche Darlegung der Unternehmensziele - idealerweise in Form der Ziele des Geschäftsführers, des Ärztlichen Direktors und des Pflegedirektors - von entscheidender Bedeutung. Zur Geltung gelangt ein IT-Rahmenkonzept in einer abschließenden Verabschiedung durch die Geschäftsführung und Betriebsleitung.

Ein IT-Rahmenkonzept sollte in einer breit angelegten Kommunikation mit entscheidenden Vertretern des ärztlichen Dienstes, der Pflege und Administration erstellt werden. Aufgrund der fachlichen und vielfach technischen Zusammenstellungen sollte die Federführung bei der IT-Leitung liegen. Eine externe Moderation und Unterstützung ist für die notwendigerweise von gegensätzlichen Interessen geprägten Arbeitsgruppensitzungen sehr hilfreich.

Strukturell bietet sich eine Gliederung in folgende Kapitel an:

- – Einleitung
- – Struktur und Leistungsdaten des Klinikums
- – IT-Systeme des Klinikums
- – IT-Organisation
- – IT-Versorgung – Stärken und Schwächen
- – IT-Ziele
- – Strategische Festlegungen

- IT-Vorhaben – Fünfjahresplanung
- Ausblick und zentrale Entwicklungspotentiale
- Anhang (Lagepläne, Strukturdaten, Organigramme)

Grundlegender Rahmen aller IT-Projekte und -Vorhaben bilden die aus den Unternehmenszielen direkt abgeleiteten IT-Ziele. Hierdurch wird eine Ausrichtung der Informationstechnologie an der zielgerichteten Weiterentwicklung des Unternehmens sichergestellt. Gleichzeitig begründen sich damit auch die Notwendigkeiten zur Bereitstellung der Voraussetzungen für eine effektive Umsetzung der Projekte und Vorhaben.

Entscheidungsvorlagen für die Schaffung organisatorischer Strukturen, der Personalentwicklung und Investitionen, aber auch für das Ablehnen von Anträgen, lassen sich hierdurch direkt im Kontext der Unternehmensziele darstellen und motivieren. Hierdurch wird das IT-Rahmenkonzept zu einem entscheidenden Werkzeug des strategischen Informationsmanagements.

Für die Erstellung von IT-Rahmenkonzepten in Kliniken gibt es in der Literatur wertvolle Hilfen und Beispiele [Gräber & Geib 2000]. Herauszuheben sind die Arbeiten der Arbeitsgruppe „Methoden und Werkzeuge für das Management von Krankenhausinformationssystemen" der Deutschen Gesellschaft für Medizinische Informatik, Biometrie und Epidemiologie (GMDS) [Gräber et al. 2003].

3.3.3.4 Steuerung durch Zielvorgaben

Aufgrund der Dynamik im IT-Bereich ist eine Steuerung mit dem Rahmenkonzept bei einer mittelfristigen Weiterschreibung und Erneuerung in einem Zyklus von fünf Jahren nicht in vollem Umfang geeignet. Aus diesem Grund erweist sich, wie auch im gesamten Krankenhausmanagement, eine Führung über Ziele und Zielvorgaben als geeignet [Salfeld et al. 2008]. Die jährlichen Zielvorgaben sollten mit der Geschäftsführung und dem strategischen Informationsmanagement in Abstimmung mit dem taktischen und operativen Informationsmanagement getroffen werden. Das Einhalten der Zielvereinbarungen sollte ebenfalls jährlich von der Geschäftsführung und dem strategischen Informationsmanagement überprüft werden.

3.4 Praxis des strategischen Informationsmanagements

Im Folgenden sollen konkrete Aufgaben und Instrumente des strategischen Informationsmanagements näher erläutert werden. Gleichzeitig soll anhand von allgemeinen Aussagen und Beispielen der Umgang mit den aufgeführten Strukturen und Instrumenten verdeutlicht und ein praktischer Bezug für eine konkrete Umsetzung hergestellt werden.

3.4.1 Geschäftsordnung

Für die Praxis des strategischen Informationsmanagements ist es notwenige Voraussetzung, die Organisationsstruktur, die Aufgaben und Kompetenzen in einer

Art Geschäftsordnung festzulegen. Als Beispiel seien hier die wesentlichen Aufgaben, Kompetenzen und Voraussetzungen für das strategische und auch das taktische Informationsmanagement des Klinikums Braunschweig wiedergegeben. Für die Organisationsstruktur vgl. Abb. 1.

Aufgaben und Kompetenzen des IT-Strategieausschusses:

Unterstützung von Geschäftsführer und Betriebsleitung bei Fragen des Informationsmanagements.

Entscheidung zu Grundsatzfragen der Informationsverarbeitung des Klinikums.

Abgleich und ggf. Justierung der IT-Ziele zu den Unternehmenszielen.

Fortschreibung der IT-Strategie und des IT-Rahmenkonzeptes.

Entscheidungen über essentielle IT-Vorhaben.

Entscheidungen zu wesentlichen Aspekten der Organisation für das strategische, taktische und operative Informationsmanagement.

Entscheidungen zu den jährlichen IT-Planungen.

Bereitstellung und Bewilligung des IT-Budgets ebenso wie die Mittelfreigabe für IT-Vorhaben erfolgen durch den Geschäftsführer, der dem IT-Strategieausschuss vorsitzt.

Grundlage:

Zuarbeit seitens des IT-Projektausschusses und des CIO.

Aufgaben und Kompetenzen des IT-Projektausschusses:

Aufnahme der IT-Vorhaben (Anträge).

Priorisierung der IT-Vorhaben.

Entwicklung der IT-Strategie.

Einordnung der IT-Vorhaben in die IT-Strategie.

Vorbereitung der Entscheidungen des IT-Strategieausschusses.

Einordnung der IT-Vorhaben in die Unternehmensprojekte.

Erörterung der Berichte aus IT-Vorhaben und Projekten.

Erarbeitung einer Gesamtschau auf die IT.

Erarbeitung einer (jährlichen) Bestandsaufnahme der IT.

Der CIO sitzt dem IT-Projektausschuss vor und berichtet an den IT-Strategieausschuss.

Die Besprechungen der IT-Vorhaben werden durch den CIO vorbereitet.

Grundlage:

Eigener Entscheidungsrahmen für kleinere und mittlere Projekte.

3.4.2 Ziele

Folgende Ziele des IT-Rahmenkonzeptes 2005 – 2009 des Klinikums Braunschweig sind ein konkretes Beispiel für direkt aus Unternehmenszielen abgeleitete IT-Ziele. Sie wurden aus den zur Verfügung gestellten Zielen des Geschäftsführers, des Ärztlichen Direktors und des Pflegedirektors abgeleitet und sind hier mit leichten Verallgemeinerungen wiedergegeben:

Ziel der IT-Strategie ist die bestmögliche Unterstützung der Arbeitsabläufe in der Krankenversorgung, Abrechnung der Krankenhausleistungen, Führung und Administration durch den effizienten Einsatz geeigneter Informations- und Kommunikationstechnologien sowie die Bereitstellung diesbezüglicher Verfahren für eine qualitativ hochwertige Krankenversorgung.

Als wesentliche Ziele für die Weiterentwicklung der Informationsverarbeitung werden erachtet:

– Die Unterstützung der Vereinheitlichung der Prozesse durch IT-Werkzeuge im Rahmen des baulichen Entwicklungskonzeptes des Klinikums.

– Die Unterstützung insbesondere der klinischen Prozesse durch die weitgehende Realisierung einer umfassenden multimedialen elektronischen Krankenakte.

– Die Bereitstellung einer Infrastruktur und dazugehöriger IT-Werkzeuge zur weitergehenden Nutzung von Informationen für die Betriebssteuerung sowie für eine effiziente, qualitativ hochwertige Krankenversorgung.

– Die Bereitstellung externer IT-Kommunikationsdienste, auch für die sektorenübergreifende Versorgung, zur Stärkung des Klinikums als tragende Gesundheitsversorgungseinrichtung in der Region.

– Die weitergehende Vereinheitlichung der eingesetzten IT-Werkzeuge auf der Basis einer effizienten IT-Architektur als Beitrag zu einer wirtschaftlichen Betriebsführung.

– Die IT-Entwicklung muss Beiträge zur Reduzierung von Personal- und Sachkosten in der Konvergenzphase 2004 –2009 leisten.

Hieraus erwächst die Verpflichtung der Gewährleistung einer sicheren und hochverfügbaren IT-Infrastruktur.

Bei der Umsetzung sämtlicher Ziele ist der jeweilige Nutzen für die Krankenversorgung und für die daran beteiligten Berufsgruppen, für das Klinikum als Unternehmen und damit letztlich für den Patienten zu prüfen. Gleichermaßen zu prüfen ist die Wirtschaftlichkeit und die Auswirkung auf den Arbeitseinsatz in den einzelnen Berufsgruppen.

Damit soll die IT-Strategie die generelle Zielsetzung des Klinikums Braunschweig zur Sicherstellung einer zeitgemäßen, bedarfsgerechten Krankenversorgung in der Region unterstützen, zum Nutzen der Patienten, der Mitarbeiter und der Betriebsleitung.

3.4.3 Entwicklungszyklen

Ein Grundproblem des Informationsmanagements stellt sich in den unterschiedlichen Zyklen von Unternehmensentscheidungen und dem notwendigen Vorlauf für Entscheidungen und Realisierungszeiträumen in der Informationstechnologie. Unternehmensentscheidungen, wie die Gründung eines Medizinischen Versorgungszentrums, der Kauf einer Klinik, Kooperationsverträge oder auch eine Zentrenbildung im eigenen Haus werden oft in kleinen Kreisen mit einem kurzen zeitlichen Vorlauf von zwei bis drei Monaten vorbereitet und innerhalb weniger Wochen gefällt. Demgegenüber kann die Realisierung einer adäquaten IT-Unterstützung für diese Strukturen oft fünf bis sechs Monate oder aber auch bis zu zwei Jahre erfordern, insbesondere wenn es sich nicht um Anpassungen vorhandener Systeme, sondern um ausschreibungspflichtige Neubeschaffungen größeren Umfangs handelt. Einer Diskrepanz zwischen notwendigem Bereitstellungstermin und erforderlicher Vorlaufzeit kann nur entgegengewirkt werden durch gegenseitiges Vertrauen zwischen Unternehmensführung und Informationsmanagement und eine frühe Einbindung des Letzteren in Unternehmensentscheidungen.

Gleichzeitig ist es jedoch auch Aufgabe des strategischen Informationsmanagements, künftig mögliche Entwicklungen des Unternehmens - aber auch der Gesundheitspolitik - vorauszusehen und die IT-Strategie dahingehend auszurichten, dass derartige Entwicklungen mit entsprechenden Werkzeugen flexibel durch eine effektive Informationstechnologie unterstützt werden können.

Ein erfolgreiches strategisches Informationsmanagement sieht aktuelle Anforderungen und künftige Entwicklungen des Unternehmens voraus und besetzt strategische Felder der Informationstechnologie, mit denen diese adäquat unterstützt werden können.

3.4.4 Strategische Felder

Im folgenden Abschnitt sind einige wesentliche strategische Felder der Informationstechnologie zusammengestellt, die sich an den praktischen Erfordernissen orientieren. Hier hat sich die in Tab. 1 dargestellte Differenzierung als hilfreich erwiesen.

Generelle Strategie muss es sein, für die jeweiligen Bereiche die entsprechenden IT-Werkzeuge unter funktionalen und wirtschaftlichen Gesichtspunkten bereitzustellen. Hieraus folgt unmittelbar eine grundsätzliche Ausrichtung auf eine möglichst geringe Anzahl eingesetzter strategischer IT-Werkzeuge, da nur dann eine kostengünstige Pflege und Weiterentwicklung gewährleistet werden kann. Insofern gilt es auch, die Versorgung dezentraler Bereiche, wie die einzelner Abteilungen, mit den IT-Werkzeugen zentraler Bereiche möglichst gut abzudecken. In der konzeptionellen Weiterentwicklung sind künftige Aspekte und Entwicklungen in den jeweiligen Bereichen vorherzusehen und eine flexible Strategie zu entwickeln, um diese mit vorhandenen Mitteln abzudecken.

Tab. 1: Strategische Felder der IT-Versorgung im Klinikum

Strategisches Feld	Strategische Aufgabe
Ambulante und stationärere Patientenversorgung	Versorgung zentraler Bereiche
	Versorgung dezentraler Bereiche
	Konzeptionelle Weiterentwicklung
Erreichung unternehmensbezogener Ziele	Versorgung zentrale Bereiche
	Versorgung dezentraler Bereiche
	Konzeptionelle Weiterentwicklung
IT-Technik und Infrastruktur	Bereitstellung
	Konzeptionelle Weiterentwicklung

Im Einzelnen können zu den strategischen Feldern folgende Aussagen getroffen und Gebiete eingegrenzt werden:

3.4.4.1 Ambulante und stationäre Patientenversorgung

Wenngleich in Kliniken viele Bereiche der ärztlichen und pflegerischen Dokumentation noch nicht mit adäquaten IT-Werkzeugen versorgt sind, so ist deren Bereitstellung mittlerweile zu einer lösbaren Aufgabe geworden. Ein effektiver Nutzen aus der notwendigen Dokumentation entsteht jedoch erst dann, wenn diese in arbeitsunterstützender Form wieder zur Verfügung gestellt wird, z.B. in Form einer hausweit verfügbaren multimedialen elektronischen Patientenakte mit kontextbezogener Darstellung der Informationen zum Zeitpunkt und an dem Ort, an dem sie benötigt werden. Auch dies stellt aus Sicht der Informationsverarbeitung keine allzu große Schwierigkeit dar.

Die moderne Zusammenführung von Sprach-, Bild- und Datenkommunikation bringt Umwälzungen und Potentiale mit sich, die in künftigen Konzepten zu beachten sind. Gleichzeitig wird hierdurch ein Einsatz von multifunktionalen Endgeräten ermöglicht, der den Service für die Patienten und die Beschäftigten des Klinikums erhöht.

Ein weitaus komplexeres, jedoch entscheidendes strategisches Feld ist eine gute und effektive Unterstützung der organisatorischen und fachlichen Prozesse der Patientenbehandlung. Die Herausforderungen durch zunehmende Arbeitsverdichtung, deutlich reduzierte Verweildauer im Krankenhaus und den hohen Anspruch an Qualität können ohne eine adäquate IT-Versorgung dieser Bereiche nicht bewältigt werden. Hier müssen durchgängige Methoden für Behandlungspfade, Entscheidungsunterstützungen für Behandlungen, Terminmanagement, Order-Entry, Ablauforganisation und Qualitätsmonitoring mit Regelprozessen zur Verfügung gestellt werden. In der Fläche ist dies nur möglich durch hochintegrierte Ansätze funktional vernetzter Werkzeuge, für die mit entsprechenden umfassenden strategischen Konzepten die Basis geschaffen werden muss. Hauptziel muss es bei all diesen Konzepten sein, die IT-Unterstützung so ergonomisch zu gestalten, dass das Ausmaß an fachfremden Aufgaben für Anwender in den Hintergrund tritt und eine Konzentration auf die Kernaufgaben möglich ist.

3.4.4.2 Erreichung unternehmensbezogener Ziele

Mit dem eindeutigen Ziel der Gesundheitspolitik einer nach wirtschaftlichen Gesichtspunkten orientierten Gesundheitsversorgung, sind die Aufgaben der Unternehmensführung vielschichtiger und komplexer geworden. Es ist abzusehen, dass sich dieser Trend in den kommenden Jahren noch verstärken wird. Infolgedessen ist die Unternehmensführung angewiesen auf Unterstützung im Informationsmanagement durch adäquate Instrumente der Informationsgewinnung, Präsentation und Steuerung. Hierbei ist ein Klinikum im Gesamtkontext der regionalen Gesundheitsversorgung zu sehen. Informationen über Patientenbewegungen, Erhebungen über medizinische Leistungen und demographische Daten sind in Hinblick auf die künftige Entwicklung von Versorgungsleistungen im Haus selbst und in der Region von entscheidender Bedeutung. Ebenso wichtig ist die Präsentation des Leistungsspektrums für die Außendarstellung. Informationstechnisch ist dies nur mit einer strategischen Ausrichtung auf die entsprechenden Felder sinnvoll zu unterstützen. Hierzu gehört insbesondere die regionale Vernetzung mit gleichzeitiger Unterstützung der Einweiser und Nachversorger durch ein Einweisungs- und Entlassmanagement mit Übermittlung von Befund- und Behandlungsdaten. Der Wettbewerbsvorteil durch entsprechende Informationen ist von vielen bereits erkannt worden. Insofern ist bei Beteiligungen der Einrichtung und dem Betrieb von regionalen Versorgungsnetzen strikt auf eine Neutralität der beteiligten Partner zu achten.

Im Haus selbst ist die schnelle Ermittlung, kontextbezogene Präsentation und Berichtsübermittlung von Kennzahlen z.B. aus DRG-Kalkulationen, der Kostenträgerrechnung und Leistungen der jeweiligen Bereiche ein essentielles Feld des strategischen Informationsmanagements. Die entsprechenden Werkzeuge hierfür sind bereits weit entwickelt. Eine Herausforderung besteht jedoch darin, diese für das Gesundheitswesen in fachlich inhaltlicher Hinsicht umfassend so zu gestalten, dass sie für das jeweilige Haus schnell und flexibel einsetzbar sind, ohne kostenintensive Projekte mit jahrelanger Dauer und ungewissem Ausgang zu generieren.

3.4.4.3 IT-Technik und Infrastruktur

Mit der stetig wachsenden IT-Unterstützung wesentlicher Bereiche eines Klinikums wächst in gleichem Maß die Abhängigkeit von einer reibungslos funktionsfähigen Datenverarbeitung. Insbesondere erfordert die immer größer werdende Verflechtung mit der unmittelbaren Patientenversorgung eine Verfügbarkeit der Systeme für vierundzwanzig Stunden an sieben Tagen der Woche.

Zentrales Feld der strategischen Entwicklung und Ausrichtung der Informationstechnologie ist die Bereitstellung der Verfügbarkeit und Sicherheit durch entsprechende Konzepte. Die technischen Möglichkeiten hierzu, wie moderne Serverräume, Hochverfügbarkeitsnetze, Servercluster, gespiegelte zentrale Speichersysteme

(Storage Area Networks (SAN)), performante Datensicherungssysteme sind verfügbar. Eine Herausforderung an die IT-Strategie ist es jedoch, diese technischen Möglichkeiten - mit dem entsprechenden Augenmaß unter wirtschaftlichen Gesichtspunkten den Erfordernissen angepasst - zur Verfügung zu stellen. Nicht überall wird eine Clusterlösung von mehreren Servern mit minimalen Umschaltzeiten beim Ausfall eines Servers und entsprechend aufwendigem Service benötigt. Oft ist auch ein Ausfallserver ausreichend, der im Notfall gestartet werden kann (Cold Standby). Die sich mehr und mehr verbreitende Servervirtualisierung, die den Betrieb mehrerer virtueller Server auf einem physikalischen Server ermöglicht, bietet die Chance, auch in diesem Bereich kostengünstige Lösungen umzusetzen, die auch unter dem ökologischen und finanziellen Gesichtspunkt des Energieaufwands eine günstige Bilanz darstellen. Ebenso sind hierarchische Speicherkonzepte, die eine Spiegelung von Daten der letzen fünf Behandlungsjahre eines Patienten und Auslagerung älterer Patientendaten auf kostengünstigere Speichersysteme mit längeren Wiederherstellungszeiten beim Ausfall hinreichend. Entsprechende Lösungen für Speichervirtualisierung stehen ebenfalls zur Verfügung. Hier gilt es abzuwägen, ob manuelle Verfahren für eine Auslagerung nach Jahrgängen oder entsprechende Automatismen mit Zugriffstatistik eingesetzt werden. Ebenso muss unter gesamtwirtschaftlichen Gesichtspunkten eine externe Auslagerung dieser Daten bei einem Dienstleister mit dann akzeptablen längeren Zugriffszeiten in Betracht gezogen werden.

Mit diesen technisch ausgefeilten Methoden gewinnt der eigentliche Betrieb als Unsicherheitsfaktor an Bedeutung. Bei mangelnden Sicherheitskonzepten und entsprechenden Regelungen treten menschliche Fehler als Hauptfaktor in den Vordergrund. Infolgedessen ist es ein zentrales Feld des Informationsmanagements, hier die entsprechenden Konzepte und Maßnahmen zu gestalten und zu leben (vgl. Kapitel 3.4.5.3).

3.4.5 Vorgaben des strategischen Informationsmanagements

Für die Umsetzung der Ziele in einem geordneten Rahmen ist es erforderlich, dass vom strategischen Informationsmanagement entsprechende Vorgaben gemacht werden. Diese erstrecken sich von allgemeinen Regelungen bis hin zu technischen Festlegungen. Aus diesem Grund ist es oft erforderlich, dass diese Vorgaben vorbereitet und teilweise vom taktischen und operativen Informationsmanagement formuliert werden. Entscheidend ist, dass der Impuls und der Wille, diese Vorgaben zu treffen und auch konsequent zu leben, vom strategischen Informationsmanagement ausgehen. Im Folgenden sind einige Vorgaben zusammengestellt, die sich in der Praxis als wichtig erwiesen haben.

3.4.5.1 Strategische Werkzeuge

Wie in den vorangegangenen Ausführungen dargestellt, sollte generell eine Vereinheitlichung und Beschränkung der Vielfalt der eingesetzten IT-Werkzeuge erfolgen. Dies ist oft mit Einschränkungen bei der Erfüllung von Wünschen Einzelner verbunden. Die Synergien und Vorteile eines Informationsverbundes im Hinblick auf das Gesamtprozessgeschehen in einem Klinikum und im regionalen Verbund rechtfertigen jedoch diese Einschränkungen. Aus diesem Grund ist eine vom strategischen Informationsmanagement oder der Betriebsleitung getroffene Festlegung der strategischen IT-Werkzeuge empfehlenswert und gibt gleichzeitig dem taktischen und operativen Informationsmanagement die erforderliche Rückendeckung bei Konflikten.

Im Beispiel des Klinikums Braunschweig wurden für den Betrieb und den zielgerichteten weiteren Ausbau der IT-Versorgung für die Jahre 2006 – 2009 folgende Festlegungen getroffen[2]:

Es wird ein monolithisches integriertes Klinikinformationssystem (KIS) angestrebt.

Das im Klinikum derzeit eingesetzte Klinikinformationssystem ist das führende System. D.h. es erfolgt eine vollständige Referenz auf dessen Patienten-, Fallnummern, Dokumentenverweise etc.

Die Umsetzung der elektronischen Patientenakte (EPA) erfolgt ausschließlich im Kontext des Klinikinformationssystems und dem derzeit eingesetzten Archivsystem.

Die rechts- und revisionssichere Langzeitarchivierung relevanter Daten erfolgt ausschließlich im Archivsystem und im zentralen Langzeitbildarchiv. Dies gilt insbesondere für Daten zur Erfüllung gesetzlicher Vorschriften (SGB V, Röntgenverordnung, Transfusionsgesetz etc.)

Es wird eine Minimierung der eingesetzten IT-Werkzeuge mit Einschränkung auf die strategischen IT-Werkzeuge angestrebt.

Im Detail wurden noch weitere Werkzeuge, wie Groupware, Redaktionssystem, und Kommunikationsserver, festgelegt.

3.4.5.2 Vorgaben für das taktische Informationsmanagement

Anträge von neu zu initiierenden IT-Projekten werden vom taktischen Informationsmanagement geprüft. Ebenso bereitet dieses Konzepte für künftige Entwicklungen vor, die dann wiederum in Form von Projekten und IT-Vorhaben umgesetzt werden. In einem Klinikum ist es nicht selten der Fall, dass 60 bis 80 IT-Projekte und Vorhaben parallel anstehen. Aus diesem Grund sollten nur große Projekte und Entwicklungen im strategischen Informationsmanagement entschieden und dem taktischen Informationsmanagement für kleinere Vorhaben und Projekte ein eigener Entscheidungsrahmen gegeben werden. Regelungen hierfür gehen als Vorgaben an das taktische Informationsmanagement, und die Entscheidungen des taktischen Informationsmanagements werden vom strategischen Informationsmanagement überwacht. Ebenso ist es eine der wesentlichen Aufgaben des strategischen Informationsmanagements, für die Projekte und Vorhaben das personelle, organisatorische und wirtschaftliche Umfeld durch entsprechende Entscheidungen zu schaffen.

---

2 Firmennamen wurden umschrieben.

IT-Vorhaben 2009 - 2012   Stand 2.2.2009

1. IT-Vorhaben für die ambulante und stationäre Patientenversorgung						
Nr.	Projekt	Teilprojekt	2009	2010	2011	2012
1.1 Zentrale Bereiche						
1.1.01	Logistik Krankentransport	Einbindung weiterer Bereiche				
		Ausbau				
		Rettungsstelle				
		Optimierung mit Transp.Bestätig				
1.1.02	Arztbriefschreibung	Pilotprojekt				
		Allg. Lösung mit Diktiersystem				
1.1.03	Ambulanzkonzept	Umstellung der Abrechnung				
		Pilotprojekt Abteilung 1				
1.2 Dezentrale Bereiche						
1.2.02	Med Dokumentation	Klinik 1, Klinik 2, Schnittstelle				
		Weitere Kliniken				
1.2.03	Ablösung Altsystem Abt. 6					
1.2.04	DV-System Diagnostik	Einführung				
		Leistungsschnittstelle zum KIS				
1.2.05	Patientendatamanagement	Pilotprojekt				
		Rollout				
1.2.06	Ablösung Altsystem Abt. 5					
1.3 Konzeptionelle Weiterentwicklung						
1.3.01	Tumordokumentation	DV-Tumorzentrum				
1.3.02	Workflowmanagement	Behandlungspfade Test				
		Einführung				
1.3.04	Klinikweiter Patiententerminplan	Terminmanagement Pilot				
		Klinikweites Terminmanagement				
1.3.05	IT-Infrastruktur Patientenzimmer					

Legende: ■ begonnen   positiv entschieden   konkret beantragt   möglich

Abb. 2: (Beispiel 1 von 2) Ausschnitt aus den IT-Vorhaben des Klinikums Braunschweig[3]

In der Praxis hat sich eine strategische Planung der Vorhaben und Projekte für einen Zeitraum von drei bis vier Jahren und eine Differenzierung entsprechend dem Entscheidungsstatus wie in Abb. 2 als günstig erwiesen. Im laufenden Jahr kann eine feinere Planung in Quartalen erfolgen. Ebenfalls hat sich im praktischen Umgang eine Unterteilung der Vorhaben in „Vorhaben für die ambulante und stationäre Patientenversorgung", „Vorhaben zur Erreichung unternehmensbezogener Ziele" und „Vorhaben für die IT-Technik und Infrastruktur" gemäß den strategischen Feldern in Tab. 1 als vorteilhaft herausgestellt.

3.4.5.3 Vorgaben für das operative Informationsmanagement

Durch gesetzliche Vorgaben haben sich verbindliche Regelungen und Strukturen für den Datenschutz in Kliniken etabliert. Im Gegensatz hierzu gibt es jedoch viel-

---

3   Die Angaben wurden modifiziert.

fach noch wenige Ansätze, den Betrieb, die Sicherheit und Verfügbarkeit der Informationsverarbeitung verbindlich zu regeln.

Verantwortlich für die Sicherheit der Informationsverarbeitung ist zunächst der Geschäftsführer. Eine Übertragung der Verantwortlichkeit an den CIO ist möglich, entbindet jedoch nicht von der Pflicht der Kontrolle.

Mit der tiefen Verflechtung in die unmittelbare Patientenversorgung und wirtschaftliche Handlungsfähigkeit von Kliniken ist eine weit reichende Abhängigkeit vom sicheren Betrieb der Informationsverarbeitung gegeben. Infolgedessen sind verbindliche Regelungen und Festlegungen von Verantwortlichkeiten erforderlich. Der Rahmen für ein Sicherheitsmanagement sollte in einer Sicherheitsleitlinie für das Haus festgeschrieben werden. Hieraus ergeben sich unmittelbar weitere Notwendigkeiten und Regelungen bis hin zur Notwendigkeit der Festlegung von Verfügbarkeitsklassen der jeweiligen im Betrieb befindlichen Informationssysteme. Dies hat dann unmittelbare Folgen für Projekte und Investitionsentscheidungen im taktischen Informationsmanagement, um den sicheren und verfügbaren Betrieb der Systeme den Verfügbarkeitsklassen entsprechend zu gewährleisten.

Entscheidend ist die verbindliche Einhaltung der getroffen Regelungen und des Betriebs der Informationstechnologie nach dem aktuellen Stand der Technik. Sichergestellt werden kann dies durch definierte Vorgehensweisen nach anerkannten Methoden wie ITIL®[4], COBIT®[5], ISO 27001 und Grundschutz nach BSI. Externe Audits, Testate oder Zertifizierungen ermöglichen den Nachweis der verbindlichen Umsetzung dieser Vorgehensweisen. Der Grad muss für das Haus den Anforderungen entsprechend entschieden werden. Eine Initiierung, die Unterstützung durch die erforderlichen Rahmenbedingungen und das Verabschieden der erforderlichen Festlegungen muss jedoch vom Geschäftsführer und vom strategischen Informationsmanagement ausgehen.

3.4.6 Portfoliomanagement

Entscheidende Aufgabe des strategischen Informationsmanagements ist es, die jährliche sowie die mittel- und langfristige Wirtschaftsplanung durchzuführen und die Mittel für die Investitionen zu genehmigen. Hier hat sich ebenfalls ein kurz- und mittelfristiges Portfoliomanagement entsprechend der Liste der IT-Vorhaben bewährt (vgl. Abb. 3).

---

4   ITIL® ist eine eingetragene Marke des Office of Government Commerce (OGC), www.ogc.gov.uk

5   COBIT® ist eine eingetragene Marke des IT Governance Institute, www.itgi.org

IT-Wirtschaftsplan 2009   **Stand 15.10.2008**

1. IT-Vorhaben für die ambulante und stationäre Patientenversorgung							Investitionen 2009				Invest.
Nr.	Projekt	Teilprojekt	2009	2010	2011	2012	Hardw.	Dienstl.	Softw.	Dienstl.	2010 / 12
1.1 Zentrale Bereiche											
11.01	Logistik Krankentransport	Einbindung weiterer Bereiche					5.000	1.000	2.000	5.000	
		Ausbau					15.000	2.000	80.000	15.000	
		Rettungsstelle					5.000				
		Optimierung mit Transp.Bestätig								3.000	20.000
11.02	Ausschreibung	Pilotprojekt								25.000	
		Allg. Lösung mit Diktiersystem									50.000
11.03	Ambulanzkonzept	Umstellung der Abrechnung									10.000
		Pilotprojekt Abteilung 1								5.000	
1.2 Dezentrale Bereiche											
12.02	Med.Dokumentation	Klinik 1, Klinik 2, Schnittstelle							6.000	15.000	
		Weitere Kliniken								3.000	
12.03	Ablösung Altsystem Abt. 6						7.500	15.000	10.000	5.000	10.000
12.04	DV-SystemDiagnostik	Einführung					30.000	2.000	150.000	20.000	
		Leistungsschnittstelle zum KIS									7.000
12.05	Patientendatamanagement	Pilotprojekt							15.000	30.000	
		Rollout									100.000
12.06	Ablösung Altsystem Abt 5						20.000	3.000	5.000	1.000	
1.3 Konzeptionelle Weiterentwicklung											
13.01	Tumordokumentation	DV-Tumorzentrum								4.000	50.000
13.02	Workflowmanagement	Behandlungspfade Test									15.000
		Einführung									150.000
13.04	Klinikweiter Patiententerminplan	Terminmanagement Pilot					30.000	2.000	150.000	20.000	50.000
		Klinikweites Terminmanagement									300.000
13.05	IT-Infrastruktur Patientenzimmer										15.000

Gesamtsumme inves tiver Wirtschaftsplan 2009:	Hardw.	Dienstl.	Softw.	Dienstl.	Gesamt
Begonnen oder positiv entschieden	100.000	10.000	408.000	136.000	654.000
Konkret beantragt oder möglich	12.500	15.000	10.000	15.000	52.500
Gesamt:	112.500	25.000	418.000	151.000	706.500

Abb. 3: (Beispiel 2 von 2) Ausschnitt Wirtschaftsplan des Klinikums Braunschweig[6]

3.4.7 Entscheidungsgrundlagen

Ein strukturiertes und im Unternehmen fest etabliertes strategisches Informationsmanagement ist wesentliche Voraussetzung für eine kontinuierliche zielorientierte Entwicklung der Informationstechnologie. Nur mit Hilfe einer entsprechenden Positionierung und mit der erforderlichen gedanklichen Auseinandersetzung aller maßgeblich Beteiligten ist es möglich, die Informationstechnologie in einem Klinikum so zu strukturieren, dass sie als Wertschöpfungsfaktor qualitativ und wirtschaftlich messbare Ergebnisse in Hinblick auf die Kernprozesse des Klinikums erzielt.

---

6 Projekte und Zahlen wurden geändert.

3.4.7.1 Wirtschaftliche Potentiale

Entscheidungen im strategischen Informationsmanagement können vor einem wirtschaftlichen Hintergrund leichter und schneller getroffen werden. Der konkret messbare Nachweis wirtschaftlicher Vorteile oder vollständiger Berechnungen eines Return of Invest (ROI) bei Entscheidungen für Investitionen in die Informationstechnologie in Kliniken ist jedoch sehr schwer zu erbringen. Studien wie die Ermittlung von Einsparpotentialen bei der Einführung von computerunterstützten Verordnungssystemen (CPOE) [Kaushal et al. 2006] sind eher die Seltenheit. Dennoch sollten insbesondere für Entscheidungen mit hohem Investitionsbedarf Wirtschaftlichkeitsuntersuchungen durchgeführt werden. Eine mögliche Vorgehensweise, die sich in der Praxis bewährt hat, ist die Durchführung von Pilotprojekten, die im taktischen Informationsmanagement entschieden werden können, begleitet von einer Wirtschaftlichkeitsanalyse [Galuba 2007]. Hier können in einer Interventionsstudie Parameter wie Zeiteinsparungen, Auslastungskennzahlen z.B. bei Steigerung der Planungseffizienz und besser unterstützter Ablauforganisation, Papierkosten etc. zugrunde gelegt werden. Bei der Analyse muss darauf geachtet werden, dass eine Gesamtbetrachtung für das Haus durchgeführt wird, da Optimierungen in einzelnen Bereichen nicht selten zulasten anderer Bereiche gehen. Durch Dezentralisierung von Dokumentationstätigkeiten gelingt es beispielsweise, Reduzierungen in zentralen Bereichen durchzuführen. Diese sind jedoch mit Mehraufwand in der Fläche und einem erhöhten Betreuungs- und Schulungsaufwand für die IT-Abteilung verbunden. Das strategische Informationsmanagement hat die Aufgabe, im Gesamtüberblick eine Abwägung zu treffen und entsprechende Ausgleiche zu schaffen.

3.4.7.2 Qualitative Potentiale

Rein wirtschaftliche Erwägungen treffen den Sachverhalt nur teilweise und sind oft nicht motivierend für die Endanwender, deren Unterstützung gerade für die kritische Zeit der Einführung von Informationssystemen entscheidend ist. Ebenso essentiell sind qualitative Faktoren wie die Schaffung von Arbeitserleichterungen, Verbesserungen der Abläufe, Optimierung der Informationsgewinnung und -bereitstellung, Steigerung der Qualität und Sicherheit der Patientenversorgung als Entscheidungsgrundlagen für das strategische Informationsmanagement.

Ein zielorientiertes strategisches Informationsmanagement kann nur in einem ausgewogenen Verhältnis zwischen wirtschaftlich und qualitativ orientierten Entscheidungsgrundlagen durchgeführt werden.

3.4.8 Präsentation und Strategievermittlung

In einem größeren Klinikum kommen oft mehr als 150 DV-Systeme zum Einsatz und hinter den zahlreichen Projekten und Vorhaben verbergen sich komplexe Zusammenhänge. Da in den Sitzungen der Gremien und Ausschüsse des strategischen und taktischen Informationsmanagements nur begrenzte Zeit zur Verfügung steht, muss großer Wert auf eine übersichtliche und einprägsame Darstellung der Zusammenhänge gelegt werden. Hier hat sich eine einheitliche Darstellung, die konsequent über einen längeren Zeitraum beibehalten wird, als sehr hilfreich erwiesen. Durch den eintretenden Gewöhnungseffekt ist dann eine Konzentration auf die wesentlichen entscheidungsrelevanten Kernpunkte möglich. In Abb. 2 und Abb. 3 für die Projektübersicht und das Portfoliomanagement wurde ein Beispiel hierfür dargestellt. Die Nummerierung der Projekte und Vorhaben lässt ebenfalls das Anlegen einer Ordnerstruktur für weitergehende entscheidungsrelevante Dokumente zu.

Durch entsprechende Vorbereitungen im taktischen Informationsmanagement kann die Themenvielfalt in den Sitzungen des strategischen Informationsmanagements auf die wesentlichen übergreifenden Kernpunkte konzentriert werden.

Für eine systematische Darstellung des Klinikinformationssystems bzw. der in einem Klinikum eingesetzten Verfahren eignet sich ein Ansatz in Form des 3-Ebenenmodells (3LGM²), der einerseits den Aufbau und die Komponenten wie auch die Verflechtungen der Komponenten untereinander wiedergibt. Hierbei werden folgende Ebenen betrachtet (vgl. [Winter et al. 2003], [Wendt et al. 2004]):

– Fachliche Ebene
– Logische Werkzeugebene
– Physische Werkzeugebene

Die fachliche Ebene des KIS stellt die Aufgaben des Klinikums dar. Die IT-Unterstützung der Aufgaben erfolgt durch Anwendungsprogramme, die in der logischen Werkzeugebene dargestellt sind. Diese Anwendungssysteme sind implementiert auf untereinander vernetzten Datenverarbeitungsbausteinen oder verwenden diese (Netz, Server, PCs, Drucker). Eine systematische Darstellung erfolgt in der physischen Werkzeugebene.

Die Abbildungen 4, 5, 6 und 7 geben einen Ausschnitt der Elemente des Informationssystems des Klinikum Braunschweig wieder (fachliche Ebene, logische und physische Werkzeugebene sowie 3-Ebenensicht der Verbindungen).

Eine ausführliche Zusammenstellung der Anforderungen für die Informationsverarbeitung im Krankenhaus, die als Grundlage für die fachliche Ebene, aber auch für die Systematik eines Katalogs der Anwendungen zugrunde gelegt werden kann, findet sich in [Ammenwerth et al. 2002] und ist unter [Ammenwerth et al. 2001] auch als kommentierte Exceltabelle frei verfügbar.

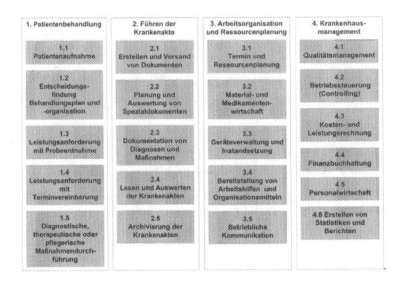

Abb. 4: Fachliche Ebene eines KIS (Ausschnitt: Klinikum Braunschweig)

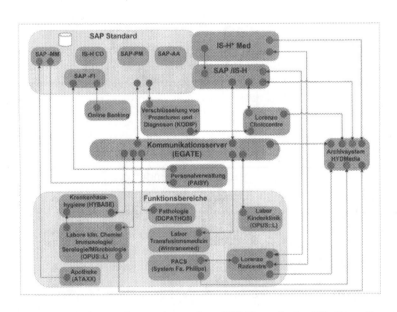

Abb. 5: Logische Werkzeugebene eines KIS (Ausschnitt: Klinikum Braunschweig)

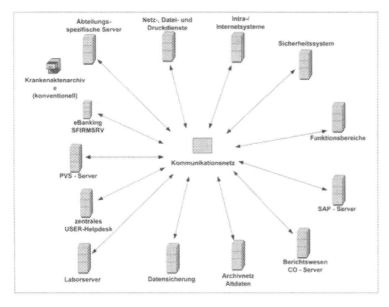

Abb. 6: Physische Werkzeugebene eines KIS (Ausschnitt: Klinikum Braunschweig)

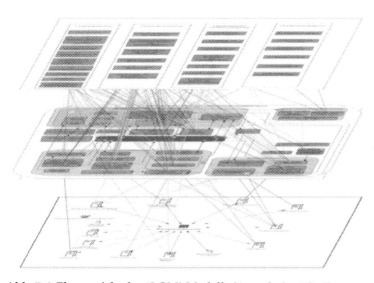

Abb. 7: 3-Ebenensicht des 3LGM²-Modells (Ausschnitt: Klinikum Braunschweig)

3.5 Erfahrungen am Beispiel des Klinikums Braunschweig

Mit den aufgeführten Strukturen und Werkzeugen wurde im Klinikum Braunschweig in den Jahren 2006 bis 2009 das Informationsmanagement durchgeführt. Jährlich fanden sechs Sitzungen des IT-Projektausschusses und drei Sitzungen des

IT-Strategieausschusses mit einer Dauer von zwei bis drei Stunden für den Projektausschuss und zwei Stunden für den Strategieausschuss statt. In den Sitzungen des IT-Projektausschusses wurden acht Entscheidungen für kleinere und mittlere IT-Vorhaben und Projekte im eigenen Entscheidungsrahmen getroffen sowie sechs Empfehlungen für größere Projekte erarbeitet. Der IT-Strategieausschuss traf acht Entscheidungen für größere Projekte in den Sitzungen und zwei dringliche Entscheidungen außerhalb der Sitzungsreihe. Ebenso wurden für vier Großprojekte die entsprechenden Projektumfelder durch befristete Stellen in der IT-Abteilung, Freistellungen von Personal aus anderen Bereichen und die Benennung von Projektarbeitsgruppen geschaffen.

Entscheidungen für die reine IT-Technik, wie Speicher, Server, Endgeräte und Netzinfrastruktur wurden als Folgeentscheidungen von IT-Projekten für die Unterstützung der Kernprozesse des Klinikums gesehen und waren nur am Rande Gegenstand der Sitzungen. Dagegen wurden Konzepte, Strategien und Versorgungsstrukturen der Informationstechnologie ausführlich besprochen und definiert, wie z.B. Sicherheitsleitlinie, Risikobetrachtungen, Verfügbarkeitsklassen und Vorarbeiten für eine Zertifizierung von Teilen der Informationstechnologie.

Die IT-Ausschüsse als eigene Struktur neben der Betriebsleitung und der IT-Abteilung haben sich als sehr hilfreich erwiesen. Hierdurch war es möglich, eine Fokussierung auf die essentiellen Themen dieses Bereiches und auch die wichtige Einbindung aller entscheidenden Beteiligten des Klinikums zu erreichen. Gleichzeitig ermöglichte die Zusammensetzung des IT-Strategieausschusses durch den Geschäftsführer als Vorsitzenden, dem Ärztlichen Direktor und dem Pflegedirektor schnelle und direkte Entscheidungen.

Für die Sicherstellung einer kontinuierlichen Arbeit mit gleichem Informationsstand wurde bewusst auf Vertreterregelungen verzichtet. Durch direkte Beteiligung des Betriebsrates an den Sitzungen des IT-Projektausschusses in Form eines fest benannten Vertreters als Gast war eine transparente und durchgängige Information und Einbindung gegeben.

Die Berichterstattung gegenüber dem IT-Strategieausschuss erfolgte durch den CIO, der auch den Vorsitz des IT-Projektausschusses innehat. Die Protokolle der Sitzungen des IT-Strategieausschusses wurden dem IT-Projektausschuss zur Verfügung gestellt. Die Beteiligung einer externen Beratung erwies sich als vorteilhaft in vielerlei Hinsicht. Einerseits konnte hierdurch die Sicht der Beteiligten erweitert werden, andererseits war es möglich, die Themen neutral und sachlich anzugehen, obwohl teilweise Verflechtungen mit Eigeninteressen vorlagen.

Mit der festen Etablierung der IT-Ausschüsse konnte erreicht werden, dass alle Anträge für IT-Projekte in den vergangenen drei Jahren in den IT-Ausschüssen entschieden wurden. Für größere Projektanträge oder zur Festlegung von abteilungsbezogenen Betreuungsstrukturen wurden die Antragssteller und Verantwortlichen zu den Sitzungen des IT-Projektausschusses geladen. Abstimmungen über Projektanträge fanden im geschlossenen Kreis der Ausschüsse statt, und die Antragssteller wurden vom CIO darüber informiert.

Insgesamt erwiesen sich die Strukturen auch bei Konflikten als tragfähig und fanden im Haus große Akzeptanz.

3.6 Zusammenfassung

Die adäquate Unterstützung durch eine moderne Informationstechnologie ist für die wesentlichen Prozesse eines Klinikums unerlässlich. Eine Erfüllung dieser Aufgabe ist jedoch nur mit Hilfe einer entsprechenden Eingliederung in die Entscheidungsprozesse eines Klinikums möglich. Hierfür haben sich Strukturen und Werkzeuge etabliert, die in der Praxis eine an den Unternehmenszielen orientierte Entwicklung der Informationstechnologie ermöglichen.

Für die strukturierte Festlegung der Aufgaben und Kompetenzen hat sich eine Differenzierung in das strategische, taktische und operative Informationsmanagement entsprechend den Bereichen der strategischen Entwicklungssteuerung, der konkreten Weiterentwicklung durch Projekte und dem Betrieb der Informationsverarbeitung als geeignet erwiesen.

Die beste Voraussetzung für ein handlungsfähiges strategisches Informationsmanagement ist die direkte Beteiligung der Betriebsleitung in einem hierfür zuständigen IT-Strategieausschuss im Idealfall durch den Geschäftsführer als Vorsitzenden, den Ärztlichen Direktor und den Pflegedirektor. Die Verantwortung der Informationsverarbeitung im Klinikum als Ganzes sollte einem Chief Information Officer übertragen sein, der als Vorsitzender eines IT-Projektausschusses für das taktische Informationsmanagement die Sitzungen dieses IT-Strategieausschusses fachlich vorbereitet und diesem von Entscheidungen und Empfehlungen des IT-Projektausschusses berichtet.

Mit diesen Strukturen ist es möglich, die Sitzungen des IT-Strategieausschusses auf die entscheidenden Punkte zu konzentrieren, derart, dass nur ein zeitlich begrenzter Aufwand von drei bis vier Sitzungen jährlich für die Entscheidungsträger erforderlich ist. Besonderer Wert muss hierbei auf eine transparente und kontinuierliche Darstellung der entscheidungsrelevanten Sachverhalte gelegt werden. Vor dem Hintergrund wirtschaftlicher und qualitativer Potentiale als Entscheidungshilfe ist es dann Aufgabe des IT-Strategieausschusses, eine organische Entwicklung der Informationstechnologie für eine zukunftsorientierte Ausrichtung auf die entscheidenden strategischen Felder der ambulanten und stationäre Patientenversorgung, der Erreichung unternehmensbezogener Ziele sowie der IT-Technik und Infrastruktur zu ermöglichen. Wesentliche Steuerungselemente für das strategische Informationsmanagement sind hierbei die Steuerung durch Zielvereinbarungen sowie Vorgaben für das taktische und operative Informationsmanagement.

Struktur und Aufgaben des strategischen Informationsmanagements sollten in einer Geschäftsordnung festgeschrieben und mit Zielvorgaben für die Informationstechnologie in einem IT-Rahmenkonzept von der Geschäftsführung und Betriebsleitung verabschiedet werden. Die Erstellung eines IT-Rahmenkonzepts ist zu sehen als Initiierung einer gedanklichen Auseinandersetzung der entscheidenden

Leitungskräfte mit der Struktur und der Entwicklung der Informationsverarbeitung in einem Klinikum als Ganzes.

Literaturverzeichnis

[Ammenwerth et al. 2001] Ammenwerth, E.; Buchauer, A.; Haux, R.: Anforderungskatalog für die Informationsverarbeitung im Krankenhaus 2001 http://iig.umit.at/projekte/anfkat/anfkat.htm zuletzt geprüft am 07.07.2009.

[Ammenwerth et al. 2002] Ammenwerth, E.; Buchauer, A.; Haux, R.: A Requirement Index for Information Processing in Hospitals. In: Methods of Information in Medicine 41 (2002) 4, S. 282-288.

[Ammenwerth & Haux 2005] Ammenwerth, E.; Haux, R.: IT-Projektmanagement im Krankenhaus und Gesundheitswesen. Schattauer, Stuttgart 2005.

[Galuba 2007] Galuba, T.: Analyse des Einsatzes mobiler Techniken zur Unterstützung der Pflegedokumentation im Krankenhaus. 2007. Diplomarbeit des Peter L. Reichertz Instituts für Medizinische Informatik der TU Braunschweig und der Medizinischen Hochschule Hannover, Braunschweig 2007.

[Gräber & Geib 2000] Gräber, S.; Geib, D.: Rahmenkonzept für das Klinikinformationssystem der Universitätskliniken des Saarlandes (1. Fortschreibung). Universitätskliniken des Saarlandes Homburg, Homburg 2000. http://www.uniklinikum-saarland.de/zik/rahmenkonzept2000.pdf zuletzt geprüft am 03.07.2009.

[Gräber et al. 2003] Gräber, S.; Ammenwerth, E.; Brigl, B.; Dujat, C.; Große, A.; Häber, A.; Jostes, C.; Winter, A.: Rahmenkonzepte für das Informationsmanagement in Krankenhäusern: Ein Leitfaden. Homburg 2003. http://mwmkis.imise.uni-leipzig.de/de/Publikationen?show_files=1 zuletzt geprüft am 07.07.2009.

[Haux et al. 2004] Haux, R.; Winter, A.; Ammenwerth, E.; Brigl, B.: Strategic Information Management in Hospitals. In: Health Informatic Series. Springer, New York 2004.

[Kaushal et al. 2006] Kaushal, R.; Jha, A.K.; Franz, C.; et al.: Return on Investment for a Computerized Physician Order Entry System. In: Journal of the American Medical Informatics Association 13 (2006) 3, S. 261-266.

[Salfeld et al. 2008] Salfeld, R.; Hehner, S.; Wichels, R.: Modernes Krankenhausmanagement. Springer, Berlin Heidelberg New York 2008.

[Winter et al. 2003] Winter, A.; Brigl, B.; Wendt, T.: Modeling Hospital Information Systems (Part 1): The Revised Three-Layer Graph-Based Meta Model 3LGM². In: Methods of Information in Medicine 42 (2003) 5, S. 544-551.

[Wendt et al. 2004] Wendt, T.; Häber, A.; Brigl, B.; Winter A.: Modeling Hospital Information Systems (Part 2): Using the 3LGM² Tool for Modeling Patient Record Management. In: Methods of Information in Medicine 43 (2004) 3, S. 256-267.

4 Die Balanced Scorecard als Management- und Controllinginstrument – Nutzenpotentiale für die IT im Krankenhaus

Dr. Ansgar Kutscha, Dr. Ulrike Kutscha

4.1 Balanced Scorecard als Methode, die die IT an den Unternehmenszielen ausrichtet

Aktuelle Studien von Kaplan und Norton, den Entwicklern der Balanced Scorecard, zeigen, dass Unternehmen mit routinemäßig implementierten Managementprozessen am Markt erfolgreicher sind [Kaplan & Norton 2009].

Bei der Umsetzung des Managementprozesses ist neben der Kopplung strategischer Initiativen an das Budget und der organisatorischen Personalentwicklung die Sicherstellung der erforderlichen IT Services von zentraler Bedeutung.

Lesen Sie in diesem Kapitel, wie eine Balanced Scorecard die IT-Organisation im Unternehmen konsequent und erfolgreich an den Unternehmenszielen ausrichten kann und wie die Potentiale durch moderne Informationstechnologie und -systeme konsequent genutzt werden können.

4.2 Konzept der Balanced Scorecard

Die Balanced Scorecard ist ein Führungsinstrument, das von Kaplan und Norton seit Anfang der 1990er Jahre entwickelt wird [Kaplan & Norton 1997; Kaplan & Norton 2001; Kaplan & Norton 2004; Kaplan & Norton 2009]. Sie verbindet strategisches Management und Controlling durch die Konkretisierung strategischer Ziele in Maßgrößen mit definierten Zielwerten. Um diese Zielwerte zu erreichen, werden strategische Maßnahmen entwickelt und zur Umsetzung gebracht.

Das klassische Controlling fokussiert primär auf Finanzkennzahlen. Diese beschreiben die Unternehmensaktivität einer zurückliegenden Periode und beruhen auf deutlich weiter zurückliegenden unternehmerischen Entscheidungen. Die Berücksichtigung weiterer strategischer Perspektiven stellt die Zukunftsorientierung des Unternehmens sicher. Für den Erfolg ist die Balance zwischen den Perspektiven entscheidend. Diese stehen nicht für sich allein. Über Ursache-Wirkungsbeziehungen werden die Abhängigkeiten in sogenannten Strategy Maps dargestellt.

Ferner betrachtet die Balanced Scorecard das Unternehmen nicht nur als Ganzes, sondern kann von ihrer Konzeption über die organisatorischen Ebenen bis zur Entscheidungskompetenz eines einzelnen Mitarbeiters hinuntergebrochen werden. Zum einen wird dadurch die Unternehmensstrategie transparent, zum anderen wird dadurch erreicht, dass – konkret in unserem Kontext – die IT-Ziele und die taktischen Maßnahmen auf die strategischen Ziele des gesamten Unternehmens abgestimmt sind.

Durch die systemimmanente Ableitung von Kennzahlen mit definierten Messgrößen und Zielwerten unterstützt die Balanced Scorecard die Sicherstellung zweckrationaler Unternehmensentscheidungen. Der Abgleich von Zielwerten mit den regelmäßig erhobenen Messgrößen fördert die Strategieumsetzungskompetenz in allen eingebundenen Teilen der gesamten Organisation.

Die Einführung einer Balanced Scorecard als Führungsinstrument stellt ein umfangreiches Projekt dar. Von Horváth & Partner [2001] wurde dazu ein Vorgehensmodell entwickelt, das in **5 Schritten** eine Balanced Scorecard im Unternehmen oder in Unternehmensbereichen implementiert:

- **Schritt 1:** „Den organisatorischen Rahmen schaffen"
- **Schritt 2:** „Strategische Grundlagen klären"
- **Schritt 3:** „Die eigene Balanced Scorecard entwickeln"
- **Schritt 4:** „Die unternehmensweite Einführung managen"
- **Schritt 5:** „Den kontinuierlichen Einsatz sicherstellen"

4.2.1 Das Perspektivenkonzept der Balanced Scorecard

Auf den empirischen Arbeiten von Kaplan und Norton basieren die vier "klassischen" Perspektiven: Finanzen, Kunden, Prozesse und Potentiale. Durch die Ursache-Wirkungsbeziehungen zwischen den Perspektiven werden Abhängigkeiten dargestellt, die letztlich alle unternehmerischen Entscheidungen auf die Finanzperspektive und damit auf deren wirtschaftliche Auswirkungen abbilden. Somit steht einerseits die Finanzperspektive an der Spitze einer Balanced Scorecard, sie wird andererseits aber in einen handlungsorientierten Zusammenhang gestellt.

Non-Profit-Organisationen und Unternehmen im öffentlichen Sektor - und damit alle öffentlichen und frei-gemeinnützigen Krankenhäuser - haben durch ihren Versorgungsauftrag Schwierigkeiten, die Finanzperspektive an die Spitze der Balanced Scorecard zu platzieren. Dies ist zum einen darin begründet, dass es nicht das primäre Unternehmensziel ist, Gewinne zu erwirtschaften. Zum anderen ist dies aber auch darin begründet, dass in der Regel der Empfänger der Dienstleistung (Patient) nicht zugleich derjenige ist, der die Dienstleistung finanziert (Versicherungsträger, Länder) [Kaplan & Norton 2001].

In der Konsequenz empfehlen Kaplan und Norton, bei Balanced Scorecards für diesen Bereich nicht die Finanzperspektive, sondern die Unternehmensziele - z.B. als übergeordnetes gesellschaftliches Ziel - an die Spitze der Balanced Scorecard zu setzen (siehe Abb. 1). Für das Gesundheitswesen könnten dies sein:

- bestmögliche medizinische Versorgung der Patienten,

- optimale Kommunikation zur Stärkung der Eigenverantwortlichkeit der Patienten und
- die Schaffung einer Atmosphäre, die es den Patienten und Angehörigen ermöglicht, den Genesungsprozess optimal zu unterstützen.

Kunden sind dabei die Patienten als Leistungsempfänger, niedergelassene Ärzte als Zuweiser, aber auch die Geldgeber, die vom Unternehmen die Erfüllung eines Versorgungsvertrags erwarten. In einer weitergehenden Sicht kann die Kundenperspektive auch als Anspruchsgruppen (Stakeholder) verstanden werden und um die Interessenverbände, die akademische Gemeinschaft, die Medien und den Gesetzgeber ergänzt werden.

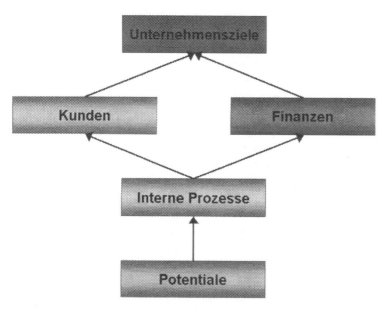

Abb. 1: Beispiel einer Balanced Scorecard für Non-Profit-Organisationen [nach Kaplan & Norton 2001]

Die Beziehungen zwischen den Perspektiven, verfeinert durch die Beziehungen der strategischen Unternehmensziele, beschreiben den Wirkmechanismus der Wertschöpfung einer Organisation. Zum Beispiel stellt das Informationssystem eines Unternehmens ein Potential dar, das die internen Prozesse maßgeblich beeinflusst.

4.2.2 Balanced Scorecard in der IT

Die Balanced Scorecard muss nicht unbedingt top-down implementiert werden, wenngleich dies die Abstimmung der strategischen Unternehmensziele mit den strategischen IT-Zielen erleichtert. In der Praxis werden sogar nur 20% der Balanced Scorecards initial auf der Ebene des Gesamtunternehmens eingeführt [Horváth & Partner 2001].

Für eine IT-Organisation als internem Leistungserbringer orientieren sich die IT-Ziele an den Zielen des Unternehmens als Ganzes und seiner Geschäftseinheiten. Es ist daher empfohlen, eine Balanced Scorecard zunächst in den strategischen Geschäftseinheiten zu implementieren und anschließend in den übergreifenden Service-Einheiten wie der IT. Dies erleichtert den Prozess der Zielbildung, ist aber nicht zwingend erforderlich.

Service-Einheiten wie eine IT-Organisation können wie Unternehmen im Unternehmen betrachtet werden und sich durch die eigenständige Entwicklung einer Balanced Scorecard kunden- und wettbewerbsorientiert ausrichten [Kaplan & Norton 2001].

Information und Wissen stellen insbesondere im Krankenhaus mit seinem hohen Informations- und Kommunikationsbedarf einen wesentlichen immateriellen Vermögenswert dar. Kaplan und Norton sprechen dabei von Informationskapital [Kaplan & Norton 2004]. Das Informationssystem eines Krankenhauses muss danach als immaterieller Vermögenswert betrachtet werden, dessen Wert daran gemessen wird, in welchem Maß es durch die Bereitstellung von Information und Wissen zur Schaffung strategischer Wettbewerbsvorteile beiträgt. Das Informationskapital stellt ein wesentliches Potential für das Krankenhaus dar. Die Wertschöpfung durch das Informationssystem erfolgt zwangsläufig nicht innerhalb der IT-Organisation, sondern durch die sachzielorientierte Nutzung in den Geschäftsbereichen und Service-Einheiten des Unternehmens. Die Kosten des Informationssystems dürfen daher nicht isoliert betrachtet werden, sondern stets im Zusammenhang mit dem dadurch - in den Geschäftsbereichen, den Service-Einheiten und im Unternehmen als Ganzes - erreichten Nutzen [Remenyi et al. 2000].

Somit stellen die IT Services aus der Sicht des Unternehmens als Ganzes ein Potential dar. In einer untergeordneten Bereichsscorecard für die IT-Organisation wird die Bereitstellung der IT Services ihrerseits über alle Perspektiven aus der Sicht der IT-Organisation dekliniert und verfeinert, aber immer an den Unternehmenszielen ausgerichtet.

Aus IT-Sicht lassen sich weitere, spezifische Perspektiven ergänzen. So stellt Kütz [2003] heraus, dass in der IT große Teile an Hard- und Software, aber auch Service- und Consultingleistungen zugekauft werden, und schlägt deshalb vor, Lieferanten als zusätzliche Perspektive zu berücksichtigen.

Wesentliche Potentiale für die Informationsverarbeitung liegen in den Fähigkeiten der Mitarbeiter und in der Innovationsfähigkeit der IT-Organisation als Ganzes. Innovation meint in diesem Kontext, Eigenentwicklungen und Entwicklungen der Lieferanten für neuartige IT Services einzusetzen, die dem Unternehmen neue Geschäftsfelder oder neue Formen der Geschäftstätigkeit ermöglichen. Entsprechend werden auch Mitarbeiter und Innovation als eigenständige Perspektiven vorgeschlagen.

Andere Autoren stellen die besondere Bedeutung des Sicherheitsaspekts der IT Services heraus und widmen diesem Aspekt eine eigene Perspektive [z.B. Baschin 2001]. Die zunehmende Bedeutung des Informationskapitals und dessen Verlässlichkeit führt zu zahlreichen branchenübergreifenden und für die Gesundheitswirtschaft spezifischen Vorgaben und Normen (z.B. Basel II, SOX, IEC 80001, MPG), die die Ausweitung der IT-Sicherheit hin zu einem ganzheitlichen IT-Risikomanagement [Seibold 2006] erfordern.

Abb. 2 zeigt eine Gesamtsicht aller möglichen Perspektiven für das Informationsmanagement.

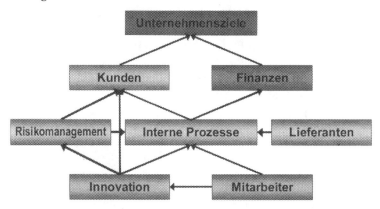

Abb. 2: Mögliche Perspektiven für die Informationsverarbeitung und deren Hauptwirkmechanismen

4.3 Perspektiven der Balanced IT Scorecard

In den nachfolgenden Kapiteln werden Anregungen, Ideen und Hintergrundinformationen aus der Praxis zu den oben entwickelten Perspektiven dargestellt. Konkrete Anleitungen zur Implementierung einer Balanced Scorecard finden sich z.B. bei Horváth & Partner [2001].

4.3.1 Unternehmensziele

Wie Non-Profit-Organisationen können sich auch interne IT-Organisationen nicht ausschließlich an der Wirtschaftlichkeit von IT-Leistungen orientieren. Sie haben vielmehr den Auftrag, die Ziele der Organisation in ihrer Gesamtheit zu verfolgen, auch wenn Teile davon unter rein wirtschaftlichen Gesichtspunkten nicht rentabel scheinen. Aus diesem Grund stehen die Unternehmensziele und nicht die Wirtschaftlichkeit in Form der Finanzperspektive an der Spitze einer Balanced IT Scorecard für die Gesundheitswirtschaft.

Die Unternehmensziele adressieren die wesentlichen Anspruchsgruppen im ökologischen Umfeld der Gesamtorganisation [Kleinfeld 2002]:

- Patienten und potentielle Patienten als Leistungsabnehmer und direkte Kunden,
- niedergelassene Ärzte als Zuweiser, aber auch weitere Anbieter komplementärer oder substitutiver Gesundheitsleistungen,

- Krankenversicherer und Verbände als Verhandlungspartner des Leistungs-
  portfolios und dessen Kostenerstattung,
- Organe des Gemeinwesens zur Sicherung des Versorgungsauftrags und als
  Geldgeber durch die duale Finanzierung und nicht zuletzt
- Fremdkapitalgeber, Versicherungen und die Öffentlichkeit.

Hier setzt die IT Governance (siehe Kapitel 2) an, die sicherstellt, dass sich die IT-
Ziele an den Unternehmenszielen ausrichten. Im Gegenzug setzt sich die IT-
Organisation über die Innovationsperspektive damit auseinander, durch die Entwicklung neuer, innovativer IT Services die Umsetzung von Unternehmenszielen
und dadurch eine Differenzierung vom Mitbewerb erst zu ermöglichen. Der Erfolg
einer IT-Organisation, Innovation durch IT Services in Unternehmenszielen zu
verankern, charakterisiert diese als Business Enabler.

Über die Perspektive Unternehmensziele wird somit die IT-Governance der IT-
Organisation gesteuert.

4.3.2 Kunden

Im Gegensatz zum Unternehmen als Ganzes, dessen Kunden die Anspruchsgruppen darstellen (vgl. Kapitel 4.2.1 und 4.3.1), werden in der Kundenperspektive der
IT-Organisation die Beziehungen zu deren internen Kunden abgebildet.

IT-Organisationen sind tertiäre Leistungserbringer im Krankenhaus. Ihre Aufgabe
besteht darin, die primären Kernprozesse, die sekundären, krankenhausspezifi-
schen wie auch die tertiären, branchenübergreifenden Dienste mit IT Services zu
unterstützen, wie in Abb. 3 dargestellt. Zusätzlich benötigt die IT-Organisation
auch IT Services für ihre eigene Leistungserbringung, z.B. ein Ticketsystem zur
Bearbeitung von Kundenanfragen oder zur proaktiven Überwachung aller unternehmenskritischen IT-Komponenten.

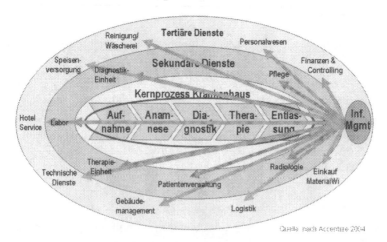

**Abb. 3: Servicestruktur im Krankenhaus: Aufgabe der IT-Organisation („Inf. Mgmt") ist
die Bereitstellung von IT Services für den Kernprozess und die sekundären sowie tertiären Dienstleister im Unternehmen [nach Accenture 2004, S. 23].**

Daraus ergibt sich der Auftrag der IT-Organisation als Dienstleister für die internen Kunden des Krankenhauses. Leistungen der IT-Organisation sind somit kein Selbstzweck. Sie müssen stets an den Anforderungen des Kunden nach IT Services ausgerichtet sein. In dieser Konsequenz wird deutlich, dass die IT-Organisation - sofern sie keine Leistungen extern verkauft – für sich gesehen ausschließlich Kosten verursacht. Ein Nutzen durch den Einsatz von IT Services kann dagegen ausschließlich auf der Kundenseite entstehen. Somit trägt die Kundenseite auch die Verantwortung für die Generierung des Nutzens.

Gegenstand der Kundenperspektive ist die Interaktion von IT-Organisation und Kunden hinsichtlich der Kundenanforderungen nach IT Services, deren Planung, Implementierung, Betrieb, Überwachung und kontinuierlichen Verbesserung. Dieser Prozess entspricht dem aus dem Qualitätsmanagement bekannten PDCA-Zyklus[1] nach Demin [Zollondz 2006], der zunehmend beim IT Service Management zum Einsatz kommt [Olbrich 2008].

IT Services bezeichnen Dienstleistungsprodukte, die durch die IT-Organisation für deren Kunden erbracht werden. Zarnekow und Brenner [2003] differenzieren 4 **Kategorien** von IT Services mit aufsteigender Wertschöpfung:

- **Kategorie 1: IT-Ressourcen**
  z.B. die Bereitstellung von 500 GB Speicherplatz
- **Kategorie 2: Anwendungssysteme**
  z.B. die Bereitstellung eines Anwendungssystems für die Tumordokumentation (Betrieb der Web-Applikation einschließlich des Servers, Datensicherung und Einspielen von Systemupdates)
- **Kategorie 3: IT-Prozessunterstützung**
  z.B. die vollständige IT-Unterstützung der Tumordokumentation (Systembetrieb aller Client- und Serverkomponenten ergänzt um das Customizing und die Anwenderbetreuung)
- **Kategorie 4: Geschäftsprodukt**
  z.B. Web-Portal für Tumorpatienten und den an deren Behandlung beteiligten Personen zur Interaktion im Behandlungsprozess. Nicht der Kunde steuert die Prozesse mit Hilfe des Systems, sondern das System selbst steuert die Prozesse, z.B. durch Information bzw. Alarmierung der handelnden Personen per SMS oder Telefon.

Die Komplexität der Leistungserbringung eines IT Service steigt in der Regel mit dessen Wertigkeit. Eine höhere Wertigkeit erfordert dabei mehr Fach- und Beratungskompetenz in der IT-Organisation, führt aber auch zu einem direkteren und messbaren Wertbeitrag für das Unternehmen.

Erfolgreiche Unternehmen und erfolgreiche IT-Organisationen konzentrieren sich darauf, insbesondere die Kernprozesse des Unternehmens durch hochwertige IT Services zu unterstützen.

---

1   PDCA: Plan, Do, Check, Act

Neben der Wertigkeit eines IT Service ist die Erwartungskonformität in der Servicequalität entscheidend für die Kundenbeziehung und den Unternehmenserfolg. Diese wird zwischen Kunde und IT-Organisation durch ein Service Level Agreement (SLA) vereinbart. Das Servicelevel Management wird als ein Prozess innerhalb der IT Infrastructure Library (ITIL®) beschrieben [Bernhard 2006]. Im Servicelevel Agreement werden die Leistungen der IT-Organisation, die Mitwirkungsleistungen des Kunden, tolerierte Ausfallzeiten und ggfs. weitere Parameter vereinbart. Je höher die Anforderungen an einen Service, desto höher sind auch die damit verbunden Kosten. Daher ist es die Aufgabe beider Partner, angemessene Servicelevels zu vereinbaren, die einerseits die Kundenprozesse ausreichend unterstützen, andererseits aber durch möglichst geringe Kosten einen optimalen Wertbeitrag liefern. Die Entscheidung über Beauftragung von IT Services und Servicelevels liegt in Konsequenz beim Kunden, während die IT-Organisation die Entscheidungsfindung durch eine qualifizierte, fachliche Beratungsleistung unterstützen sollte. Brugger [2005] beschäftigt sich intensiv mit der Kalkulation und der Realisierung des Wertbeitrags von IT Services.

Die Einhaltung der vereinbarten Servicelevels ist eine geeignete Kennzahl zur Bewertung der Servicequalität. Weitere Zielgrößen wie die Wertigkeit der bereitgestellten IT Services, deren Nutzungsgrad, Qualität und Nutzen müssen durch servicespezifische Kennzahlen gemessen werden.

Praxisbeispiel: In einer Benchmarking Initiative von 12 kommunalen Großkrankenhäusern (siehe Kapitel 5.3.2) wurden für das Jahr 2007 exemplarische Kennzahlen für die Kundenperspektive ermittelt:

- Durchdringungsgrad (Anzahl Dialogendgeräte je Bett): 1,25 (Median; 0,82–2,08)
- Betreuungsfaktor (IT-User je IT-Vollkraft): 131 (Median; 73–179)

Das Management von IT Services unter besonderer Berücksichtigung von Leistungskatalogen und Servicelevel Agreements wird in Kapitel 7 vertieft.

4.3.3 Interne Prozesse

Die Implementierung und der Betrieb der mit den Kunden vereinbarten IT Services erfolgt durch die internen Prozesse. Für das Management von IT Services hat sich ITIL® in den letzten Jahren als De-facto-Standard etabliert. ITIL® ist eine Sammlung von Best Practices, die seit den 1980er Jahren - initiiert durch die Britische Regierung - kontinuierlich weiterentwickelt wird.

In der aktuellen Version 3 stellt ITIL® den Lebenszyklus von Services in den Mittelpunkt und strukturiert die Prozesse in **5 Kernelemente**:

- **Die Servicestrategie** entwickelt methodisch den konzeptionellen und strategischen Hintergrund zur Erbringung von IT Services. Von Bedeutung sind die Definition, Spezifikation, Logistik und finanzielle Aspekte aus der Sicht des IT-Managements.
- **Der Serviceentwurf** erstellt methodisch die architektonischen Rahmenbedingungen zur Entwicklung von IT Services aus der operativen Sicht.

- **Die Serviceüberführung** regelt die praktische und faktische Umsetzung sowie die Übertragung der Kundenanforderungen in konkrete IT Services, aber auch deren Weiterentwicklung durch veränderte Kundenanforderungen, technische Erfordernisse oder identifizierte Fehler.
- **Der Servicebetrieb** beschreibt die Prozesse für den operativen Betrieb, der notwendig ist, um die vereinbarte Serviceleistung im täglichen Betrieb möglichst störungsfrei aufrechtzuerhalten und zu sichern.
- **Die kontinuierliche Serviceverbesserung** widmet sich der Optimierung durch nachhaltige Steigerung der Serviceleistung und -qualität und trägt somit dazu bei, den Erfolg der IT-Organisation nachhaltig zu sichern.

Die Prozesse zur Steuerung der IT Services werden in Kapitel 7 weiter ausgeführt bis hin zur Zertifizierung der IT-Organisation nach ISO 20000.

An der Carnegie Mellon University wurde – initiiert durch das Amerikanische Verteidigungsministerium – das Capability Maturity Model Integrated (CMMI) entwickelt. Ursprünglich auf die Qualität der Softwareentwicklung ausgerichtet, wurde die Methode zur Messung und kontinuierlichen Verbesserung des Reifegrades von Dienstleistungsunternehmen übertragen. Auf der Basis von CMMI-SVC [CMMI Product Team 2009] kann somit der Reifegrad von IT-Organisationen bezüglich deren Serviceprozesse als Kennzahl gemessen werden. Das CMMI bildet die Reifegrade aller Prozesse auf einer 5-stufigen Skala ab:

- **Stufe 1: ad hoc** (initial)
  unzuverlässig bezüglich Kosten, Termin und Qualität
- **Stufe 2: geführt** (managed)
  wiederholbare Ergebnisse, aber starke Abweichungen
- **Stufe 3: definiert** (defined)
  Vereinbarungen werden gehalten
- **Stufe 4: quantitativ geführt** (quantitative managed)
  Service komplett unter Kontrolle
- **Stufe 5: qualitativ geführt** (optimized)
  kontinuierliche Verbesserung

Reifegrade nach dem CMMI beschreiben somit die Prozessqualität der IT-Organisation. Die Ergebnisqualität muss für jeden einzelnen Prozess durch individuelle Kennzahlen ermittelt werden, die ebenfalls Bestandteil des ITIL Frameworks sind.

Praxisbeispiel: Bei der Erhebung eines Krankenhauses der Maximalversorgung wurde die Bearbeitungsdauer von Serviceanfragen ausgewertet: 75,6% der Tickets wurden innerhalb eines Tages erfolgreich abgeschlossen.

4.3.3.1 Lieferanten

Die Aufgaben und Anforderungen an eine IT-Organisation werden kontinuierlich vielfältiger und komplexer. Daher wird es zunehmend wichtig, sich bei der Leistungserbringung auf die Kernkompetenzen zu konzentrieren und unternehmens- oder branchenübergreifende Basisleistungen hinzuzukaufen. Es ist wohl noch keine IT-Organisation auf die Idee gekommen, ihre Standard-PCs selbst zu bauen. Bei höherwertigen Leistungen stellt sich jedoch schnell die Frage, ob die Leistung besser von einem Lieferanten erbracht werden kann als von der IT-Organisation selbst.

Für die Entscheidung, ob eine Leistung im Unternehmen selbst erbracht oder von Lieferanten zugekauft werden soll, müssen mehrere Aspekte berücksichtigt werden:

- **Kernkompetenz**
  Handelt es sich bei der Leistung um eine strategische oder Kernkompetenz, die unbedingt im Unternehmen verbleiben muss?
- **Definition der Leistung**
  Kann die Leistung mit ihren relevanten Parametern hinreichend genau beschrieben werden und sind diese Parameter vertraglich zugesichert? Fehlt im Unternehmen die genaue Kenntnis über die zu erbringende Leistung hinsichtlich Qualität und Abnahmemenge? Besteht ein hohes Risiko, dass die erwarteten und die tatsächlichen Effekte durch die Fremdvergabe auseinander driften?
- **Kosten**
  Bei den Kosten müssen neben den primären Kosten für die Leistung auch sekundäre Kosten, aber auch Kostenentwicklungen (z.B. bei Personalkosten, Marktpreisen) über die Vertragslaufzeit berücksichtigt werden:
  a) Bei einer Fremdvergabe entstehen Aufwände für das Lieferantenmanagement, die Überwachung der Vertragsbedingungen und der Entwicklung marktüblicher Preise sowie die Abstimmung aller Faktoren, die die Leistungsabnahme verändern.
  b) Bei einer internen Leistungserbringung müssen die Aufwände für die Mitarbeiterqualifikation und die Risiken der Nichtverfügbarkeit (z.B. Abwesenheit, Fluktuation) berücksichtigt werden.
- **Qualitative Anforderungen**
  Kann der Lieferant die Leistung innerhalb der erforderlichen Reaktionszeit bereitstellen? Decken sich die Servicezeiten des Lieferanten mit den Anforderungen des Hauses? Welche Folgen hat eine Schlechterbringung des Lieferanten auf die von der Leistung abhängigen IT Services und sind die Auswirkungen dieser Risiken, z.B. durch Konventionalstrafen oder Vertragsausstiegsklauseln, ausreichend abgesichert?
- **Erforderliches Wissen**
  Verfügen die Lieferanten über das erforderliche kundenseitige Wissen und kann dies aktuell gehalten werden? Kann bzw. darf das erforderliche Wissen (z.B. Zugangsberechtigungen) an den Lieferanten weitergegeben werden?

Verfügen die internen Mitarbeiter über das erforderliche Fachwissen und kann dies aktuell gehalten werden?
- **Risiken (Flexibilität und Sicherheit)**
  Deckt der Vertrag zu erwartende Schwankungen in der Leistungsabnahme und unerwartete Änderungen ab (z.B. Wegfall der Kundennachfrage, gesetzliche Änderungen) oder welche finanziellen Risiken sind damit verbunden? Welche Risiken entstehen bei einer ordentlichen oder außerordentlichen Vertragskündigung (ggfs. auch Insolvenz) durch den Lieferanten?

Im Fokus des Lieferantenmanagements stehen die Identifikation, Bewertung, Auswahl und Steuerung geeigneter Leistungen und Lieferanten, um die Prozesse der Leistungserbringung zu optimieren und den Leistungsgegenstand auf die gestellten Anforderungen hin zu verifizieren.

Die Prozessqualität kann z.B. durch die Anzahl erfolgreich abgeschlossener Lieferantenverträge je Zeiteinheit oder die Aufwände je Vertragsabschluss beschrieben werden. Die Ergebnisqualität ist durch Kennzahlen wie Lieferantenpünktlichkeit [%], SLA Performance [%] oder die Anzahl vorzeitiger Vertragskündigungen gekennzeichnet.

4.3.3.2 Risikomanagement

Informationen haben sich für Unternehmen längst zu geschäftsentscheidenden Werten entwickelt, die geschützt werden müssen. Risikomanagement ist nicht mehr eine Frage verfügbarer Mittel, sondern zunehmend auch reglementiert. Wirtschaftsprüfer, Basel II, SOX, durch die zunehmende Konvergenz von Informations- und Medizintechnik aber auch das Medizin-Produktegesetz (MPG) und nachrangige Vorschriften verlangen in gewissem Umfang die Einführung eines Risikomanagements.

Ein Managementsystem für die Informationssicherheit nach dem Standard ISO 27001 hilft, Risiken systematisch zu identifizieren und Gegenmaßnahmen zu ergreifen. Dies wird in Kapitel 9 vertieft.

Das Risikomanagement betrachtet Risikoursachen sowie deren Eintrittswahrscheinlichkeit und deren Auswirkungen [Seibold 2006].

Risikoursachen gliedern sich in folgende Kategorien:

- **Mensch**
  gesetzeswidrige und unautorisierte Handlungen von Mitarbeitern, unzureichende Ausbildung und geringe Motivation erhöhen das Risiko
- **Technologie**
  Systemsicherheit, Soft- und Hardware, Haustechnik, Gebäude und Anlagen
- **Prozesse und Projektmanagement**
  Management-, Prozess- und Kontrollschwächen
- **Externe Einflüsse**
  gesetzeswidrige Handlungen Externer (z.B. auch Hacken, Viren, Phishing), Gesetzgebung und deren Auslegung, Marktmacht von Anbietern, Natur- und sonstige Katastrophen

Auswirkungen von Risiken lassen sich in monetäre und nicht-monetäre Risiken (z.B. Imageschaden) einteilen. Das Risikopotential ergibt sich als Produkt aus Eintrittswahrscheinlichkeit und Ausmaß. Anhand des Risikopotentials einer Risikoursache sind geeignete Vorkehrungen zu treffen.

Die Risikoursachen und deren Bewertung beziehen sich zunächst auf die Sicht der Kunden. Für das operative Geschäft der IT-Abteilung stellt es auch kein direktes Risiko dar, wenn z.B. das Anwendungssystem für die Patientenabrechnung nicht zur Verfügung steht, wohl aber für die Abteilung Patientenmanagement und letztlich für das Unternehmen als Ganzes. Führen IT-Organisation, Patientenmanagement und Risikomanagement gemeinsam eine Risikoanalyse durch, müssen dabei alle Systemkomponenten (IT-Räume, Netzwerk, Server, Clients, Drucker etc.) betrachtet werden, die zur Bereitstellung des IT Services zur Patientenabrechnung erforderlich sind. Das Gesamtrisiko ergibt sich dabei aus den Einzelrisiken. Haben z.B. 10 erforderliche Systemkomponenten zur Bereitstellung eines IT Service eine garantierte Systemverfügbarkeit von 99,99%, kann die Nichtverfügbarkeit des Service 8,7 Stunden pro Jahr betragen. Hat jedoch eine Komponente nur eine Verfügbarkeit von 99,0%, kann die Nichtverfügbarkeit des Service bereits auf 883,1 Stunden ansteigen. Deshalb ist eine durchgängige Absicherung des Risikos über alle Komponenten zur Erbringung eines IT Service erforderlich.

Die Prozessqualität kann anhand der Vollständigkeit der Risikobewertung von IT Services sowie der zu Grunde liegenden Komponenten gemessen werden.

Die Ergebnisqualität kann in der Reduktion des Schadensrisikos [Junginger 2005] abgebildet werden, aber auch in der Summe der eingetretenen Schadensfälle oder im Rückgang der Schadenssumme. Dies setzt jedoch eine vollständige Erhebung der Schadensereignisse, insbesondere derer mit geringen Schadenssummen voraus.

4.3.4 Potentiale

Potentiale bestimmen die Zukunftsfähigkeit einer IT-Organisation. Das Informationssystem, dessen Qualität und somit auch die Qualität der dadurch unterstützten Geschäftsprozesse ist wesentlich bestimmt durch die eingesetzten Systeme und Technologien. Diese wiederum stellen das Ergebnis der zurückliegenden Arbeit der Mitarbeiter dar.

Somit ist auch die Zukunftsfähigkeit der IT-Organisation wesentlich geprägt durch die Mitarbeiter und die Innovation auf der System- und Technologieebene.

4.3.4.1 Mitarbeiter

Gerade durch die Komplexität der Aufgaben hängt die Leistungsfähigkeit von IT-Organisationen stark von der Leistung jedes einzelnen Mitarbeiters ab. Die Leistung eines Mitarbeiters ergibt sich aus der Kombination seines Wissens, seiner Fähigkeiten und seines Verhaltens.

Mitarbeiterentwicklung wird zunehmend auch als Talent Management bezeichnet. Talent Management stellt eine große Herausforderung für die Zukunftsfähigkeit von IT-Organisationen dar, die zwar vermehrt erkannt, aber dennoch nur unzureichend umgesetzt wird. Gerade in wissensintensiven Bereichen wie der IT stellen sich zukunftsorientierte Organisationen folgende Fragen [Repnik 2007]:

- Wie können wir die besten Köpfe gewinnen und binden?
- Wie können wir Wissen- und Qualifikationslücken gezielt schließen?
- Welche Schlüsselpositionen haben wir und wer könnte bei einer möglichen Vakanz die Nachfolge übernehmen?
- Wie können wir Leistungsziele vorgeben und die Zielerreichung beurteilen?
- Wie können wir unsere Mitarbeiter leistungsorientiert entlohnen?

Je konsequenter Unternehmen ein mitarbeiterorientiertes Personalmanagement implementieren, die Mitarbeiter fordern und fördern, desto höher ist auch die Motivation der Mitarbeiter durch die Wertschätzung ihrer Leistungen. Der Aspekt der Wertschätzung ist gerade für Krankenhäuser von Bedeutung, die bei IT-Mitarbeitern mit Gehaltsstrukturen anderer Branchen konkurrieren müssen.

Exemplarisch zeigt das Beispiel der Ausbildung eines eigenen SAP-Beraters am Klinikum Ludwigshafen, dass durch nachhaltiges Personalmanagement signifikante Effekte erzielt werden können. Bei dieser Einzelmaßnahme wurde innerhalb von 3 Jahren eine Nettoeinsparung von 300.000 € erzielt [Gansert et al. 2008, S. 7-9].

Personalmanagement ist ein kontinuierlicher Prozess, an dem die Personalabteilung und die Führungskräfte der Fachabteilungen gemeinsam beteiligt sind. In Anlehnung an Eder [2008] besteht dieser Prozess aus 3 Schritten mit jeweils mehreren Aufgaben:

- **Personal rekrutieren**
  Personalmarketing, Personalbedarfsplanung, Personalbeschaffung, Personaleinsatz und Personalabbau
- **Personal administrieren**
  Gehaltsabrechnung, Personalberatung und Personaladministration
- **Personal entwickeln**
  Aus- und Weiterbildung inklusive E-Learning, Mitarbeiterbindung, Karriere- und Nachfolgeplanung

Für die Prozessqualität kann der Umsetzungsgrad des Personalmanagementprozesses oder der Prozessumsetzungsgrad durch das Personalmanagementsystem als Kennzahl herangezogen werden.

Die Ergebnisqualität wird durch klassische Kennzahlen beschrieben wie Mitarbeiterfluktuation, Fehltage oder Anzahl Tage fachlicher bzw. strategischer Qualifizierungsmaßnahmen pro Mitarbeiter.

4.3.4.2 Innovation

Innovation als Potential für die Zukunftsfähigkeit der IT-Organisation erfordert eine kontinuierliche Auseinandersetzung mit technischen Entwicklungen einerseits und mit inhaltlichen Veränderungen und Entwicklungen auf der Seite der IT-Kunden andererseits. Diese Aufgaben werden in den IT-Organisationen der Krankenhäuser zwar wahrgenommen, können aber häufig wegen der hohen Auslastung durch Projekt- und Betriebsaufgaben nur unzureichend wahrgenommen werden. Deshalb ist eine Implementierung als eigenständige Aufgabe sinnvoll.

Ein erfolgreiches Innovationsmanagement erfordert den Blick auf die Geschäftssicht. Innovationstätigkeiten, die keine Umsetzungsszenarien im Kerngeschäft oder wesentlichen Unterstützungsprozessen des Krankenhauses im Fokus haben, verpuffen in ihrer Wirkung und werden als Spieltrieb der IT wahrgenommen.

Nachfolgend sind Maßnahmen aufgeführt, die ein erfolgreiches Innovationsmanagement fördern:

- Organisatorische Verankerung des Innovationsmanagements mit ausreichenden Mitteln und Freiheitsgraden außerhalb des Tagesgeschäfts
- Beteiligung und Kooperationen bei Forschungs- und Entwicklungsprojekten
- Screening von Technologien, Anwendungssystemen und branchenfremder Lösungen; Bewertung ihres Potentials für das Kerngeschäft, wesentliche Unterstützungsprozesse und neue Geschäftsfelder
- Verknüpfen des erzielten Wertbeitrags von erfolgreich umgesetzten Innovationen mit individuellen Anreizen
- Managen von Innovationen als Projekte mit Projektmanagementmethoden
- Einbinden des Kunden in den Innovationsprozess und gemeinsame Entwicklung von Ideen

Die Prozessqualität kann durch die Anzahl der implementierten Maßnahmen des Innovationsmanagements gemessen werden.

Die Ergebnisqualität des Innovationsmanagements kann durch die Anzahl Neuerungen, die aus der Innovation in IT Services implementiert wurden oder den Wertbeitrag der Innovationen beschrieben werden.

4.3.5 Finanzperspektive

Mit der Verabschiedung des Fallpauschalengesetzes wurde für die Finanzierung von Gesundheitsleistungen ein Festpreissystem eingeführt. Dies förderte im Krankenhaus die Sichtweise, die Behandlung des Patienten in DRGs zu clustern, zu kalkulieren und zu optimieren. Während auf der Unternehmensebene dafür die Kostenträgerrechnung zum Einsatz kommt, werden IT-Kosten als Gemeinkosten umgelegt. Die Kostenstellen- und Kostenartenrechnung bietet wenig Transparenz über die IT-Kosten.

Aus der Sicht der Kostenträgerrechnung ist die Umlage der IT-Kosten als Gemeinkosten absolut vertretbar, da diese in der Regel 1-2% der Krankenhaus-Gesamtkosten ausmachen. Der Bedeutung der durch IT gewonnen Informationen als immateriellem Vermögenswert wird die Gemeinkostenbetrachtung jedoch nicht gerecht. Fragen nach der Wertschöpfung durch bestehende oder geplante IT Services können über diesen Ansatz nicht beantwortet werden.

Analog zur Kostenträgerrechnung wird für IT-Entscheidungen eine Methode benötigt, die sich nicht auf die Kostenstellen- und Kostenartenrechnung beschränkt, sondern analysiert, wofür die Kosten entstehen. Bei Projektentscheidungen beschränken sich derartige Betrachtungen meist auf die Komponenten der IT-

Architektur, die durch das Projekt verändert werden. Anteilige Kosten der bestehenden IT-Architektur, die für die Projektumsetzung ebenfalls erforderlich sind, bleiben oft unberücksichtigt. Außerdem werden Folgekosten über den gesamten Lebenszyklus eines IT Service meist unzureichend abgebildet.

Diesen Anforderungen trägt das von Kutscha [2007] entwickelte generische Kostenmodell Rechnung. Es besteht aus einer hierarchischen Struktur von Kalkulationsobjekten (siehe Abb. 4), einem generischen Kostenartenplan (siehe Tab. 1) und Funktionen zur Kostenverrechnung über die Hierarchieebenen anhand von Verteilungsgewichten. Unter Berücksichtigung gängiger Kostenartenplänen für die Informationsverarbeitung [Remenyi et al. 2000; Michels 2003; Saleck 2004; Siebertz 2004] und der Strukturierung der Informationsverarbeitung wurden vier Klassen von Kalkulationsobjekten identifiziert, die in einer hierarchischen Beziehung zueinander stehen:

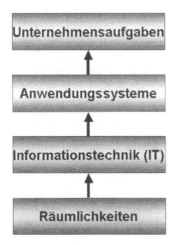

Abb. 4: Hierarchische Struktur von Kalkulationsobjekten zur Verrechnung von IT-Kosten

In IT-Räumen sind zentrale, technische Komponenten (z.B. Server, Netzwerk) untergebracht, auf denen die Anwendungssysteme installiert sind, die die Mitarbeiter bei der Durchführung ihrer Unternehmensaufgaben unterstützen.

In dieser hierarchischen Struktur lassen sich z.B. mit dem 3LGM²-Baukasten² [Winter et al. 2003; Wendt et al. 2004] Informationssysteme von Krankenhäusern mit allen Komponenten und deren Beziehungen modellieren.

Der generische Kostenplan kann in seiner Grundform für alle Kalkulationsobjekte angewendet und bei Bedarf weiter untergliedert werden. Er differenziert in eine Bereitstellungs- und eine Betriebsphase und errechnet daraus Periodenkosten, die den gesamten Lebenszyklus berücksichtigen.

---

2   3LGM²: 3 Layer Graph Bases Meta Model, 3-Ebenen-Modell

Die in einem 3LGM²-Modell abgebildeten Beziehungen, z.B. welche Server zum Betrieb eines Anwendungssystems erforderlich sind oder welche Unternehmensaufgaben ein Anwendungssystem unterstützt, können dazu genutzt werden, Kosten über die hierarchische Struktur in Beziehung zu setzen. Für die Kostenverrechnung kommen Mengen- oder Werteschlüssel als Verteilungsgewichte zum Einsatz, z.B. Höheneinheiten eines Servers in einem Verteilerschrank, die Anzahl User, die ein Anwendungssystem für eine Unternehmensaufgabe einsetzen.

Die Zielsetzung des Kostenmodells liegt darin, die IT-Kosten verursachungsgerecht den IT Services zuzuordnen und damit auch den Kunden, die diese IT Services in Anspruch nehmen. Dadurch wird auch eine nachvollziehbare und verursachungsgerechte Kostenverrechnung möglich.

Tab. 1: Generischer Kostenartenplan

Bereitstellungsphase	Betriebsphase	Lebenszyklus
primäre Kennzahlen:		
Sachkosten (einmalig)	Sachkosten (periodisch)	
interner Personalaufwand (einmalig)	interner Personalaufwand (periodisch)	
externe Dienstleistung (einmalig)	externe Dienstleistung (periodisch)	
geplante Nutzungsdauer (Anzahl Perioden)		
sekundäre (berechnete) Kennzahlen:		
Bereitstellungskosten gesamt		
Bereitstellungskosten pro Periode	Betriebskosten pro Periode	➜ Gesamtkosten pro Periode
interner Personalaufwand pro Periode		➜ interner Personalaufwand pro Periode

Bei der Modellierung können auch sekundäre Kosten der Fachabteilungen (z.B. Personalaufwände für die Mitarbeit in Projekten oder Schulungskosten für Mitarbeiter) berücksichtigt werden. Auf dieser Basis lassen sich bereits bei der Planung von Projektvorhaben die monetären Auswirkungen für die Fachabteilungen vollständig kalkulieren. IT verursacht Kosten. Wenn die Fachabteilung die Auswirkung durch die Einführung bzw. Änderung eines IT Service ebenso quantifizieren kann, z.B. durch eine Reduktion der Prozesskosten, so lässt sich auf dieser Basis die Wertschöpfung durch IT Services bei der Planung kalkulieren und im Betrieb nachweisen.

IT-Kostencontrolling nach diesem Ansatz ist eine valide Grundlage für zweckrationale Managemententscheidungen.

Praxisbeispiel: Für ein Krankenhaus der Regelversorgung wurden die jährlichen IT-Gesamtkosten verursachungsgerecht den Krankenhausaufgaben zugerechnet, die die dazu erforderlichen IT Services in Anspruch nehmen (siehe Tab. 2). Dadurch wird eine Kostentransparenz und -steuerung durch die fachverantwortlichen Personen erreicht.

In diesem Krankenhaus entfallen 56% der IT-Kosten auf die Bereitstellung von IT Services und 44% auf deren Betrieb. 66% der IT-Kosten entstehen für Anwendungssysteme (davon 44% für die Bereitstellung und 56% für deren Betrieb) und 34% für IT-Räume und IT-Infrastruktur (davon 79% für die Bereitstellung und 21% für deren Betrieb).

Tab. 2: ABC-Analyse der jährlichen IT-Gesamtkosten bezogen auf elementare Krankenhausaufgaben. Die Prozentangaben beziehen sich auf die Gesamtkosten für alle Krankenhausaufgaben. [Kutscha 2007, S. 200]

Nr.	Aufgabe	Gesamtkosten p.a.	kumuliert	in %	kumuliert %
1	1.5.2. Entgeltfindung	17.779,28 €	17.779,28 €	10,03%	10,03%
2	1.1.2. Identifikation und Administrative Aufnahme	15.127,59 €	32.906,87 €	8,54%	18,57%
3	2.4.1. Systemmanagement	11.558,52 €	44.465,38 €	6,52%	25,09%
4	2.1.3. Dokumentation, Kommunikation und Bereitstel	10.157,54 €	54.622,92 €	5,73%	30,82%
5	1.2.3. Dokumentation ärztlicher Erkenntnis	9.677,43 €	64.300,36 €	5,46%	36,29%
6	1.5.3. Rechnungsschreibung	9.188,72 €	73.489,08 €	5,19%	41,47%
7	1.4. Entlassung und Weiterleitung an eine andere Ei	8.817,02 €	82.306,10 €	4,98%	46,45%
8	1.1.1. Vormerkung und Einbestellung von Patienten	6.560,03 €	88.866,14 €	3,70%	50,15%
9	2.1.2.1. Finanz-Controlling	5.549,50 €	94.415,64 €	3,13%	53,28%
10	1.1.5. Patientenauskunft und Informationsdienste	5.307,04 €	99.722,68 €	2,99%	56,27%
11	2.1.2.0.4. Externes Berichtswesen	4.504,52 €	104.227,20 €	2,54%	58,82%
12	2.1.2.0.3. Erfüllung gesetzlicher Meldepflichten	4.258,26 €	108.485,46 €	2,40%	61,22%
13	1.3.4.3. Vorbereitung der Maßnahmendurchführung	3.857,59 €	112.343,06 €	2,18%	63,40%
14	1.3.4.4. Durchführung einer Maßnahme: Labor	3.857,59 €	116.200,65 €	2,18%	65,57%
15	1.3.4.5. Dokumentation der Maßnahmendurchführun	3.857,59 €	120.058,24 €	2,18%	67,75%
16	1.3.4.6. Leistungserfassung: Labor	3.857,59 €	123.915,83 €	2,18%	69,93%
17	2.3.1. Finanzbuchhaltung	3.621,35 €	127.537,19 €	2,04%	71,97%
18	2.3.2. Anlagenbuchhaltung	3.446,48 €	130.983,67 €	1,94%	73,92%
19	2.3.3. Vermögensverwaltung	3.446,48 €	134.430,15 €	1,94%	75,86%
20	1.3.1.5. Dokumentation der Maßnahmendurchführun	3.385,18 €	137.815,33 €	1,91%	77,77%
21	1.3.1.6. Leistungserfassung: OP	3.385,18 €	141.200,51 €	1,91%	79,68%

4.4 Fazit

Die Balanced Scorecard trägt dazu bei, die wesentlichen Aspekte für die Bereitstellung von IT Services zu erfassen und über Kennzahlen zu steuern. Sie macht damit die Leistung der IT-Organisation für das Unternehmen transparent und richtet die IT Services an den Unternehmenszielen aus. Die Methode ist geeignet, an den Bedürfnissen des einzelnen Krankenhauses ausgerichtet zu werden und schafft ein wechselseitiges Verständnis zwischen der Unternehmensführung und dem IT-Management.

Literaturverzeichnis

[Accenture 2004] Accenture (Hrsg.): Verwaltungsdienstleistungen im Krankenhaus. In: Health Care Services, 2004.

[Baschin 2001] Baschin, A.: Die Balanced Scorecard für Ihren Informationstechnologie-Bereich. Campus, Frankfurt, New York 2001.

[Bernhard 2006] Bernhard, M. G.: Praxishandbuch Service-level-management. Symposion Publishing 2006.

[Brugger 2005] Brugger, R.: Der IT Business Case. Springer, Berlin, Heidelberg, New York 2005.

[CMMI Product Team 2009] CMMI Product Team: CMMI for Services. Software Engineering Institute, Carnegie Mellon University, Pittsburgh 2009.

[Eder 2008] Eder, O.: Prozessoptimierung bei der Personalentwicklung. Studienarbeit, Grin, München 2008.

[Gansert et al. 2008] Gansert, U.; Härdter, G.; Lehnert, E.: Personalentwicklung in der IT. In: KU Gesundheitsmanagement. IUIG-KU-Sonderpublikation 11 (2008), S. 7-9.

[Horváth & Partner 2001] Horváth & Partner (Hrsg.): Balanced Scorecard umsetzen. Schäffer-Poeschel, Stuttgart 2001.

[Junginger 2005] Junginger, M.: Wertorientierte Steuerung von Risiken im Informationsmanagement. Deutscher Universitäts-Verlag, Wiesbaden 2005.

[Kaplan & Norton 1997] Kaplan, R. S.; Norton, D. P.: Balanced Scorecard. Schäffer-Poeschel, Stuttgart 1997.

[Kaplan & Norton 2001] Kaplan, R. S.; Norton, D. P.: Die strategiefokussierte Organisation. Schäffer-Poeschel, Stuttgart 2001.

[Kaplan & Norton 2004] Kaplan, R. S.; Norton, D. P.: Strategy Maps. Schäffer-Poeschel, Stuttgart 2004.

[Kaplan & Norton 2009] Kaplan, R. S.; Norton, D. P.: Der effektive Strategieprozess: Erfolgreich mit dem 6-Phasen-System. Campus, Stuttgart 2009.

[Kleinfeld 2002] Kleinfeld, A.: Menschenorientiertes Krankenhausmanagement. Deutscher Universitäts-Verlag, Wiesbaden 2002.

[Kutscha 2007] Kutscha, A.: Modellierung von ökonomischen Bewertungskriterien zur Unterstützung des strategischen Informationsmanagements bei der Beurteilung von Krankenhausinformationssystemen. Institut für Medizinische Informatik, Statistik und Epidemiologie, Universität Leipzig, Leipzig 2007.

[Kütz 2003] Kütz, M. (Hrsg.): Kennzahlen in der IT. dpunkt.verlag, Heidelberg 2003.

[Michels 2003] Michels, J. K.: IT-Finanzmanagement: Aufgaben, Grundsätze, Methoden, Beispiele, Arbeitshilfen. VDM-Verlag, Düsseldorf 2003.

[Olbrich 2008] Olbrich, A.: ITIL kompakt und verständlich: Effizientes IT Service Management – den Standard für IT-Prozesse kennenlernen, verstehen und erfolgreich in der Praxis umsetzen. Vieweg, Wiesbaden 2008.

[Remenyi et al. 2000] Remenyi, D.; Money, A.; Sherwood-Smith, M.: The effective measurement and management of IT costs and benefits. Butterworth-Heinemann, Oxford 2000.

[Repnik 2007] Repnik, M.: Talent-Management verändert Personalarbeit. In: Monitor (2007) 10a, S. 53-55.

[Saleck 2004] Saleck, T.: Chefsache IT-Kosten. Vieweg, Wiesbaden 2004.

[Seibold 2006] Seibold, H.: IT-Risikomanagement. Oldenbourg Wissenschaftsverlag, München 2006.

[Siebertz 2004] Siebertz, J.: IT-Kostencontrolling. VDM-Verlag, Düsseldorf 2004.

[Wendt et al. 2004] Wendt, T.; Häber, A.; Brigl, B.; Winter, A.: Modeling Hospital Information Systems (Part 2): Using the 3LGM^2 Tool for Modeling Patient Record Management. In: Methods of Information in Medicine 43 (2004) 3, S. 256-267.

[Winter et al. 2003] Winter, A.; Brigl, B.; Wendt, T.: Modeling Hospital Information Systems (Part 1): The Revised Three-layer Graph-based Meta Model 3LGM^2. In: Methods of Information in Medicine 42 (2003) 5, S. 544-551.

[Zarnekow & Brenner 2003] Zarnekow, R.; Brenner, W. Konzepte für ein produktorientiertes Informationsmanagement. Physica, 735-753. Physica, Heidelberg 2003.

[Zollondz 2006] Zollondz, H.-D.: Grundlagen Qualitätsmanagement: Einführung in Geschichte, Begriffe, Systeme und Konzepte. Oldenbourg Wissenschaftsverlag, München 2006.

Markenrechte

COBIT® ist eine eingetragene Marke des IT Governance Institute, www.itgi.org

5 Die betriebswirtschaftliche Bewertung der IT-Performance im Krankenhaus am Beispiel eines Benchmarking-Projekts

Dr. Anke Simon

> *„Das Durchschnittliche gibt der Welt ihren Bestand,*
> *das Außergewöhnliche ihren Wert."*
>
> Oscar Wilde (1854–1900), ir. Schriftsteller

5.1 Die Rolle der IT im Wandel der Gesundheitssysteme

Das Gesundheitswesen in Deutschland befindet sich weiterhin im Wandel. Nachdem die neu eingeführte Finanzierung auf DRG-Basis erste einschneidende Wirkungen entfaltete, ist die aktuelle Gesundheitsreform sicherlich nicht das Ende der Reformwellen der jüngsten Vergangenheit. In gesundheitsökonomischer Hinsicht steht Deutschland vor einem ähnlichen Dilemma wie alle entwickelten Industrieländer - der wachsenden Kostenproblematik bei insgesamt steigender Nachfrage nach Gesundheitsleistungen. Gesundheitsökonomen sprechen hierbei von einer Dysfunktionalität der Gesundheitssysteme, wobei folgende Ursachen in einem komplexen Zusammenspiel wirken [Heimerl-Wagner & Köck 1996, S. 20ff.]:

- Demographie (Erhöhung des Anteils älterer Menschen und Verlängerung der Lebenserwartung – Rektangularisierung der Mortalitätskurve)

- Epidemiologie (Vergrößerung des Abstandes zwischen Morbiditäts- und Mortalitätskurve, Zunahme chronisch-degenerativer Erkrankungen)

- Technologie (technologische Revolution, frühere Diagnostik von Krankheit, schnellere Verbreitung und vermehrter Zugriff auf neue Technologien)

Vor diesem Hintergrund sehen sich die Krankenhäuser einem zunehmenden Verteilungswettbewerb um begrenzte Mittel ausgesetzt, der sich in Zukunft noch verschärfen dürfte. Nach einer Studie von McKinsey sind ein Drittel aller Krankenhäuser in Deutschland von Schließung oder Übernahme bedroht [McKinsey 2006, S. 6ff.].[1]

---

1 Die aktuellen Entwicklungen können unter www.kliniksterben.de verfolgt werden.

International und national wird der Informationstechnologie (IT) im Gesundheits-wesen (eHealth)[2] eine Schlüsselrolle bei der Lösung der anstehenden Probleme zugesprochen. Die Erwartungen von Seiten der Politik sowie der Akteure im Ge-sundheitswesen (Leistungserbringer, Leistungsnachfrager, Kostenträger) sind glei-chermaßen hoch und beziehen sich sowohl auf Potentiale zur Kostensenkung als auch auf zu erzielende Steigerungen der Versorgungsqualität.

Die potentiellen Möglichkeiten der Informationstechnologie sind vielfältig und können generell in die beiden Kategorien Prozessinnovation und Produktinnova-tion eingeordnet werden. IT zur Prozessinnovation führt bei gleich bleibend hoher Qualität zur Effizienzsteigerung von Prozessen z.B. im Krankenhaus, um die hoch komplexen Behandlungsprozesse von der Patientenaufnahme über Diagnostik und Therapie bis zur Entlassung mit Hilfe von Systemen der elektronischen Patienten-akte (EPA) innerhalb der beteiligten Kliniken einer Einrichtung zu unterstützen. Die Bedeutung von IT als Enabler wird sich entscheidend vergrößern bei der Un-terstützung der sektorenübergreifenden Patientenversorgung, die aufgrund des politischen Willens gesetzlich verankert wurde, z.B. in Form von integrierter Ver-sorgung, Medizinischen Versorgungszentren oder Disease-Management-Program-men. Die bei Prozessinnovationen angestrebten Effizienzvorteile bzw. Einsparpo-tentiale für das Gesundheitssystem führten in der jüngeren Vergangenheit zu den bekannten nationalen und internationalen Gesundheitstelematik-Initiativen - in Deutschland die Einführung der elektronischen Gesundheitskarte [Borchers 2006].

Informationstechnologie als Produktinnovation ermöglicht jedoch darüber hinaus neue und innovative Dienstleistungsangebote wie beispielsweise Telemonitoring von Patienten im häuslichen Umfeld, Body Area Networking, Informations- und Beratungsangebote über das Internet, eLearning-Programme für chronisch Kranke u.v.a.m. Die Entwicklungen haben gerade erst begonnen, so dass von vielfältigen Chancen für die weitere Ausweitung des Gesundheitsmarktes ausgegangen wer-den kann. Die Einflüsse der IT werden dabei zu Veränderungen von bisher etab-lierten Strukturen und Prozessen der traditionellen Einrichtungen im Gesund-heitswesen führen.

5.2 Der Bedarf an Informationen zur IT-Performance

In Bezug auf die Krankenhäuser müssen die Möglichkeiten der IT differenziert betrachtet werden. Generell kann der Einsatz von IT i.S. der bereits dargestellten Prozess- und Produktinnovationen die notwendige Wettbewerbsorientierung der Krankenhäuser entscheidend unterstützen. Auf der anderen Seite sind die zuneh-menden Risiken auf der Finanzierungsseite nicht zu übersehen, die sich angesichts der aktuellen Kostenproblematiken zuspitzen.

---

2 Der Begriff Gesundheitstelematik, synonym auch eHealth, umfasst alle An-wendungen des integrierten Einsatzes von Informations- und Kommunikati-onslösungen im Gesundheitswesen zur Überbrückung von Raum und Zeit [Haas 2006, S. 8].

Hinzu kommt als entscheidender Faktor die derzeitige Situation des Krankenhausmanagements. Ein Blick in die Krankenhauslandschaft genügt, um eine eindeutige Differenz zwischen den Möglichkeiten der IT bezüglich der Prozessunterstützung und dem bisherigen Umsetzungsstand im Krankenhaus zu erkennen. Eine aktuelle Studie von PWC bringt es auf den Punkt: *„Bei den Krankenhäusern ist der Reifegrad der IT im Vergleich zu anderen Branchen eher niedrig"* [PWC 2008, S. 56].

Um den Einsatz der IT zur Erhöhung des Reifegrades i.S. des strategischen Managements optimal steuern zu können, ist zunächst eine ausreichende Transparenz über den Status quo der IT-Leistungen zwingend notwendig. Obwohl der Leistungs- und Wettbewerbsdruck mittlerweile zu etablierten Verfahren bei der Bewertung der Krankenhausleistung sowie der medizinischen Leistungen der Kliniken geführt hat[3], stehen zur Messung der IT-Performance[4] im Krankenhaus kaum Ansätze zur Verfügung.

Demgegenüber ist der Bedarf an Informationen über die Leistungen der IT groß und wird gleichermaßen von alle Interessengruppen im Krankenhaus artikuliert:

- der Krankenhausführung
- der IT-Leitung
- den Anwendern

Die Krankenhausführung empfindet die IT häufig als „Black Box". Die sprichwörtliche Frage: *„...was machen die eigentlich den ganzen Tag..."* [Roeltgen 2006, S. 17] ist nicht selten und mündet in der Forderung nach mehr Transparenz über den konkreten Nutzenbeitrag der IT zum Unternehmenserfolg [Stephan 2005, S. 18]. Kommunikationsschwierigkeiten zwischen CIO und CEO erschweren die Situation zusätzlich: *„Präsentationen von CIOs sollen ...* **keine für Außenstehende unverständlichen Details** *enthalten, sondern den Beitrag der IT zu Zielen, Strategien und Prozessen im Unternehmen aufzeigen."* [Kurzlechner 2007] [Hervorhebung durch den Verfasser]

Die Leitung der IT steht ebenfalls in einem Dilemma, benötigt sie doch für die zunehmenden Anforderungen der Kliniken entsprechende Ressourcen. Ohne die Möglichkeit der transparenten Darstellung der Dienstleistungen der IT sowie deren Kosten und Nutzen ist dies jedoch schwerlich möglich. Wie eine Studie zeigt, besteht ein Zusammenhang zwischen dem Unvermögen der CIOs, den Wertbeitrag der IT zum Unternehmenserfolg aufzuzeigen und der niedrigen Reputation

---

3 Vgl. hier exemplarisch die Kostenkalkulation und Leistungsbewertung durch das InEK-Institut, vgl. www.g-drg.de, die Bewertungen auf der Basis von Zertifizierungen, z.B. durch die KTQ-Geschäftsstelle, vgl. www.ktq.de, sowie die Bewertung medizinischer Leistungen ausgewählter Indikationen durch das BQS-Institut, vgl. www.bqs-qualitätsreport.de.

4 Im Folgenden werden die Begriffe Leistung und die entsprechende auch im deutschen Sprachraum gebräuchliche englische Bezeichnung Performance als Synonyme betrachtet.

der IT-Abteilung sowie dem Versagen bei der Sicherstellung ausreichender IT-Budgets [Touchpaper 2007]. *„Die Folge ist eine stagnierende Firmen-IT, wobei Wettbewerbsvorteile verschenkt werden."* konstatiert hierzu Schaffry von Forrester Research [Schaffry 2007].

Ein problembehaftetes Image der Krankenhaus-IT erschwert das tägliche Geschäft der IT zusätzlich, sowohl bei der Kommunikation mit den Anwendern und Leitern der Fachbereiche als auch in taktisch strategischer Hinsicht beispielsweise beim Projektmanagement der häufig beachtlichen Anzahl von parallel laufenden Einführungsprojekten.

Die sich wandelnden Anforderungen an die Krankenhaus-IT bedürfen der strategischen Planung, Steuerung und Überwachung i.S. des strategischen IT-Managements [Haux et al. 2004]. Eine ungenügende Transparenz der IT-Leistung für die IT-Führung gilt dabei als wesentliche Ursache für eine fehlende oder zumindest suboptimale IT-Steuerung. Ohne entsprechende Informationen zu Kosten und Qualität der IT-Leistung ist weder eine Ausrichtung an den Unternehmenszielen noch eine Einordnung der eigenen Performance im Vergleich zu anderen Häusern möglich (i.S.d. Benchmarking).

Letztendlich zeigt auch der Anwender an Informationen vor allem zur Qualität der IT-Leistung ein großes Interesse, da er auf eine optimale Unterstützung seiner Prozesse und Strukturen im klinischen Betrieb angewiesen ist. Oftmals besteht zu Ärzten und Pflegekräften anderer Häuser Kontakt, so dass ein informeller Vergleich stattfindet, der nicht selten einer Neutralisierung und Untermauerung auf Basis objektiver Fakten bedarf.

Die geschilderte Problematik der bisher unzureichenden Transparenz der IT-Leistung ist aus Sicht des Verfassers auf zwei Ursachenkomplexe zurückzuführen.

Erstens ist festzustellen, dass obwohl seit den letzten Jahren einige Fortschritte erzielt wurden, immer noch eklatante Schwächen im Bereich des strategischen IT-Managements zu verzeichnen sind.

„Analyse, Transparenz und Planung kommen in den IT-Organisationen zu kurz." ergab hierzu eine Studie unter Federführung der Technischen Universität München zum Thema IT-Management [Friedmann 2006]. Auch in der Krankenhausbranche ist das Thema nicht neu.[5] Dabei sind die Schwachstellen vielfältig:

- Informationstechnologischer Rückstand gegenüber vergleichbaren Industriebetrieben
- Ungenügende bis fehlende IT-Strategien zur langfristigen Planung auf Basis bzw. als Ableitung aus der Unternehmensstrategie
- Operative Ausrichtung der IT-Abteilungen

---

5 Bereits 2000 wurde als Ergebnis einer Studie ein deutlicher Nachholbedarf zum Thema strategisches IT-Management in deutschen Krankenhäusern festgestellt [Brigl & Winter 2000].

- Fehlende Strukturen, um die erforderlichen Planungsaufgaben eines IT-Managements abdecken zu können (z.B. in der Rolle des CIO)
- Mangelndes Bewusstsein und Kompetenz zur strategischen Bedeutung von IT auf Krankenhaus-Führungsebene u.a.

Die Problemlage ist jedoch vielschichtig und darf nicht einseitig als Führungsschwäche der IT-Leitung oder des obersten KH-Managements betrachtet werden. Der zweite Ursachenkomplex im Hinblick auf die insuffiziente Transparenz bezieht sich auf die IT-Leistung als Dienstleistung an sich und resultiert aus den Charakteristika bzw. spezifischen Eigenschaften der IT-Dienstleistung (systemimmanent). Zum einen ist das Themenfeld der IT-Technologie im Krankenhaus sehr heterogen. I.d.R. besteht IT im Krankenhaus aus einer Vielzahl miteinander interagierender Systeme [Brigl et al. 2004, S. 21].

Zum anderen kommt hinzu, dass die IT als Organisation sehr unterschiedlich aufgebaut sein kein. Zu unterscheiden sind differierende Aufgabenbereiche (hinsichtlich Umfang und Tiefe), dezentrale oder zentrale Organisationsstrukturen, Leistungserbringung durch interne Abteilungen oder externe Dienstleister etc. Eine Vergleichbarkeit der IT-Leistung muss daher zwingend vor jeglicher Bewertung hergestellt werden. Die hauptsächliche Fragestellung bezieht sich jedoch auf die Messbarkeit der IT-Leistung. Nach Güthoff müssen IT-Dienstleistungen als komplexe Dienstleistungen eingestuft werden.[6] Die Messung komplexer Dienstleistungen, insbesondere der Qualität, erfordert hinreichende Modelle mit entsprechend validen Indikatoren. Die aktuelle Forschung befindet sich hier in einem noch nicht abgeschlossenen Prozess, diverse Ansätze werden diskutiert. Daher ist es nicht weiter verwunderlich, dass es zur Messung der IT-Leistung auch in anderen Branchen sehr wenige meist pragmatische Beispiele gibt.[7]

Zusammenfassend können folgende Problemfelder konstatiert werden:

- Es besteht ein großer Informationsbedarf aller Interessengruppen im Krankenhaus zur IT-Performance (Krankenhaus-Leitung, IT-Leitung, Anwender).
- Die suboptimale Bewertung der IT-Leistung hinsichtlich Kosten und Qualität ist Ursache und Folge zugleich für ein insuffizientes strategisches IT-Management.
- Systematische Ansätze bzw. valide Modelle zur Bewertung bzw. Messung der IT-Leistung als komplexe Dienstleistung allgemein sowie bezogen auf die spezielle Situation im Krankenhaus fehlen.

---

6 Güthoff hat zur Charakterisierung von Dienstleistungen einen Kriterienkatalog entwickelt und unterteilt folgende Abgrenzungskriterien: Anzahl der Teilleistungen, Multipersonalität, Heterogenität der Teilleistung, Länge der Dienstleistungserstellung, Individualität der Leistung [Güthoff 1995, S. 31ff.].

7 Vgl. hierzu exemplarisch [Becker 2003] [Kampker 2003] [Müller et al. 2007] [Toth 2004] [Schmitz 2006] [Schwab 2002] [Stephan 2005].

– Die Krankenhausführung als auch die IT-Leitung haben bisher nur eingeschränkte bzw. keine Möglichkeiten, die IT-Performance zu messen und
durch häuserübergreifende Vergleiche Optimierungspotentiale zu identifizieren.

5.3 Die Bewertung der IT-Performance auf Basis eines Benchmarkingansatzes

5.3.1 Vorgehensweise und zentrale Prämissen

Vor dem Hintergrund der aufgeführten Problemfelder stellt sich folgerichtig die
Frage nach einem geeigneten Vorgehensmodell. Im Rahmen einer Arbeitsgruppe
von IT-Leitern kommunaler Großkrankenhäuser wurde ein Lösungsansatz im
Rahmen eines Benchmarking-Projekts entwickelt, in welchem sowohl verschiedene
Messmethoden der IT-Performance konzeptionell gestaltet als auch deren Anwen-
dung in der Praxis geprüft wurden.[8]

IT-Benchmarking wird dabei als eine strategische Management-Methode begriffen,
bei der die Performance der IT-Dienstleistungen eines Unternehmens mit denen
anderer Unternehmen verglichen wird [in Anlehnung an Kütz 2003, S. 23f.]. Vor
diesem Hintergrund ist das IT-Benchmarking Teil des strategischen IT-
Controllings bzw. der IT-Governance. Als Zielsetzung des IT-Benchmarking gilt
die Identifizierung von Optimierungspotentialen und die Ableitung von Empfehlungen zur Performanceverbesserung, m.a.W. der Orientierung an den Best Practices.

Generell können in Bezug auf Benchmarking-Projekte partner- und objektbezogene
Benchmarking-Typen voneinander unterschieden werden (siehe Abbildung 1).[9]
Entsprechend dieser Klassifikation ist das hier vorliegende Benchmarking-Projekt
wie folgt einzuordnen:

– Branchenbezogenes Benchmarking

– Funktionales Benchmarking (bezogen auf die IT-Funktion in einem Unternehmen)

---

8 Die Arbeitsgruppe (AG) IT-Benchmarking wurde Ende 2006 im Auftrag der
Arbeitsgemeinschaft kommunaler Großkrankenhäuser (AKG) ins Leben geru-
fen. Mitglieder der AG IT-Benchmarking sind die IT-Leiter (CIOs) von 13
kommunalen Großkrankenhäusern sowie einer Uniklinik. Das entwickelte Methodenset entspricht äquivalent zur Medizin einem evidenzbasierten Vorgehen
auf der Grundlage von Expertenmeinungen (Evidenzniveau einer S1-Leitline)
[AWMF 2009]. Im Hinblick auf Forschungsmethoden der empirischen Sozial-
forschung kann das hier angewendete Vorgehen als Gruppendiskussionsver-
fahren der Kategorie qualitativen Methoden eingestuft werden [Bortz & Döring
1995, S. 282].

9 Zur Klassifizierung von Benchmarking-Projekten vgl. auch [Müller et al. 2007].

Um der Komplexität der IT-Leistungen im Krankenhaus gerecht zu werden, wurden verschiedene Prämissen formuliert. Erstens sollte das geplante Benchmarking neben Kostenindikatoren auch Messgrößen zur Leistungs- und Qualitätsbewertung umfassen. Zweitens wurden folgende Anforderungen an die Erhebung der Kenngrößen gestellt:

– Zweckeignung

– Genauigkeit

– Aktualität

– Einfachheit und Nachvollziehbarkeit

– Kosten-Nutzen-Relation

Insbesondere der letzte Aspekt der Kosten-Nutzen-Relation galt als zentrale Prämisse innerhalb der Arbeitsgruppe, um den Arbeitsaufwand für die Teilnehmer und damit das Risiko eines vorzeitigen Scheiterns des Projekts zu minimieren. Vereinbart wurde, im ersten Schritt bereits vorhandene Basisdaten, z.B. aus dem Geschäftsbericht bzw. dem Qualitätsbericht des Krankenhauses sowie der Kosten- und Leistungsdokumentation des IT-Leiters zu nutzen. Falls eine explizite Datenermittlung notwendig ist, z.B. zur Selbstbewertung der Qualitätskriterien, wurde der Erhebungsaufwand so minimal wie möglich gehalten, z.B. mit Hilfe der Gestaltung von Fragenkatalogen. Die jeweilige Vorgehensweise wurde unter den Teilnehmern abgestimmt (Verfahren der Konsensfindung).

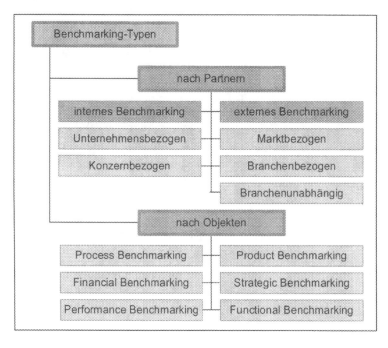

Abbildung 1: Klassifizierung von Benchmarking-Projekten

Die dritte Prämisse bezog sich darauf, die Vergleichbarkeit der ermittelten Kosten- und Leistungsdaten sicherzustellen. Zunächst waren hierzu bereits gute Voraussetzungen gegeben, da es sich bei den Teilnehmern um eine relativ homogene Gruppe von kommunalen Krankenhäusern der Maximalversorgung handelte, d.h. nicht das gesamte heterogene Spektrum der Krankenhauslandschaft zu berücksichtigen war. Darüber hinaus erwies es sich jedoch als notwendig, diverse Festlegungen zu zentralen Erhebungsaspekten zu treffen. Beispielsweise, war die Frage zu klären, was genau unter einem IT-User zu verstehen ist oder welche Mitarbeiter zur Kenngröße der IT-Mitarbeiter gezählt werden (siehe Tabelle 1).

Ohne die konkrete Definition bzw. Abgrenzung der zentralen Begriffe und Erhebungsindikatoren, wie leider häufig in der Praxis zu beobachten, kann eine Bewertung der IT-Performance dem komplexen Charakter der IT-Leistungen sowie den unterschiedlichen Organisationsformen (dezentral/zentral, Aufgaben in Eigenregie/Outtasking etc.) schwerlich gerecht werden. Darüber hinaus besteht die eklatante Gefahr, dass die ermittelten Ergebnisse aufgrund des sprichwörtlichen Vergleichens von „Äpfeln mit Birnen" wertlos sind.

Tabelle 1: Exemplarischer Ausschnitt zur Festlegung bzw. Abgrenzung zentraler Kenngrößen

Kenngröße: IT-Mitarbeiter	Kenngröße: IT-User
Alle MA im Klinikum, die mit IT-Aufgaben betraut sind - MA in der Informationsverarbeitung (IT-Abteilung) - MA mit IT-Aufgaben, außerhalb der IT-Abteilung - Lehrlinge, BA-Studenten mit dem Faktor 0,2 - Praktikanten, Diplomanden ohne Berücksichtigung - Leiharbeiter, die unter der Regie von MA der IT arbeiten	Alle aktiven IT-User, die von der IT des Klinikums in allen IT-Systemen verwaltet werden. - Ein User zählt nur einmal, egal in wie vielen IT-Systemen er eine Kennung hat - Funktionskonten zählen nicht dazu - Ehemalige Mitarbeiter zählen ebenfalls nicht dazu - Anwender an nicht am Netzwerk angeschlossenen Stand alone PC's gehören dazu - Externe User, die im Rahmen der Fernwartung verwaltet werden, zählen dazu - Externe Organisationseinheiten, deren Mitarbeiter als User im Klinikum verwaltet werden müssen, zählen dazu - Arbeiten mehrere Personen an einem PC, so ist jede Person einzeln zu zählen, die ein eigenes Login hat

5.3.2 Beschreibung des Methodensets anhand ausgewählter Beispiele

Das Methodenset, welches dem hier dargestellen IT-Benchmarking zugrunde liegt, untergliedert sich in vier Perspektiven:

1. Reifegrad des strategischen IT-Managements

2. Reifegrad des Service Managements (nach ITIL®)

3. Kennzahlensystem

4. Erhebung des Wertbeitrags der IT

Zur Bewertung des strategischen IT-Managements als ein wesentlicher IT-Aufgabenbereich im Krankenhaus wurde ein Katalog von 16 Fragen entwickelt, welcher die Qualität des strategischen IT-Managements über vier Kategorien erfasst: IT-Strategie, formale Vorgehensmodelle, Führung sowie Rufbereitschaft. Die Bewertung erfolgt auf Basis einer Selbstbewertung anhand des Reifegradmodells der COBIT-Nomenklatur (siehe Abbildung 2).[10]

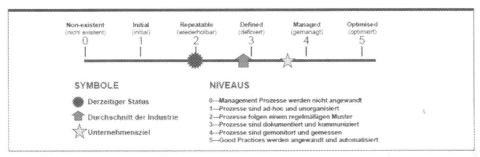

Quelle: IT Governance Institute (2004).

Abbildung 2: COBIT®-Reifegradmodell

Wie Abbildung 3 zeigt, sind die Unterschiede zwischen den Krankenhäusern groß. Im Durchschnitt der Teilnehmer wird bei den Kategorien Strategie, Rufbereitschaft und Vorgehensmodelle nur ein Reifegrad der zweiten Niveaustufe erreicht. Im Bereich Führung liegt der Reifegrad noch niedriger (Reifegradniveau 1).

In zweiter Perspektive des IT-Benchmarkings wurde die Leistungsqualität der IT in Anlehnung an das Service-Management-Framework nach ITIL® bewertet. Das Rahmenwerk der Information Technology Infrastructure Library (kurz ITIL®) umfasst die herstellerunabhängige Sammlung von Best Practices mit dem Ziel der Effizienzsteigerung innerhalb der IT-Prozesse sowie der Sicherstellung eines gleich bleibenden Serviceniveaus für die Kunden [Kresse & Bause 2008, S. 9]. Als Grund-

---

10 Die Selbstbewertung wird i.d.R. durch den IT-Leiter unter Hinzuziehung zweier weiterer IT-Verantwortlicher vorgenommen, um zu kritische bzw. zu optimistische Bewertungen zu vermeiden (Sechs-Augenprinzip). Detaillierte Informationen zum Reifegradmodell sind im COBIT®-Handbuch zu finden [IT Governance Institut 2004, S. 21ff.].

lage für die Selbstwertung diente auch hier ein entwickelter Fragenkatalog mit insgesamt 51 Fragen zu zehn ausgewählten, für die Krankenhaus-IT wesentlichen ITIL®-Prozessen. Die einzelnen ITIL®-Indikatoren wurden so formuliert, dass eine Bewertung anhand der bereits erwähnten Reifegradskala möglich war – ein Aspekt, der im ITIL®-Rahmenwerk bisher fehlt.

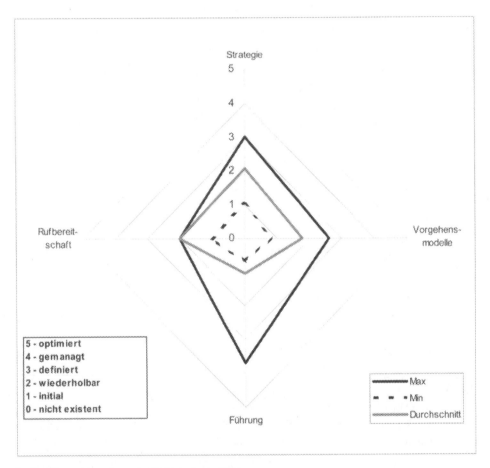

Quelle: Eigene Darstellung (n=12, Datenbasis 2007).

Abbildung 3: Reifegrad des strategischen IT-Managements

Auch hier ergibt die Erhebung unter den Teilnehmern ein divergierendes Bild (siehe Abbildung 4). Während im besten Krankenhaus ein Reifegradniveau verteilt über die zehn ITIL®-Prozesse von 2,5 bis 4 erreicht wird, kann das Krankenhaus mit den niedrigsten Wertungen lediglich ein Niveau von knapp über 0 bis 2 aufweisen.

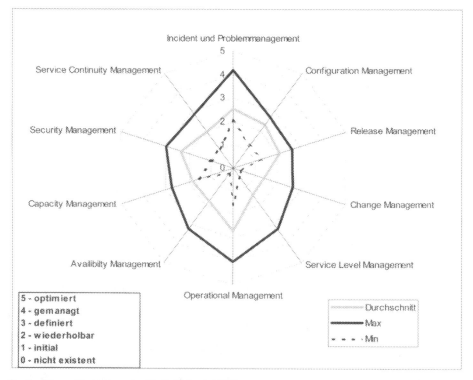

Quelle: Eigene Darstellung (n=12, Datenbasis 2007).

Abbildung 4: Reifegrad des Service Managements nach ITIL®

Wie in der Gesamtdarstellung des durchschnittlichen Punktewertes in Abbildung 5 zu sehen, besteht in den Krankenhäusern sowohl bei der Umsetzung des strategischen IT-Managements als auch der ITIL®-Prozesse ein Entwicklungsbedarf. Wenngleich der Vergleich mit den wenigen veröffentlichten branchenneutralen Werten zeigt, dass zumindest die ITIL®-Umsetzung auch in anderen Wirtschaftsbranchen noch nicht sehr weit fortgeschritten ist.[11]

---

11 Im Durchschnitt der Cobit® 4.0 Online Benchmarks werden über alle Branchen bei den aufgeführten ITIL®-Prozessen Reifegrade zwischen 1,8 bis 2,3 erreicht [Widua & Gumbold 2007].

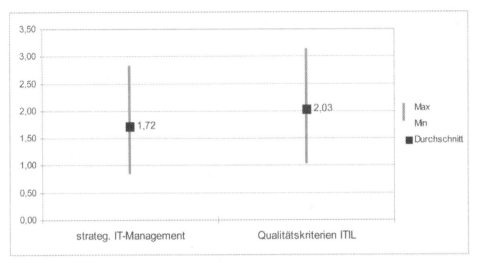

Quelle: Eigene Darstellung (Durchschnitt über alle Bewertungskategorien, n=12, Datenbasis 2007).

Abbildung 5: Durchschnittlicher Punktwert der Qualität des strategischen IT-Managements sowie der ITIL®-Prozesse

Die dritte Perspektive des durchgeführten Benchmarkings umfasst ein Kennzahlensystem. Aufgrund der bereits dargestellten Problematik, dass bestehende Kennzahlensysteme zu komplex, zu umfangreich, z.T. veraltet oder schwerlich auf die Krankenhausbranche übertragbar sind, resultierte die Entwicklung eines eigenen Ansatzes.[12] Hierzu wurden aus bestehenden branchenunabhängigen Kennzahlensystemen geeignete Indikatoren abgeleitet und um wesentliche krankenhausspezifische Kenngrößen ergänzt. Die Festlegung des Kennzahlensystems erfolgte auf Basis des bereits genannten Verfahrens der Konsensfindung in der Arbeitsgruppe. Die Systematik umfasst insgesamt 20 Kennzahlen folgender Kategorien:

- Kostenkennzahlen (z.B. Kostenfaktor, IT-Kosten pro Vollkraft oder Fall des Krankenhauses)
- Kennzahlen zur Kostenstruktur (z.B. %-Anteil der IT-Personalkosten oder der Investitionen an den IT-Gesamtaufwendungen)
- Leistungskennzahlen (z.B. Durchdringungsgrad oder Betreuungsgrad)

In Tabelle 2 sind einige exemplarische Kennzahlen aufgeführt. Insgesamt setzt sich das heterogene Bild ähnlich wie bei der Qualitätsbewertung des strategischen IT-Managements sowie der ITIL®-Prozesse fort. Die Spannweite zwischen dem Minimum und dem Maximum der einzelnen Kennzahlen beträgt i.d.R. mehr als 100%. Mangels geeigneter Veröffentlichungen gibt es, wie bereits aufgeführt, nahezu keine vergleichbaren Daten aus der Krankenhausbranche sowie anderen Wirt-

---

12 Ein Überblick zu bestehenden Kennzahlensystemen bietet u.a. Kütz [Kütz 2003].

schaftsbereichen. Die wenigen verfügbaren Publikationen sollen jedoch nicht unerwähnt bleiben.

Die IT-Kosten pro Mitarbeiter des Krankenhauses betragen im Schnitt des hier durchgeführten Benchmarkings 971 € und liegen damit unter dem vergleichbarem Wert einer aktuellen PWC-Studie von 1.300 € für die Krankenhausbranche [PWC 2008, S. 54].[13] Aus einem IT-Benchmarking von sieben Krankenhausverbünden sowie zwei Universitätskliniken in Österreich sind ebenfalls Werte bekannt, die jedoch aufgrund des älteren Zeitraums nur begrenzt zu einem Vergleich herangezogen werden können [Toth 2004]. Der ermittelte Kostenfaktor lag bei dieser Erhebung bei 2,46%, die IT-Kosten pro IT-Arbeitsplatz betrugen 3.827 €.

Tabelle 2: Exemplarische Kostenkennzahlen (n=12, Datenbasis 2007)

Ident	Bezeichnung	Erläuterung	2007		
			Median	*Min*	*Max*
E01.00	Kostenfaktor	%-Anteil IT-Kosten am Gesamtumsatz des KH	1,43%	0,96%	3,12%
E05.01	Durchdringungsgrad 1	Anzahl Dialogendgeräte pro Bett	1,25	0,82	2,08
E10.00	IT-Kosten pro IT-Arbeitsplatz	IT-Kosten pro Dialogendgerät	2.198 €	1.413 €	3.984 €
E11.01	IT-Kosten pro MA KH		971 €	646 €	1.738 €
E13.02	Betreuungsfaktor 2	IT-User je VK IT (gesamt)	131	73	179
E14.01	VK-Anteil IT	%-Anteil der VK IT (gesamt) zu VK KH	0,83%	0,60%	1,23%

Es kann als evident angesehen werden, dass die Erhebung des Wertbeitrages der IT als Ganzes kaum möglich ist. Daher wurde im Rahmen der vierten Perspektive des Methodensets der Ansatz verfolgt, die IT-Wertbeitragsmessung anhand ausgewählter IT-Prozesse im klinischen Bereich vorzunehmen. Dabei wurden als wesentliche IT-unterstützte Prozesse die elektronische Fallakte sowie die elektronische Leistungsanforderung ausgewählt. Im Ergebnis einer Diplomarbeit, welche sich mit dieser Aufgabenstellung auseinandersetzte, konnten entsprechende Bewertungsmodelle entwickelt sowie die praktische Erprobung der Verfahren in drei Krankenhäusern gezeigt werden [Hastreiter et al. 2009].

Für die Bewertung des Wertbeitrages der IT im Hinblick auf die elektronische Leistungsanforderung war es zunächst notwendig eine Reifegradskala zu entwickeln.

---

13 Branchenübergreifend wurde bezüglich der IT-Kosten pro Mitarbeiter ein Median-Wert von 1.900 € ermittelt.

Im nächsten Schritt mussten alle Leistungsbereiche des Klinikums und alle klinischen (z.B. Laboranforderungen) sowie administrativen Leistungsanforderungen (z.B. Materialbestellung) nach Art und Anzahl erfasst werden. Die Auswertungsergebnisse sind in Abbildung 6 dargestellt.

In ähnlicher Weise gestaltete sich die Vorgehensweise für die Bewertung des Wertbeitrages der IT bezüglich der elektronischen Fallakte, mit dem Unterschied, dass hierbei zwei Messparameter erfasst wurden (siehe Abbildung 7). Einmal erfolgte eine Bewertung mit Hilfe des bereits erwähnten Reifegrades, welcher die Zugriffsmöglichkeit auf alle relevanten Diagnostik- und Therapiedaten der Fallakte abbildet, mit einer Skala zwischen den Polen 0 (kein elektronischer Zugriff möglich) und 5 (flächendeckender, jederzeit von einem System aus Zugriff, setzt i.d.R. WLAN voraus). Darüber hinaus wurde der Digitalisierungsgrad der Dokumente erhoben, also der Anteil der Dokumente, die bereits elektronisch erfasst werden. Es versteht sich von selbst, dass auch hier im Vorfeld der Bewertung ein umfangreicher Erfassungsprozess aller diagnostischer und therapeutischer Daten bzw. Dokumente mit Fallbezug über alle Kliniken erforderlich war. Auch hierfür wurde eine geeignete Nomenklatur entwickelt.

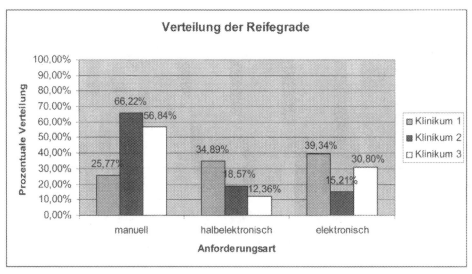

Quelle: Hastreiter et al. (2009).

Abbildung 6: Wertbeitrag der IT anhand des Reifegrades der elektronischen Leistungsanforderung

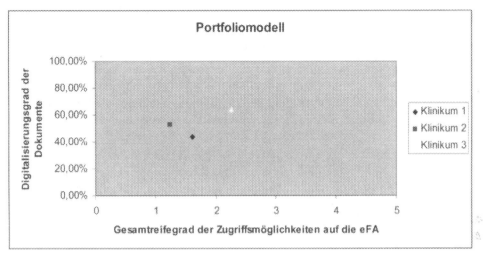

Quelle: Hastreiter et al. (2009).

Abbildung 7: Wertbeitrag der IT anhand des Digitalisierungsgrades sowie des Reifegrades der elektronischen Fallakte

5.4 Fazit und weitere Perspektiven

Der dargestellte Benchmarking-Ansatz zur Messung der IT-Performance im Krankenhaus hat zur erstmaligen Entwicklung eines konzeptionell fundierten sowie praktisch erprobten Methodensets zur Messung der IT-Leistung im Krankenhaus geführt. Dabei wurden Kosten- und Leistungskennzahlen als auch Indikatoren zur Leistungsqualität sowie zum Wertbeitrag der IT im Krankenhaus ermittelt. Die Teilnehmer des Benchmarking-Projekts konnten diverse Informationen zum aktuellen Stand der IT in ihrem Haus ableiten und im Vergleich mit den anderen Krankenhäusern wertvolle Anregungen zur Weiterentwicklung und Optimierung sammeln. Ebenso etablierte sich ein kollegialer Erfahrungsaustausch, der in weiteren gemeinsamen Arbeitsgebieten mündete (z.B. die Entwicklung eines Standards für die Verkabelung bei Neubauten). Der Erfolg des Projekts zeigt sich ebenfalls an der Tatsache, dass die Arbeitsgruppe bereits im dritten Jahr besteht und somit eine kontinuierliche Fortführung des Benchmarkings gesichert ist.

Das Benchmarking der IT-Performance über einen längeren Zeitraum führt zu einer ersten Perspektive in Bezug auf die weitere Projektentwicklung. Interessant ist hier insbesondere die Beobachtung von jährlichen Veränderungen sowohl bezogen auf das einzelne Krankenhaus als auch auf den Durchschnitt aller Teilnehmer.

Ebenso ist von einem weiten Feld an perspektivischen Weiterentwicklungsmöglichkeiten in Bezug auf das Methodenset auszugehen. Insbesondere die Bewertung des Wertbeitrags der IT am Unternehmenserfolg bedarf der Entwicklung von weiterführenden Messinstrumentarien. Mit Fokus auf die medizinischen und pflegerischen Kernprozesse der Klinik könnten so weitere IT-unterstützte klinische Szenarien abgebildet und bewertet werden (z.B. die Patiententerminplanung, die Arztbrieferstellung oder das Entlassmanagement).

Neben den diversen Erkenntnissen für die Teilnehmer der Arbeitsgruppe sowie der Geschäftsführer der beteiligten Krankenhäuser konnte vor dem Hintergrund des Betretens von methodischem und praktischem Neuland ein wertvoller Beitrag im Fachgebiet der Krankenhaus-IT sowie der Medizininformatik geleistet werden. An dieser Stelle daher ein herzlicher Dank an alle Mitwirkenden.

Im nächsten Schritt soll das entwickelte Methodenset auf einer breiterer Basis weitergeführt werden und insbesondere in Krankenhäusern anderer Trägerschaft, Krankenhäusern kleinerer bzw. mittlerer Größenordnung sowie Krankenhausketten und sektorenübergreifenden Gesundheitszentren zur Anwendung kommen. Hierfür wurde im Bundesverband der Krankenhaus-IT-Leiterinnen und Leiter e.V. (KH-IT) ein entsprechender Arbeitskreis gegründet. Ziel ist die Weiterentwicklung des Methodensets im Sinne einer hinreichenden Anpassung an die diversen Ausprägungsformen der heterogenen Krankenhauslandschaft sowie die Erhebung der Krankenhaus-IT-Performance in Form eines Branchenspiegels (in einem geschützten neutralen Modus). In diesem Sinne sollen in bewährter Tradition der kollegiale Informations- und Erfahrungsaustausch zur Erhöhung der Transparenz und gleichzeitigen Qualitätssteigerung der IT im Krankenhaus gefördert werden.

> *„Wer will, dass ihm die anderen sagen, was sie wissen,*
> *der muss ihnen sagen, was er selbst weiß.*
> *Das beste Mittel Informationen zu erhalten, ist Informationen zu geben."*
>
> Niccolò Machiavelli (1469–1527), it. Philosoph

Literaturverzeichnis

[AWMF 2009] Arbeitsgemeinschaft der Wissenschaftlichen Medizinischen Fachgesellschaften – AWMF: 3-Stufen-Prozess der Leitlinien-Entwicklung: eine Klassifizierung. www.awmf-online.de, zuletzt geprüft am 22.07.2009.

[Becker 2003] Becker, W.: Über den Tellerrand. Was Benchmarking in der IT leisten kann. In: Detecon Management Report 02 (2003), S. 16-18.

[Brigl et al. 2004] Brigl, B.; Häber, A.; Wendt, T.; Winter, A.: Ein 3LGM² Modell des Krankenhausinformationssystems des Universitätsklinikums Leipzig und seine Verwertbarkeit für das Informationsmanagement. In: Rebstock, M. [Hrsg.]: Modellierung betrieblicher Informationssysteme - MobIS 2004. Gesellschaft für Informatik, Bonn 2004, S. 21-41.

[Brigl & Winter 2000] Brigl, B.; Winter, A.: Strategisches Informationsmanagement im Krankenhaus, eine Gegenüberstellung der internationalen Literatur und der deutschen Situation. In: Informatik, Biometrie und Epidemiologie in Medizin und Biologie 31 (2000) 3, S. 57-69.

[Borchers 2006] Bochers, D.: Elektronische Gesundheitskarte: Der Blick über die Grenzen, http://www.heise.de/newsticker/result.xhtml?url=%2Fnewsticker%2Fmeldung%2F78587&words=Gesundheitskarte, zuletzt geprüft am 23.09.2006.

[Bortz & Döring 1995, S. 282] Bortz, J.; Döring, N.: Forschungsmethoden und Evaluation für Sozialwissenschaftler. Berlin, Heidelberg, New York 1995.

[Friedmann 2006] Friedmann, K.: Deutsche IT-Manager planen schlecht. www.computerwoche.de/index.cfm?webcode=571685, zuletzt geprüft am 20.07.2009.

[Güthoff 1995] Güthoff, J.: Qualität komplexer Dienstleistungen. Wiesbaden 1995.

[Haas 2006] Haas, P.: Gesundheitstelematik. Berlin, Heidelberg 2006.

[Hastreiter et al. 2009] Hastreiter, S.; Schlegel, H.; Schöffski, O; Schwandt, M.; Simon, A.; Gartner, G.; Seidel, Ch.: Relativer Vergleich des Wertbeitrags der IT auf der Basis von Prozessunterstützungsszenarien. In: KH-IT Journal, Ausgabe 4-6, 2009 sowie 1, 2010.

[Haux et al. 2004] Haux, R.; Winter, A.; Ammenwerth, E.; Brigl, B.: Strategic Information Management in Hospitals: An Indroduction to Hospital Information Systems. New York 2004.

[Heimerl-Wagner & Köck 1996] Heimerl-Wagner, P., Köck, Ch. (Hrsg.): Management in Gesundheitsorganisationen. Wien 1996.

[IT Governance Institut 2004]. IT Governance Institute: COBIT 4.0. Deutsche Ausgabe. www.itgi.org, zuletzt geprüft am 22.07.2009.

[Kampker 2003] Kampker, R.: Benchmarking für IT-Abteilungen, http://www.competence-site.de/itmanagement.nsf/C3ED0062FC288FCAC1256D890031EAA8/$File/kampker_s103b106.pdf, zuletzt geprüft am 20.07.2009.

[Kresse & Bause 2008] Kresse, M.; Bause, M.: Lern ITIL v3, Advanced Service Management. Bad Homburg 2008.

[Kütz 2003] Kütz, M.: Kennzahlen in der IT. Werkzeuge für Controlling und Management. Heidelberg 2003.

[Kurzlechner 2007] Kurzlechner, W.: Taktik-Tafel für CIOs. www.cio.de/index.cfm?webcode=835213, zuletzt geprüft am 19.02.2007.

[McKinsey 2006] McKinsey: Krankenhausreform ausgereizt. http://www.mckinsey.de/html/presse/2006/20060502_business_breakfast.asp, zuletzt geprüft am 20.07.2009.

[Müller et al. 2007] Müller, B.; Ahlemann, F.; Riempp, G.: IT Benchmarking: Vom Beratungsprodukt zum Standardinstrument heutiger IT Führungskräfte. In: IS Report 11 (2007) 1+2, S. 44-48.

[PWC 2008] Pricewaterhouse Coopers (PWC): Der Wertbeitrag der IT zum Unternehmenserfolg. Stuttgart 2008.

[Roeltgen 2006] Roeltgen, C.: Eine Million oder ein Jahr. Hinter den Kulissen der IT – Ein Insider berichtet. Augsburg 2006.

[Schaffry 2007] Schaffry, A.: CEO und CIO zusammenbringen. www.cio.de/index.cfm?webcode=834746, zuletzt geprüft am 20.07.2009.

[Schmitz 2006] Schmitz, A.: IT-Benchmarking der Maschienenbauer. www.cio.de/strategien/methoden/829266/index.html, zuletzt geprüft am 20.07.2009.

[Schwab 2002] Schwab, G.: Der CIO als Kostenmanager, www.competence-site.de/itmanagement.nsf/C679CD3088EEED88C1256FF0003B54FE/$File/der_cio_als_kostenmanager_final.pdf, zuletzt geprüft am 20.07.2009.

[Stephan 2005] Stephan, B.: IT-Transparenz, zum Stand der Praxis in deutschen Unternehmen. http://www.detecon.com/de/publikationen/studienbuecher_detail.php?pub_id= 1007, zuletzt geprüft am 19.02.2007.

[Toth 2004] Toth, H.: Benchmarking der IT-Bereiche im Klinikbereich. In: Krankenhaus-IT Journal 2 (2004), S. 36-38.

[Touchpaper 2007] Zitiert nach Unterleitner, C.: Geschäftsführer kennen Wert der IT nicht. In: CIO, 2007, http://www.cio.de/index.cfm?webcode=844632, zuletzt geprüft am 14.08.2009.

[Widua & Gumbold 2007] Widua, K.; Gumbold, M. (2007): ITIL out of the Box. Bad Neuenahr 2007.

Markenrechte

COBIT® ist eine eingetragene Marke des IT Governance Institute, www.itgi.org

ITIL® ist eine eingetragene Marke des Office of Government Commerce (OGC), www.ogc.gov.uk

6 IT-Compliance für nationale Unternehmen – die wachsende Herausforderung

Dr. Christiane Bierekoven

Wie jedes Unternehmen muss ein Klinikum, wenn und soweit es durch IT gesteuert wird, IT-compliant sein. IT-compliant im hier verwendeten Sinne meint, dass beim Einsatz von IT durch technisch-organisatorische und rechtliche Maßnahmen, insbesondere Richtlinien, sichergestellt wird, dass die gesetzlichen Anforderungen, die sich auf IT-spezifische Sachverhalte beziehen, erfüllt werden. Die Sicherstellung von Compliance ist Aufgabe der Leitung eines Klinikums, egal ob es in öffentlich-rechtlicher oder in privat-rechtlicher Form geführt wird.[1] Diese hat dafür Sorge zu tragen, dass die erforderlichen Maßnahmen im Klinikum sofern sie nicht oder nicht vollständig vorhanden sind, etabliert, dauerhaft eingehalten und Verstöße sanktioniert werden. Dies ist zu dokumentieren, damit in einem etwaigen Streitfall oder aufsichtsrechtlicher Kontrolle nachgewiesen werden kann, dass ein einmal eingeführtes Compliance-Konzept nicht nur auf dem Papier existiert, sondern tatsächlich umgesetzt wird.

Im nachfolgenden Beitrag werden die Bereiche, die im Zusammenhang mit IT-Compliance im Krankenhaus als wesentlich erachtet werden und Kernpunkte eines IT-Compliance-Konzeptes sein sollten, dargestellt. Hierzu gehören der Datenschutz, die elektronische Archivierung, das Software-Asset-Lizenzmanagement und Haftungsfragen bei der Internetnutzung. Technisch-organisatorische Maßnahmen werden nur insoweit genannt, als dies im Rahmen der Darstellung der datenschutzrechtlichen Anforderungen des § 9 BDSG notwendig ist. Schwerpunkt des Beitrages ist wegen der besonderen Problematik der Erhebung, Verarbeitung und Nutzung von Gesundheits- und Patientendaten der datenschutzrechtliche Teil.

---

1   § 43 GmbHG, § 93 AktG für privatrechtlich organisierte Unternehmen, die vorsehen, dass die Unternehmensleitung in den Angelegenheiten des Unternehmens die Sorgfalt eines ordentlichen Geschäftsmannes anzuwenden hat und für Sorgfaltspflichtverletzungen auf Schadensersatz in Anspruch genommen werden kann. Ähnliches gilt bspw. für die Leitung eines Krankenhauses in Bayern, das als Kommunalunternehmen geführt wird. Dieses wird gemäß Art. 89 Abs. 1 i.V.m. 90 Abs. 1 S. 1, 2 GO Bayern von einem Vorstand vertreten. Die Mitglieder dieses Vorstandes müssen gemäß § 3 Abs. 1 S. 1 KUV (Verordnung über Kommunalunternehmen) mit der Sorgfalt ordentlicher Geschäftsleute vertrauensvoll und eng zum Wohl des Krankenhauses als Kommunalunternehmen zusammen arbeiten.

6.1 Datenschutz

Im Bereich des Datenschutzes sind drei Hauptkomplexe zu unterscheiden: Die Bestellung eines betrieblichen Datenschutzbeauftragten, die Datensicherheit und der materiell-rechtliche Datenschutz.

6.1.1 Bestellung eines Datenschutzbeauftragten, § 4f BDSG

6.1.1.1 Erforderlichkeit eines Datenschutzbeauftragten

Gemäß § 4f Abs. 1 BDSG haben öffentliche und nicht-öffentliche Stellen, die personenbezogene Daten automatisiert verarbeiten, einen Beauftragten für den Datenschutz schriftlich zu bestellen.

Der Begriff „öffentliche Stellen" wird in § 2 BDSG in den Absätzen 1 und 2 für solche des Bundes und der Länder definiert. Danach wird der gesamte Tätigkeitsbereich der öffentlichen Hand mit dem Begriff der „öffentlichen Stelle" erfasst. Hierzu zählen jedoch ebenso andere öffentlich-rechtlich organisierte Einrichtungen ungeachtet ihrer Rechtsform.[2]

Nicht-öffentliche Stellen sind hingegen natürliche oder juristische Personen, Gesellschaften und andere Personenvereinigungen des privaten Rechts, § 2 Abs. 4 S. 1 BDSG. Nehmen diese hoheitliche Aufgaben der öffentlichen Verwaltung wahr, sind sie insoweit als öffentliche Stellen im Sinne des BDSG anzusehen, § 2 Abs. 4 S. 2 BDSG.

Umgekehrt können öffentliche Unternehmen, die als „andere öffentlich-rechtlich organisierte Einrichtungen" im Sinne des § 2 Abs. 1 und 2 BDSG anzusehen wären, von den besonderen Verpflichtungen der öffentlich-rechtlichen Stellen ausgenommen sein, wenn sie am Wettbewerb teilnehmen. Dies ergibt sich jedoch nicht aus § 2 BDSG, sondern aus den §§ 12 und 27 BDSG.[3]

Sowohl öffentliche als auch nicht-öffentliche Stellen, die personenbezogene Daten automatisiert verarbeiten, haben einen Beauftragten für den Datenschutz zu bestellen, § 4f Abs. 1 S. 1 BDSG. Öffentliche Stellen müssen spätestens bei Beginn der Verarbeitung einen Datenschutzbeauftragten bestellen.[4] Dies gilt für öffentliche Stellen auch dann, wenn sie die personenbezogenen Daten nicht automatisiert verarbeiten.[5]

Nicht-öffentliche Stellen müssen spätestens innerhalb eines Monats nach Aufnahme ihrer Tätigkeit einen Datenschutzbeauftragten bestellen, wenn sie in der Regel höchstens neun Personen ständig mit der automatisierten Verarbeitung personenbezogener Daten beschäftigen oder wenn personenbezogene Daten auf andere

---

2   Gola/Schomerus, BDSG, § 2, Rn. 4.

3   Gola/Schomerus, BDSG, § 2, Rn. 4.

4   Simitis in: Simitis, BDSG, § 4f, Rn. 53.

5   Simitis in: Simitis, BDSG, § 4f, Rn. 54.

Weise erhoben, verarbeitet oder genutzt werden und hiermit in der Regel mindestens 20 Personen beschäftigt sind, § 4f Abs. 1 S. 1-4 BDSG.

Etwas anderes gilt nach § 4f Abs. 1 S. 6 BDSG jedoch dann, wenn nicht-öffentliche Stellen automatisierte Verarbeitungen vornehmen, die einer Vorabkontrolle unterliegen. In diesem Fall müssen sie unabhängig von der Zahl der mit der automatisierten Verarbeitung beschäftigten Personen einen Datenschutzbeauftragten bestellen, § 4f Abs. 1 S. 6 BDSG. Eine solche Vorabkontrolle ist gemäß § 4d Abs. 5 S. 2 Nr. 1 BDSG dann zwingend, wenn besondere Arten personenbezogener Daten im Sinne des § 3 Abs. 9 BDSG verarbeitet werden. Hierzu gehören neben anderen die im Krankenhausbereich äußerst relevanten Gesundheitsdaten.

Der zu bestellende Datenschutzbeauftragte muss gemäß § 4 f Abs. 2 BDSG die zur Erfüllung seiner Aufgaben erforderliche Fachkunde und Zuverlässigkeit besitzen. Die erforderliche Fachkunde umfasst dabei sowohl das allgemeine datenschutzrechtliche Grundwissen, wie betriebswirtschaftliche Zusammenhänge, Grundkenntnisse über Verfahren und Techniken der automatisierten Datenverarbeitung und betriebsspezifische Kenntnisse.[6] Zudem muss er die Organisation und die Funktionen seiner Dienststelle kennen und sich einen Überblick über all die Fachaufgaben machen, zu deren Erfüllung personenbezogene Daten verarbeitet werden.[7]

Der Begriff der Zuverlässigkeit ist nicht weiter positiv definiert. Er meint im Ergebnis persönliche Integrität, die sich sowohl auf die charakterliche Zuverlässigkeit bezieht als auch auf die besonderen Anforderungen, die diese Aufgabe mit sich bringt.[8]

Zu beachten ist, dass mit Inkrafttreten der BDSG-Novelle am 01.09.2009 die Kündigung eines Beschäftigungsverhältnisses mit einem betrieblichen Datenschutzbeauftragten nur noch dann zulässig ist, wenn Tatsachen vorliegen, die die verantwortliche Stelle zur fristlosen Kündigung aus wichtigem Grund berechtigen würde. Wurde der Datenschutzbeauftragte abberufen, ist seine Kündigung erst nach Ablauf eines Jahres ab Abberufung zulässig, es sei denn es liegt wiederum ein wichtiger Grund für eine fristlose Kündigung vor. Zudem hat die verantwortliche Stelle dem Datenschutzbeauftragten die Teilnahme an Fort- und Weiterbildungsveranstaltungen zu ermöglichen und dahingehende Kosten zu erstatten, § 4f Abs. 3 S. 5-7 BDSG.

---

6 Gola/Schomerus, BDSG, § 4f, Rn. 20.

7 Gola/Schomerus, BDSG, § 4f, Rn. 21.

8 Gola/Schomerus, BDSG, § 4f, Rn. 23.

6.1.1.2 Zulässigkeit der Bestellung eines externen Datenschutzbeauftragten bei Verarbeitung von Patientendaten

Grundsätzlich kann gem. § 4f Abs. 2 S. 2 BDSG auch eine Person außerhalb der verantwortlichen Stelle, also ein externer Datenschutzbeauftragter, bestellt werden. Weder aus den speziellen Landeskrankenhausgesetzen noch aus dem BDSG ergibt sich ein dahingehendes Verbot.[9] Problematisch ist jedoch, dass im Krankenhaus Patientendaten, die der ärztlichen Schweigepflicht unterliegen, verarbeitet werden. Hier stellt sich die Frage, ob ein externer Datenschutzbeauftragter von diesen Daten Kenntnis erlangen darf. Bei Verneinung dieser Frage ist dies unzulässig. Die Rechtslage ist insoweit nicht klar. Es werden in der juristischen Fachliteratur unterschiedliche Ansichten hierzu vertreten, die mangels einschlägiger Rechtsprechung umrissen werden sollen.

Einerseits wird vertreten, ein externer Datenschutzbeauftragter dürfe keine Kenntnis von diesen Daten erlangen. Deshalb müsse seine Tätigkeit auf solche Bereiche beschränkt werden, die eine Kenntnis von solchen Daten nicht erforderlich machen. Dies habe jedoch zur Folge, dass ein externer Datenschutzbeauftragter seine wesentliche Kontroll- und Überwachungsfunktion nicht wahrnehmen könne. Demgemäß müsse im Interesse des Schutzes der Patientendaten, die der ärztlichen Schweigepflicht unterliegen, zusätzlich ein interner Datenschutzbeauftragter bestellt werden, der die Kontrolle und Überwachung der ordnungsgemäßen Verarbeitung dieser Daten vornehme.[10] Als Lösung wird vorgeschlagen, von den Patienten eine Einwilligung einzuholen, wonach diese sich damit einverstanden erklären, dass ihre gesundheitsbezogenen Daten einem externen Datenschutzbeauftragten im Rahmen der datenschutzrechtlichen Kontrolle zur Kenntnis gelangen.[11] Problematisch ist an einer solchen Lösung, dass diese Einwilligungserklärung Umfang und Reichweite im Rahmen derer eine Kenntnisnahme der Patientendaten durch den externen Datenschutzbeauftragten und zu welchem Zweck erfolgt, genau spezifizieren müsste.

Nach anderer Auffassung ist die Bestellung eines externen Datenschutzbeauftragten hingegen problemlos möglich. Zur Begründung wird darauf verwiesen, der Datenschutzbeauftragte unterliege gemäß § 4f Abs. 4 BDSG der Verschwiegenheitspflicht, weshalb es hinzunehmen sei, dass ein Nicht-Berufsangehöriger Kenntnis erhalte.[12]

Teilweise wird die Zulässigkeit damit begründet, wegen der strengen Verschwiegenheitspflicht des Datenschutzbeauftragten nach § 4f Abs. 4 BDSG, an die die

---

9 Werner in: Bräutigam, IT-Outsourcing, Teil 11, B. 87.

10 Werner in: Bräutigam, IT-Outsourcing, Teil 11, B. 88 f.

11 Werner in: Bräutigam, IT-Outsourcing, Teil 11, B. 88 f.

12 Däubler in: Däubler/Klebe/Wedde/Weichert, BDSG, § 4f, Rn. 21.

Kenntnisnahme dieser Daten geknüpft sei, liege bereits keine Übermittlung im Sinne des § 3 Abs. 4 Nr. 3 BDSG vor.[13]

Eine weitere Ansicht hält die Bestellung im Hinblick auf § 203 Abs. 2a StGB für zulässig, da die besondere berufliche Schweigepflicht auf die externen Datenschutzbeauftragten erstreckt werde.[14]

Zutreffend ist, dass der Gesetzgeber mit § 203 Abs. 2a StGB, der zeitgleich mit § 4f Abs. 4a BDSG eingeführt wurde, auch denjenigen, die gemäß § 203 StGB einer besonderen Schweigepflicht unterliegen, die Möglichkeit eröffnen wollte, ihrer Verpflichtung zur Bestellung eines Datenschutzbeauftragten auch durch Beauftragung externer Stellen nachkommen zu können, indem der Kreis derjenigen, die der Schweigepflicht unterliegen, um die externen Datenschutzbeauftragten erweitert wurde.[15] Problematisch ist jedoch, dass sich das in § 4f Abs. 4a BDSG statuierte Beschlagnahmeverbot lediglich auf Akten und andere Schriftstücke bezieht, jedoch nicht auf Datenträger und elektronische Dokumente.[16] Zudem werden die Gehilfen des Datenschutzbeauftragten nicht in den Kreis derjenigen einbezogen, die der Schweigepflicht nach § 203 Abs. 2a StGB unterliegen, sodass eine wesentliche Lücke bleibt.[17] Denn diese machen sich nicht nach § 203 StGB strafbar. Eine Lückenfüllung durch Analogie scheidet jedoch wegen des strafrechtlichen Analogieverbotes aus.[18] Eine dahingehende Änderung erfolgte auch nicht in der BDSG-Novelle, die am 01.09.2009 in wesentlichen Teilen in Kraft getreten ist[19].

Im Ergebnis verbleiben in der praktischen Umsetzung deswegen drei Lösungsansätze: Zunächst könnte von vorneherein lediglich ein interner Datenschutzbeauftragte bestellt werden. Mit dieser Lösung wird die Problematik der Offenbarung von Patientendaten, die der ärztlichen Schweigepflicht unterliegen - im Folgenden „Patientendaten" -, an etwaige Gehilfen eines externen Datenschutzbeauftragter vermieden. Sodann könnte ein externer Datenschutzbeauftragter bestellt werden, der keine Gehilfen im Rahmen seiner Tätigkeit einsetzt. Öffentliche Krankenhäuser müssen jedoch auch bei dieser Lösung beachten, dass sie nur einen Bediensteten einer anderen öffentlichen Stelle zum Datenschutzbeauftragten bestellen dürfen

---

13 Simitis in: Simitis, BDSG, § 4f, Rn. 45.

14 Gola/Schomerus, BDSG, § 4f, Rn. 52a noch zu dem Entwurf der entsprechenden Gesetzesänderung, der vorsah, einen neuen § 203 Abs. 1 Nr. 7 StGB einzuführen. So auch Schneider in: Schneider, Handbuch des EDV-Rechts, B.Rz. 398; im Ergebnis für die anwaltliche Schweigepflicht ähnlich Redeker, NJW 2009, 554 (556).

15 BR Drs. v. 05.05.06, 302/06, S. 21; BT Drs. v. 19.06.06, 16/1853, S. 12; BT Drs. v. 28.06.06, 16/2017, S. 15.

16 Gola/Klug, NJW 2007,118 (122).

17 Gola/Klug, NJW 2007,118 (122 f.).

18 Däubler in: Däubler/Klebe/Wedde/Weichert, BDSG, § 4f, Rn. 54a.

19 BGBl. Jahrgang 2009, Teil I, Nr. 54 v. 19.08.2009, S. 2814-2820.

und hierfür die Genehmigung ihrer Aufsichtsbehörde einholen müssen, § 4f Abs. 2 S. 4 BDSG. Als dritte Variante könnte eine Einwilligungserklärung von den Patienten eingeholt werden, die den zuvor genannten Anforderungen entspricht. Dies ist jedoch mit einem größeren Aufwand verbunden. Zudem wird das Problem etwaiger „Altdaten" nicht gelöst und es besteht das Risiko, das jeder Einwilligungslösung innewohnt: Der Patient kann seine Einwilligung jederzeit mit Wirkung für die Zukunft widerrufen. Es empfiehlt sich deswegen wohl die Bestellung eine internen Datenschutzbeauftragten.

6.1.1.3 Sanktionen bei nicht oder nicht ordnungsgemäßer Bestellung

Ist trotz Vorliegens der genannten Voraussetzungen kein Datenschutzbeauftragter oder ist er nicht in der vorgeschriebenen Weise oder der genannten Frist bestellt, erfüllt dies den Bußgeldtatbestand des § 43 Abs. 1 Nr. 2 BDSG. Mit Inkrafttreten der BDSG-Novelle am 01.09.2009 können dahingehende Verstöße mit einem Bußgeld von bis zu EUR 50.000,00 statt bislang mit bis zu EUR 25.000,00 geahndet werden, § 43 Abs. 3 S. 1 BDSG. Zu beachten ist, dass auch öffentliche Stellen Adressaten von solchen Bußgeldern sein können, wenn sie ihrer Verpflichtung zur Bestellung eines Datenschutzbeauftragten nicht nachkommen oder dieser nicht die erforderliche Fachkunde und/oder Zuverlässigkeit besitzt.[20]

Zusätzlich kann die zuständige Aufsichtsbehörde gemäß § 38 Abs. 5 S. 3 BDSG die Abrufung des Datenschutzbeauftragten verlangen, wenn er die zur Erfüllung seiner Aufgaben erforderliche Fachkunde und/oder Zuverlässigkeit nicht besitzt.

Bei Verletzung der ärztlichen Schweigepflicht kommt zudem eine Strafbarkeit nach § 203 StGB in Betracht.

6.1.2 Datensicherheit

Der Vollständigkeit halber werden nachfolgend lediglich die gemäß Anlage zu § 9 BDSG zu treffenden Sicherheitsmaßnahmen zum Schutz personenbezogener Daten genannt. Hierzu zählen:

- Zutrittskontrolle, Nr. 1 Anlage zu § 9 S. 1
- Zugangskontrolle, Nr. 2 Anlage zu § 9 S. 1
- Zugriffskontrolle, Nr. 3 Anlage zu § 9 S. 1
- Weitergabekontrolle, Nr. 4 Anlage zu § 9 S. 1
- Eingabekontrolle, Nr. 5 Anlage zu § 9 S. 1
- Auftragskontrolle, Nr. 6 Anlage zu § 9 S. 1
- Verfügbarkeitskontrolle, Nr. 7 Anlage zu § 9 S. 1
- Trennung von zu unterschiedlichen Zwecken erhobenen Daten, Nr. 8 Anlage zu § 9 S. 1

---

20 Gola/Schomerus, BDSG, § 43, Rn. 3.

Werden diese Maßnahmen nicht ergriffen, kann auch diesbezüglich ein Bußgeld von EUR 50.000,00 nach § 43 Abs. 1, 3 S. 1 BDSG verhangen werden. Zudem kann die Aufsichtsbehörde gemäß § 38 Abs. 5 BDSG im Wege des Verwaltungsaktes anordnen, dass im Rahmen der Anforderungen nach § 9 BDSG, Maßnahmen zur Beseitigung festgestellter technischer oder organisatorischer Mängel zu treffen sind. Bei schwerwiegenden Mängeln dieser Art, insbesondere, wenn sie mit besonderer Gefährdung des Persönlichkeitsrechts verbunden sind, kann sie darüber hinaus den Einsatz einzelner Verfahren untersagen, wenn derartige Mängel entgegen einer Anordnung der Aufsichtsbehörde und trotz der Verhängung eines Zwangsgeldes nicht in angemessener Zeit beseitigt werden, § 38 Abs. 5 S. 2 BDSG.

6.1.3 Materiell-rechtlicher Datenschutz

Personenbezogene Daten dürfen nur nach Maßgabe der Bestimmungen des Bundesdatenschutzgesetzes oder der bereichsspezifischen Datenschutzgesetze, insbesondere dem Telemediengesetz (TMG) und dem Telekommunikationsgesetz (TKG) erhoben werden. Es wird davon ausgegangen, dass in einem Krankenhaus im Wesentlichen drei Kategorien personenbezogener Daten erhoben, verarbeitet und genutzt werden: Patientendaten, Mitarbeiter- oder Personaldaten und Daten von Dritten, insbesondere Besuchern der Patienten. Bei Patienten werden in der Regel im Wesentlichen zwei Kategorien von personenbezogenen Daten erhoben, verarbeitet und genutzt: zum einen die „allgemeinen" personenbezogenen Daten und die bereits erwähnten besonderen Arten personenbezogener Daten in Form von Gesundheitsdaten.

6.1.3.1 Personenbezogene Daten, § 3 Abs. 1 BDSG und Patientendaten, die der besonderen ärztlichen Schweigepflicht unterliegen

Personenbezogene Daten sind nach der Legaldefinition des § 3 Abs. 1 BDSG Einzelangaben über persönliche oder sachliche Verhältnisse einer bestimmten oder bestimmbaren natürlichen Person (Betroffener). Zu den persönlichen oder sachlichen Verhältnissen zählen Informationen über die Person des Betroffenen oder einen auf diesen bezogenen Sachverhalt, namentlich auch Tonaufzeichnungen von einer Person sowie Bilder, biometrische Daten, Stimmprofil, genetischer Fingerabdruck. Dies ist insbesondere im Rahmen von Kliniken relevant, da zu den personenbezogenen Daten in diesem Sinne auch Röntgenbilder gehören sowie Fingerabdrücke oder Gesichtsprofile. Daneben sind Angaben über finanzielle, berufliche, wirtschaftliche oder gesundheitliche Verhältnisse ebenfalls personenbezogene Daten.[21] Betroffener im Sinne des Bundesdatenschutzgesetzes ist jede natürliche Person.[22]

Diese personenbezogenen Daten dürfen nicht-öffentliche Krankenhäuser nach § 28 BDSG in soweit erheben, verarbeiten und nutzen, wenn es für die Begründung,

---

21 Weichert in: Däubler/Klebe/Wende/Weichert, BDSG, § 3, Rn. 8

22 Weichert in: Däubler/Klebe/Wende/Weichert, BDSG, § 3, Rn. 9

Durchführung oder Beendigung eines rechtsgeschäftlichen oder rechtsgeschäftsähnlichen Schuldverhältnisses mit dem Betroffenen erforderlich ist (§ 28 Abs. 1 Nr. 1 BDSG) oder soweit es zur Wahrung berechtigter Interessen des Klinikums erforderlich ist und kein Grund zu der Annahme besteht, dass das schutzwürdige Interesse des Betroffenen an dem Ausschluss der Verarbeitung oder Nutzung überwiegt, § 28 Abs. 1 Nr. 2 BDSG. Öffentliche Krankenhäuser dürfen diese Daten erheben, soweit dies zur Aufgabenerfüllung erforderlich ist, § 13 Abs. 1 BDSG.

Dieser Zweckbindung unterliegen nicht nur personenbezogene Daten von natürlichen Personen, die als Patient im Klinikum sind, sondern auch die personenbezogenen Daten sonstiger natürlicher Personen, die von dem Klinikum erhoben werden, wie beispielsweise von Besuchern.

6.1.3.2 Verarbeitung und Nutzung von Mitarbeiterdaten

Neu eingeführt durch die BDSG-Novelle ist § 32 BDSG. Dieser sieht in seinem Abs. 1 S. 1 vor, dass personenbezogene Daten eines Beschäftigten für Zwecke des Beschäftigungsverhältnisses erhoben, verarbeitet oder genutzt werden dürfen, wenn dies für die Entscheidung über die Begründung eines Beschäftigungsverhältnisses oder nach Begründung desselben für dessen Durchführung oder Beendigung erforderlich ist.

Damit wird eine strenge Zweckbindung der Erhebung, Verarbeitung und Nutzung von personenbezogenen Daten an das Beschäftigungsverhältnis festgeschrieben. Nach der Gesetzesbegründung sollen hiermit die von der Rechtsprechung aufgestellten Grundsätze zum Schutz des allgemeinen Persönlichkeitsrechtes festgeschrieben und die bisherigen von der Rechtsprechung erarbeiteten Grundsätze nicht geändert werden.[23]

Erfasst werden sowohl personenbezogene Daten von Mitarbeitern privatrechtlicher als auch öffentlich-rechtlicher Beschäftigungsverhältnisse, insbesondere auch diejenigen der Beamtinnen und Beamten, § 3 Abs. 11 Nr. 8 BDSG. Ebenso werden die Daten von Bewerbern erfasst, die auch als Beschäftigte angesehen werden, § 3 Abs. 11 Nr. 7 BDSG.

In § 32 Abs. 1 S. 2 BDSG wird sodann festgelegt, unter welchen Voraussetzungen im Rahmen eines Beschäftigungsverhältnisses erhobene personenbezogene Daten zur Aufdeckung von Straftaten verwendet werden können, was jedoch nicht Gegenstand dieses Beitrages ist.

6.1.3.3 Verarbeitung besonderer personenbezogener Daten, § 3 Abs. 9 BDSG

Einen besonderen Stellenwert haben bei der Erhebung, Verarbeitung und Nutzung personenbezogener Daten im Krankenhaus die bereits erwähnten besonders sensiblen Gesundheits- und Patientendaten. Diesbezüglich sind im Wesentlichen vier Bereiche von besonderer Bedeutung, die hier dargestellt werden sollen: die externe

---

23 BT-Drs. 16/13657, S. 35, unter Verweis auf BAG, Urt. v. 06.06.1984, NZA 1984, 321, v. 07.07.1984, NZA 1985, 57 und v. 07.09.1995, NZA 1996, S. 637.

Abrechnung ärztlicher Leistungen, die besondere Zweckbindung nach § 39 BDSG, die Reichweite der ärztlichen Schweigepflicht und die Auftragsdatenverarbeitung, die in nachfolgender Ziff. 1.3.4 behandelt wird.

6.1.3.3.1 Abrechnung durch externe Abrechnungsstellen

Die besonders sensiblen Daten gemäß § 3 Abs. 9 BDSG werden zunächst insofern besonders geschützt, als bei etwaigen erforderlichen Einwilligungserklärungen die strengeren Anforderungen des § 4a Abs. 3 BDSG gelten. Danach muss im Rahmen einer Einwilligung ausdrücklich darauf hingewiesen werden, dass sich die Einwilligung auf diese besonderen personenbezogenen Daten bezieht. Dies ist insbesondere dann relevant, wenn ein Krankenhaus zum Zwecke der Abrechnung Patientendaten an eine privatärztliche Verrechnungsstelle übermitteln möchte.[24] Hierzu hat der BGH in ständiger Rechtsprechung entschieden, dass eine Weitergabe von Patientendaten, die der ärztlichen Schweigepflicht unterliegen, ohne ausdrückliche Einwilligung des Patienten unzulässig ist.[25]

6.1.3.3.2 Zweckgebundene Verarbeitung zur Gesundheitsversorgung

Ohne Einwilligung des Patienten ist die Nutzung der besonders sensiblen Daten im Sinne des § 3 Abs. 9 BDSG – nachfolgend *„Gesundheitsdaten"* - gem. § 28 Abs. 7 BDSG insbesondere dann zulässig, wenn dies zum Zwecke der Gesundheitsvorsorge, der medizinischen Diagnostik, der Gesundheitsversorgung oder der Behandlung erforderlich ist. Es muss jedoch sichergestellt sein, dass die Verarbeitung dieser Daten nur durch Personal erfolgt, das einer dahingehenden Geheimhaltungsverpflichtung unterliegt. Entsprechendes gilt für öffentliche Krankenhäuser nach § 13 Abs. 2 Nr. 7 BDSG.

Daneben enthält § 39 BDSG eine besondere, strenge Zweckbindung von Daten, die einem Berufs- oder besonderen Amtsgeheimnis unterliegen, also von Patientendaten. Das Zweckbindungsgebot gilt sowohl für öffentliche als auch für private Krankenhäuser.[26] Die Patientendaten dürfen nach § 39 Abs. 1 BDSG von der verantwortlichen Stelle nur für den Zweck verarbeitet oder genutzt werden, für den diese Stelle sie erhalten hat. Verantwortliche Stelle ist gemäß § 3 Abs. 7 BDSG jede Person oder Stelle, die personenbezogene Daten für sich selbst erhebt, verarbeitet oder nutzt oder dies durch andere im Auftrag vornehmen lässt. Dies ist die Klinik oder das Krankenhaus, das diese Daten erhebt. In die Übermittlung von Patientendaten an eine nicht-öffentliche Stelle muss die zur Verschwiegenheit verpflichtete Stelle, also das Krankenhaus, vorher einwilligen. Die übermittelten Daten dürfen jedoch von der empfangenden Stelle nur für den Zweck verarbeitet oder ge-

---

24 BGH, NJW 1991, 2955 (2957); im Ergebnis so auch Bongen/Kremer, NJW 1990, 2911 (2912); Gola/Schomerus, BDSG, § 4 a, Rn. 18.

25 BGH, NJW 1991, 2955 (2956); NJW 1992, 737 (739f.); NJW 1993, 2371 (2372); dazu ausführlich in Ziff. 6.1.3.4.

26 Gola/Schomerus, BDSG, § 39, Rn. 4.

nutzt werden, zu dem sie übermittelt wurden, es sei denn, die Änderung des Zwecks ist durch besonderes Gesetz zugelassen.

Bezogen auf Patientendaten gilt, dass auch solche Stellen, die innerhalb eines Klinikums eine besondere Eigenständigkeit haben, wie z.B. Betriebsärzte, Betriebs- und Personalrat, der besonderen Zweckbindung unterliegen. Die Einwilligung zur Übermittlung an nicht-öffentliche Stellen darf von diesen geheimnispflichtigen Stellen nur erteilt werden, wenn die Weitergabe der Daten als solche an die dritte Stelle zulässig ist.[27]

Werden diese Daten durch Personen, die nicht einer Schweigepflicht im Sinne des § 203 Abs. 1 und 3 StGB unterliegen, erhoben, verarbeitet oder genutzt, so ist dies nur unter den Voraussetzungen zulässig, unter denen ein Arzt selbst hierzu befugt wäre, § 28 Abs. 7, S. 2 BDSG.

Zu dem Kreis, der von dieser Vorschrift erfasst wird, zählt der unmittelbare Bereich der medizinischen Versorgung, aber auch die entsprechenden administrativen Bereiche, wie insbesondere die Verwaltung. Die Weitergabe dieser sensiblen Gesundheitsdaten an gewerbliche Verrechnungsstellen[28], Inkassobüros, Anbieter von Dokumentationsdienstleistungen wie z.B. Verfilmung von Akten zum Zwecke der Archivierung auf der Grundlage von § 28 Abs. 7 BDSG ist hingegen nicht zulässig.[29]

Die Erhebung, Verarbeitung und Nutzung dieser Daten muss in allen Phasen von ärztlichem Personal oder durch Personen erfolgen, die einer entsprechenden Geheimhaltungspflicht unterliegen. Hierzu zählt jedoch auch das Hilfspersonal, das unterstützende oder ergänzende Aufgaben durchführt, wenn und soweit dieses Personal entsprechenden Schweigepflichten unterliegt. Hierzu zählen namentlich neben den Ärzten, Heilpraktiker, Logopäden, Krankengymnasten, Masseure, Optiker oder auch Produzenten von Arzneimitteln. Nicht dem Arztgeheimnis unterliegende Personen, wie bspw. Verwaltungsmitarbeiter, müssen eine entsprechende Verpflichtungserklärung abgeben.[30]

Auch hier ist wiederum zu beachten, dass ein Verstoß gegen diese Zweckbindungen gemäß § 43 Abs. 2 Nr. 1 und Nr. 5 BDSG mit einem Bußgeld belegt werden kann, wobei hier das Bußgeld bis zu EUR 300.000,00 betragen kann, § 43 Abs. 3 BDSG.

---

27 Weichert in: Däubler/Klebe/Wende/Weichert, BDSG, § 38, Rn. 2,

28 Dazu oben 6.1.3.3.1.

29 Wedde in: Däubler/Klebe/Wende/Weichert, BDSG, § 28, Rn. 145. Dazu sogleich unter Ziffer 6.2.2.

30 Wedde in: Däubler/Klebe/Wende/Weichert, Bundesdatenschutzgesetz, 2. Aufl., § 28, Rn. 146

6.1.3.4 Auftragsdatenverarbeitung

6.1.3.4.1 Ausgangsproblematik

Besonders problematisch ist bei Patientendaten das Outsourcing, und in dessen Rahmen die Auftragsdatenverarbeitung nach § 11 BDSG. Zwar sind im Rahmen der BDSG-Novelle die Anforderungen an die Auftragsdatenverarbeitung verschärft worden,[31] die grundsätzliche Problematik der Weitergabe von Patientendaten, die mit einem Outsourcing verbunden ist, ist trotz der verschärften Anforderungen unverändert geblieben. Gesundheitsbezogene Daten unterliegen der ärztlichen Schweigepflicht und fallen somit nicht nur unter die besonderen Bestimmungen des BDSG, sondern auch unter die strafrechtliche Vorschrift des § 203 StGB, wonach die Offenlegung von Patientendaten, ohne Einwilligung des Patienten strafbewehrt ist.

Wie bereits oben unter Ziffer 6.1.3.3.1 ausgeführt wurde, ist eine Abrechnung ärztlicher Leistungen durch externe Abrechnungsstellen ohne ausdrückliche Einwilligung der Patienten deswegen unzulässig. Zur Begründung verweist der BGH in ständiger Rechtsprechung darauf, dass der Schutz von häufig intimen Einzelheiten, die sich aus den ärztlichen Behandlungsunterlagen ergeben, eine Weitergabe nur mit informierter Einwilligung des Patienten zulässt. Er lehnt deswegen eine stillschweigende Einwilligung des Patienten durch die Aufnahme der Behandlung durch den Arzt ab.[32]

Auch die Vergabe von Schreibarbeiten an externe Stellen ist wegen des damit verbundenen Risikos der Offenbarung von Patientendaten ohne Einwilligung der Patienten unzulässig.[33]

Einen weiteren Problemkreis bildet die externe Archivierung von Patientenakten, die sogleich unter Ziffer 6.2.2. dargestellt wird.

6.1.3.4.2 Lösungsmöglichkeit: Einwilligung

Zu beachten ist zunächst, dass der Patient nach der Rechtsprechung des BGH mit dem Abschluss des Behandlungsvertrages keine stillschweigende Einwilligung in die Mitteilung seiner Patientendaten und Befunde an externe Dritte erteilt.[34] Bei der Formulierung der Einwilligungserklärung ist sodann darauf zu achten, dass der Patient eine im Wesentlichen zutreffende Vorstellung von der Bedeutung und

---

31 Siehe dazu § 11 BDSG in der Fassung vom 01.09.2009, Fn. 19

32 BGH, Urteil vom 10.07.1991 – AZ: VIII ZR 296/90, Juris, Rn. 27,30; Urteil vom 11.12.1991 – AZ VIII ZR 4/91, Juris, Rn. 28,35; Urteil vom 23.06.1993 – AZ VIII ZR 226/92, Rn. 8.

33 Werner in: Bräutigam, IT-Outsourcing, 2. Auflage, Teil 11, B. 71-73.

34 BGH, NJW 1991, 2955 (2957); BGH, NJW 1992, 2348 (2349); BGH, NJW 1993, 2371 (2372); Hassemer in: Schneider, Handbuch des EDV-Rechtes, 4. Auflage, B, Rz. 1564 f.

Tragweite seiner Einwilligungserklärung hat. Er muss insbesondere wissen, aus welchem Anlass und mit welcher Zielsetzung er welche Personen von ihrer Schweigepflicht entbindet. Zudem muss er über Art und Umfang der Einschaltung Dritter unterrichtet sein.[35]

Dies bedeutet in der Praxis, dass dem einzelnen Patienten in der Einwilligungserklärung möglichst detailliert und präzise erläutert werden muss, welche der Daten, die von ihm im Rahmen seiner Behandlung im Krankenhaus erhoben, verarbeitet und genutzt werden, an welche externen Dritten zu welchem Zweck übermittelt werden. Eine solche Einwilligungserklärung kann somit sehr ausführlich werden, selbst dann wenn lediglich die drei Kernbereiche Abrechnung, elektronische Archivierung von Patientendaten einschließlich Befunden und Röntgenbilder betroffen sind. Für jeden outgesourcten Bereich müssen dem Patienten die vorgenannten detaillierten Informationen über Art der zu übermittelnden Daten, Umfang, Zweck und empfangende Stelle genau mitgeteilt werden, damit er eine Einwilligung abgeben kann, die ein Einverständnis im Sinne des § 203 StGB darstellt, das eine dahingehende Strafbarkeit verhindert. Nur bei Vorliegen dieser Voraussetzungen ist ein Outsourcing zulässig.

6.2 Elektronische Archivierung

Im Rahmen des Abschnittes über die elektronische Archivierung werden zwei Themenkomplexe behandelt: die allgemeinen Archivierungspflichten und die besonderen bezogen auf Patienten- und medizinische Daten bzw. Röntgenaufzeichnungen. Die elektronische Archivierung dient im Ergebnis zwei Zwecken: der Erfüllung der gesetzlichen Aufbewahrungspflichten und der Beweismöglichkeiten in einem etwaigen Streitfall, insbesondere bei von Patienten geltend gemachten Behandlungsfehlern.

6.2.1 Allgemeine Anforderungen an die elektronische Archivierung

Die allgemeinen Anforderungen an die elektronische Archivierung ergeben sich auch für Kliniken aus den allgemeinen Vorschriften des HGB und der Abgabenordnung, insbesondere § 257 Abs. 1 Nr. 1 HGB und § 147 Abs. 1 Nr. 1 AO, wenn und soweit sie als privatrechtliche Gesellschaften geführt werden. In diesem Fall unterliegen sie wie jedes andere privatrechtliche Unternehmen der handelsrechtlichen oder der steuerlichen Buchführungs- und der damit verbundenen Aufbewahrungspflicht.

6.2.1.1 Anforderungen nach HGB und AO

Nach § 257 Abs. 1 HGB sind sämtliche Buchungsbelege ebenso wie die empfangenen und abgesandten Handelsbriefe aufzubewahren. Diese Aufbewahrungspflichten bestehen ebenso für elektronische Dokumente, wenn und soweit sie Handels-

---

35 BGH, NJW 1992, 2348 f.

briefe im Sinne des § 257 Abs. 2 HGB sind. Dies ist der Fall, wenn sie Korrespondenz enthalten, die ein Handelsgeschäft betrifft. Hierzu zählt also bspw. die elektronische Korrespondenz, die sich auf den Einkauf von Medizinprodukten, Nahrungsmittel oder sonstige im Krankenhaus benötigte Unterlagen, Geräte etc. bezieht.

Die Aufbewahrungsfrist für derartige Unterlagen beträgt gemäß § 257 Abs. 4 HGB für Handelsbriefe sechs Jahre, gemäß § 147 Abs. 1 Nr. 1 AO sogar zehn Jahre. Die Aufbewahrungsfrist nach § 147 AO beginnt jedoch erst zu laufen, wenn die steuerliche Festsetzungsfrist abgelaufen ist, § 147 Abs. 3 S. 3, 1. Halbsatz AO.

6.2.1.2 Besondere Anforderungen nach GoBS

Neben den allgemeinen Anforderungen an die Aufbewahrung unterliegen steuerlich oder handelsrechtlich aufbewahrungspflichtige Unterlagen den besonderen Anforderungen an die Archivierung nach den Grundsätzen ordnungsgemäßer Buchführung, GoBS. Danach müssen sie revisionssicher archiviert werden. Dies bedeutet, dass die elektronische Archivierung der Beleg- und Journalfunktion, Kontenfunktion, den Anforderungen an die Programmidentität, die inhaltliche und bildliche Übereinstimmung und die eindeutige Zuordnung genügen muss.

Die elektronischen Dokumente können als Wiedergabe auf einem Bild- oder anderen Datenträger aufbewahrt werden, wenn dies den Grundsätzen ordnungsgemäßer Buchführung entspricht und sichergestellt ist, dass die Wiedergabe und die Daten mit den empfangenen Handelsbriefen und den Buchungsbelegen bildlich und mit den anderen Unterlagen inhaltlich übereinstimmen. Zudem müssen sie während der Dauer der Aufbewahrungsfrist verfügbar und jederzeit innerhalb angemessener Frist lesbar gemacht werden können, gemäß § 147 Abs. 2 AO sogar *unverzüglich* lesbar gemacht *und maschinell ausgewertet werden können*.

Zudem müssen sie mit einem unveränderbaren Index versehen werden, Abschnitt VIII GoBS. Sämtliche Geschäftsvorfälle müssen richtig, vollständig und zeitgerecht erfasst sein und sich in ihrer Entstehung und Abwicklung verfolgen lassen (Beleg- und Journalfunktion). Sie müssen geordnet darstellbar sein und einen Überblick über die Vermögens- und Ertragslage gewährleisten (Kontenfunktion). Sodann muss über eine Verfahrensdokumentation sichergestellt werden, dass die einzelnen Verfahrensabschnitte nachvollzogen werden können, und dass das in dieser Dokumentation beschriebene Programm dem in der Praxis eingesetzten Programm voll entspricht. Schließlich ist nach Ziffer 8.1 GoBS sicherzustellen, dass Handelsbriefe mit den auf den maschinell lesbaren Datenträgern gespeicherten Unterlagen inhaltlich übereinstimmen und das Archivierungsverfahren eine originalgetreue, bildliche Wiedergabe ermöglicht.[36]

---

36 Zu den Einzelheiten: Bierekoven, ITRB 2008, 141; dies. in Jäger/Rödl/Nave, Praxishandbuch Corporate Compliance, S. 220 ff.

6.2.2 Besondere Aufbewahrungspflichten für Krankenhäuser

6.2.2.1 Allgemeine Anforderungen

Für Krankenhäuser gelten daneben die besonderen Aufbewahrungspflichten für ärztliche Dokumente, wie Arztbriefe, Patientenkartei, Medikamentenverschreibungen, Befunde, Behandlungsmaßnahmen.[37] Die dahingehenden Aufbewahrungspflichten ergeben sich aus den landesrechtlichen Berufsordnungen für Ärzte,[38] § 10 Abs. 3 Muster-Berufsordnung für die deutschen Ärztinnen und Ärzte.[39] Zudem sieht § 28 Abs. 3 Röntgenverordnung (RöV) eine Aufbewahrungspflicht für Aufzeichnungen über die Röntgenbehandlung, wie Röntgenaufzeichnungen oder Röntgenbilder vor. Die Aufbewahrungspflicht für die ärztlichen Dokumente beträgt nach § 10 Abs. 3 der Muster-Berufsordnung 10 Jahre, soweit nicht nach gesetzlichen Vorschriften eine längere Aufbewahrungspflicht besteht, die Aufbewahrungspflicht für Röntgenaufzeichnungen beträgt 30 Jahre, § 28 Abs. 3 RöV. Gleichwohl wurden Behandlungsdokumentationen bislang auch 30 Jahre aufbewahrt mit der Begründung, die gesetzliche Verjährungsfrist für zivilrechtliche Ansprüche auf Schadenersatz oder Schmerzensgeld wegen fehlerhafter Behandlung betrage 30 Jahre.[40]

Wegen des mit der Zeit zunehmenden Umfanges der aufzubewahrenden Behandlungsdokumentationen bietet sich die Digitalisierung der Behandlungsdokumentationen, die bislang noch in Papierform aufbewahrt wurden, auf Mikrofilm an, um die Archive zu entlasten.[41]

Nach § 28 Abs. 4 RöV können Röntgenaufzeichnungen als Wiedergabe auf einem Bildträger oder anderen Datenträger aufbewahrt werden, wenn sichergestellt ist, dass die Wiedergaben oder die Daten mit den Bildern oder Aufzeichnungen bildlich oder inhaltlich übereinstimmen, wenn sie lesbar gemacht werden und während der Dauer der Aufbewahrungsfrist verfügbar sind und jederzeit innerhalb angemessener Zeit lesbar gemacht werden können, § 28 Abs. 4 Nr. 1, 2 RöV. Weiterhin muss sichergestellt sein, dass während der Aufbewahrungszeit keine Informationsänderungen oder –verluste eintreten. Wenn und soweit personenbezogene Patientendaten, wie Vorname, Name, Geschlecht, Geburtsdatum, Befunde, Röntgenbilder auf elektronischen Datenträgern aufbewahrt werden, ist sicherzustellen, dass Urheber, Entstehungsort und –zeitpunkt eindeutig erkennbar sind, eine unveränderte Aufbewahrung erfolgt,[42] nachträgliche Änderungen oder Ergänzungen als solche erkennbar und mit Angaben zu Urheber und Zeitpunkt versehen sind.

---

37 Werner in: Bräutigam, IT-Outsourcing, Teil 11, B. 74.

38 Werner in: Bräutigam, IT-Outsourcing, Teil 11, B. 74.

39 Stand 2006.

40 Werner in: Bräutigam, IT-Outsourcing, Teil 11, B. 74.

41 Vgl. Werner in: Bräutigam, IT-Outsourcing, Teil 11, B. 74.

42 Die dahingehenden Einzelheiten ergeben sich aus § 28 Abs. 5 Nr. 2 RöV.

Zudem muss während der Aufbewahrung die Verknüpfung der personenbezogenen Patientendaten mit dem erhobenen Befund, den Daten, die den Bilderzeugungsprozess beschreiben, den Bilddaten und sonstigen Aufzeichnungen nach Abs. 1 S. 1 RöV jederzeit hergestellt werden können.

6.2.2.2. Sonderproblem: Outsourcing

Die Einhaltung der vorgenannten Anforderungen an die elektronische Archivierung ist in der praktischen Umsetzung nicht nur sehr aufwendig, sondern auch technisch und organisatorisch äußerst kompliziert, weshalb es sich auch diesbezüglich anbieten würde, die elektronische oder digitalisierte Archivierung auf Mikrofilm outzusourcen. Problematisch ist an dieser Lösung wiederum, dass diese Daten der ärztlichen Schweigepflicht unterliegen und deshalb ohne Einwilligung des Patienten oder einer sonstigen Offenbarungspflicht Dritten nicht bekannt gegeben werden dürfen, was jedoch im Falle des Outsourcings der elektronischen Archivierung geschehen würde.

Nach Art. 27 Abs. 4 S. 5 des Bayerischen Krankenhausgesetzes (BayKrG) dürfen solche Patientendaten zur Verarbeitung und Mikroverfilmung an andere Stellen oder Personen ausgelagert werden, wenn sichergestellt ist, dass die besonderen Schutzmaßnahmen technischer und organisatorischer Art gemäß Abs. 6 getroffen werden, die verhindern, dass Patientendaten unberechtigt verwendet oder übermittelt werden. Unzulässig ist die Auslagerung jedoch dann, wenn die Patientendaten nicht zur verwaltungsmäßigen Abwicklung der Behandlung der Patienten erforderlich sind. In diesem Falle darf sich das Krankenhaus nur anderer Krankenhäuser bedienen, Art. 27 Abs. 4 S. 6 BayKrG.[43]

Somit ist auch hierzu festzustellen, dass ein Outsourcing der elektronischen Archivierung nur unter sehr engen Voraussetzungen möglich ist, es sei denn es wird von den Patienten eine dahingehende Einwilligung eingeholt.[44]

6.3 Haftungsfragen

Im Zusammenhang mit Haftungsfragen werden nachfolgend die erforderlichen Angaben im Rahmen des Impressums auf der Homepage eines Klinikums dargestellt sowie die Haftungsfragen, die sich dann ergeben können, wenn in einem Klinikum Patienten oder Mitarbeitern die Möglichkeit eröffnet wird, Internetanschlüsse, deren Inhaber das Klinikum ist, zu nutzen.

---

43 Die Verfassungsgemäßheit dieser Vorschrift wurde durch Urteil des Bayrischen Verfassungsgerichtshofes vom 06.04.1989 festgestellt, BayVerfGH, NJW 1989, 2939 ff.; Werner in: Bräutigam, IT-Outsourcing, Teil 11, B. 77.

44 Zu den Anforderungen an eine solche Einwilligung siehe oben Ziffer 6.1.3.4.2.

6.3.1 Webauftritt, Impressum

Wenn und soweit sich ein Klinikum im Internet präsentiert, ist es gehalten, die Anforderungen nach § 5 TMG zu erfüllen.

Zum Adressatenkreis der Diensteanbieter, die geschäftsmäßig Telemedien anbieten, zählen auch öffentliche Einrichtungen[45], so dass Kliniken hierzu auch dann verpflichtet sind, wenn sie als öffentlich-rechtliche Körperschaft geführt werden.

Kliniken haben deswegen nachfolgende Informationen leicht erkennbar, unmittelbar erreichbar und ständig verfügbar zu halten, § 5 Abs. 1 TMG:

Name und Anschrift, unter der sie niedergelassen sind sowie bei juristischen Personen die Rechtsform, den Vertretungsberechtigten und sofern Angaben über das Kapital der Gesellschaft gemacht werden, das Stamm- oder Grundkapital, § 5 Abs. 1 Nr. 1 TMG, Angaben, die eine schnelle elektronische Kontaktaufnahme und unmittelbare Kommunikation mit ihnen ermöglichen, einschließlich der E-Mail-Adresse, § 5 Abs. 1 Nr. 2 TMG.

Wenn und soweit eine behördliche Zulassung erforderlich ist, müssen Angaben zur Aufsichtsbehörde vorgehalten werden, § 5 Abs. 1 Nr. 3 TMG sowie das Handelsregister, Vereinsregister, Partnerschafts- oder Genossenschaftsregister, in das sie eingetragen sind und die entsprechende Registriernummer, § 5 Abs. 1 Nr. 4 TMG, angegeben werden.

Bei einer als privaten Gesellschaft geführten Klinik sind zudem die Umsatzsteueridentifikationsnummer nach § 27 a des Umsatzsteuergesetzes oder eine Wirtschafts-Identifikationsnummer nach § 139 c der Abgabenordnung anzugeben, § 5 Abs. 1 Nr. 6 TMG.

Schließlich muss gemäß § 5 Abs. 1 Nr. 5 TMG die Kammer, der zumindest die leitenden Ärzte eines Klinikums angehören, angegeben werden, ebenso die gesetzliche Berufsbezeichnung und die Bezeichnung der berufsrechtlichen Regelungen.

6.3.2 Haftung bei Bereitstellung von Internetanschlüssen

Wenn und soweit in einem Klinikum Patienten oder Mitarbeitern die Möglichkeit eingeräumt wird, über den Internetanschluss des Klinikums im Internet zu surfen, ist zu beachten, dass bei rechtswidrigem Surfverhalten eine Haftung des Klinikums als Anschlussinhaber unter dem Gesichtspunkt der Störerhaftung in Betracht kommt.

Dies gilt maßgeblich für den Bereich der Verletzung von Urheber-, Marken- und sonstigen Schutzrechten.

Surfen Patienten oder Mitarbeiter eines Klinikums über dessen Internetanschluss im Internet und begehen diese eine Urheber-, Marken- oder sonstige Schutzrechts-

---

45 Micklitz in: Spindler/Schuster, Recht der elektronischen Medien, § 5, Rn. 8

verletzung, kann das Klinikum dennoch unter dem Gesichtspunkt der Störerhaftung auf Unterlassung in Anspruch genommen werden.[46]

Derartige Schutzrechtsverletzungen können sich bspw. insbesondere daraus ergeben, dass rechtswidrig urheberrechtlich geschütztes Material, insbesondere Musik, Filme, Computerprogramme oder Computerspiele in rechtswidrigen Filesharingsystemen erworben werden.[47]

Störerhaftung bedeutet, dass das Klinikum in einem solchen Falle ohne Täter oder Teilnehmer zu sein, auf Unterlassung einer solchen Schutzrechtsverletzung von dem jeweiligen Rechteinhaber in Anspruch genommen werden kann.[48]

Daneben besteht grundsätzlich ein Schadensersatzanspruch, der jedoch voraussetzt, dass die Verantwortlichen des Klinikums insofern vorsätzlich oder fahrlässig gehandelt haben, was regelmäßig wohl nicht der Fall sein wird, § 97 Abs. 2 UrhG, § 14 Abs. 6 MarkenG.

Um derartige Schutzrechtsverletzungen zu verhindern, empfiehlt es sich, Schutz insbesondere durch Filtersysteme einzurichten, die bereits in technischer Hinsicht den Zugriff auf derartige Plattformen verhindern.

Sodann sollte mit den Patienten und Mitarbeitern eine Vereinbarung abgeschlossen werden, wonach diese sich zum einen verpflichten, derartige rechtswidrige Handlungen nicht zu begehen und zum anderen eine Einwilligung in die Protokollierung der Verkehrsdaten, die bei den Suchvorgängen generiert werden, erteilen, damit das Klinikum die Möglichkeit hat, im Falle der Verletzung den eigentlichen Täter ausfindig zu machen und sodann einen Freistellungsanspruch hinsichtlich geltend gemachten Schadensersatzes durchzusetzen.

Hierzu ist des Weiteren erforderlich, mit dem Patienten und Mitarbeiter eine dahingehende Freistellungsvereinbarung zu treffen. Zu beachten ist, dass diese Problematik auch im Zusammenhang mit der etwaigen zulässigen privaten E-Mail- und Internetnutzung durch das Klinikpersonal auftreten kann, die jedoch nicht Gegenstand dieses Beitrages ist.

---

46 Aus der zahlreichen hierzu ergangenen Rechtsprechung: LG Köln, Urteil v. 13.05.2009 – AZ 28 O 889/08; OLG Köln, Urteil v. 09.02.2009 – AZ 6 W 182/08; LG Mannheim, MMR 2007, 267; ausführlich zu der Problematik des gewerblichen Ausmaßes im Sinne des § 102: UrhG Bierekoven, ITRB 2009, 158-160.

47 Vgl. Fußnote 46.

48 BGH, GRUR 2008, 702 (706) – Internetversteigerung III; GRUR 2007, 708 (711) - Internetversteigerung II; WRP 2004, 1287 (1291) – Internetversteigerung I; WRP 2001, 1305 (1307) – ambiente.de.

6.4 Lizenzmanagement

6.4.1 Begriff und Problemstellung

Unter dem Begriff Software-Asset-Management oder auch Lizenzmanagement wird eine technische und rechtliche Regelung in einem Unternehmen oder einer sonstigen Einrichtung, also auch in einem Klinikum, verstanden, mit dem geregelt und überprüft wird, welche Software im Klinikum genutzt wird, und ob die zur Nutzung erforderlichen Lizenzen bzw. Nutzungsrechte hierfür vom jeweiligen Softwarerechteinhaber vorliegen.

Durch ein solches Lizenzmanagement kann eine Unterlizenzierung und eine so genannte Überlizenzierung vermieden werden.

Eine Unterlizenzierung liegt dann vor, wenn für die im Unternehmen eingesetzte Software nicht genügend Lizenzen vorhanden sind[49] oder wenn Software, obwohl die Lizenz abgelaufen ist, weiter genutzt wird.[50]

Eine Überlizenzierung liegt hingegen vor, wenn für die eingesetzte Software zu viele Lizenzen vorhanden sind.[51]

Besonders gefährlich ist die Unterlizenzierung. Diese ist nach § 106 UrhG strafbar, wohingegen bei der Überlizenzierung lediglich das Risiko besteht, dass eine Vergütung für Lizenzen gezahlt wird, die tatsächlich nicht im Klinikum genutzt werden.

Die Einführung eines Lizenzmanagementsystems ist aber auch deswegen von besonderer Wichtigkeit, weil andernfalls die Rechteinhaber die Möglichkeit haben, Unterlassungs-, Auskunfts- und Schadensersatzansprüche gegen das Klinikum geltend zu machen, § 97 UrhG oder aber auch ein Strafverfahren einzuleiten.[52]

6.4.2 Lösungsansatz

Ein Lizenzmanagement sollte grundsätzlich so aufgebaut sein, dass genau geregelt ist, wer für die Planung und Beschaffung von Lizenzen, den Aufbau einer Software- und Lizenzdatenbank sowie die Softwareinstallation und Deinstallation

---

49 Grützmacher, IT-Administrator Februar 2006, S. 53; Bierekoven in: Praxishandbuch Corporate Compliance, S. 194.

50 Bierekoven in: Praxishandbuch Corporate Compliance, S. 194.

51 Grützmacher, IT-Administrator Februar 2006, S. 5.

52 Siehe hierzu die zahlreichen veröffentlichten Entscheidungen auf der Webseite der BSA – Business Software Alliance, www.bsa.org.

zuständig ist.[53] Sodann ist die Einrichtung einer Software- und Lizenzdatenbank erforderlich.[54]

In dieser Software- und Lizenzdatenbank sind in rechtlicher Hinsicht in jedem Falle die im Klinikum eingesetzte Software aufzuführen und auf der anderen Seite die vom Klinikum erworbenen Lizenzen. Diese beiden Bereiche sind regelmäßig miteinander abzugleichen, um festzustellen, dass hier eine Deckungsgleichheit besteht. Ist dies nicht der Fall, ist die Software, die ohne erforderliche Lizenz genutzt wird, zu deinstallieren bzw. sind hierfür die erforderlichen Nutzungsrechte umgehend zu erwerben.

Zu beachten ist, dass eine solche Datenbank regelmäßig gepflegt und die Einhaltung der Vorgaben zur Softwarenutzung kontrolliert werden muss, um Verstöße zu verhindern. Die Praxis zeigt immer wieder, dass insbesondere die namhaften Softwarehersteller ihre Rechte sowohl mit den Mitteln des Straf- als auch des Zivilrechtes mit aller Schärfe verfolgen.[55]

6.5 Fazit

Compliance beim Einsatz von IT im Krankenhaus umfasst die folgenden Kernbereiche:

- Datenschutz

- Elektronische Archivierung

- Haftungsfragen

- Lizenzmanagement

Diese Bereiche sollten in jeder IT-Richtlinie eines Krankenhauses, egal ob es in öffentlich-rechtlicher oder privatrechtlicher Form geführt wird, enthalten sein und die zuvor dargestellten Punkte umfassen. Daneben sind weitere Bereiche denkbar, die jedoch in diesem Beitrag nicht dargestellt werden konnten.

Durch Implementierung dahingehender Compliance-Maßnahmen werden letztendlich zwei Ziele erreicht, die für ein Klinikum ebenso wichtig sind wie für jedes private Unternehmen.

Einerseits werden Verstöße gegen die rechtlichen Anforderungen in diesen drei Kernbereichen verhindert und damit die Einleitung der in diesem Beitrag erläuterten Verfahren der zuständigen Aufsichtsbehörden ebenso wie die Einleitung strafrechtlicher oder zivilrechtlicher Verfahren. Die Risiken, dass derartige Verfahren von Betroffenen bei Verstößen eingeleitet oder zumindest ins Rollen gebracht wer-

---

53 Bierekoven in: Praxishandbuch Corporate Compliance, S. 195.

54 Leitfaden BSA, abrufbar unter http://w3.bsa.org/germany//info/upload/Germany-site-download.pdf.

55 Die neuesten Entwicklungen lassen sich auf der Internetseite der BSA unter www.bsa.org unter der Rubrik „Nachrichten" abrufen.

den, dürften vor allem im Bereich des Datenschutzes aber auch beim Lizenzmanagement und Haftungsfragen im Bereich der Internetnutzung im Vergleich zu früheren Jahren aufgrund der Sensibilisierung für diese Themen in den Medien gestiegen sein.

Auf der anderen Seite bewirken dahingehend implementierte Compliance-Maßnahmen sogleich eine klarere Strukturierung und Transparenz der betroffenen internen Prozesse und damit zugleich eine erhöhte Effizienz. Darüber hinaus können diese Prozesse, je transparenter sie im Einzelnen ausgestaltet sind, umso besser kontrolliert und damit einerseits rechtswidrige Vorgehensweisen abgestellt, andererseits aber auch ineffiziente Prozesse optimiert werden.

Literaturverzeichnis

Bierekoven: Aufbewahrungspflichten und Compliance bei elektronischen Dokumenten, ITRB 2008, 141 ff.

Bierekoven: Das gewerbliche Ausmaß in § 101 UrhG, ITRB 2009 ,158 ff.

Bongen/Kremer: Probleme der Abwicklung ärztlicher Liquidation durch externe Verrechnungsstellen, NJW 1990, 2911 ff.

Bräutigam: IT-Outsourcing, 2. Auflage 2009.

Däubler/Klebe/Wedde/Weichert: Bundesdatenschutzgesetz, 2. Auflage 2007.

Gola/Klug: Neuregelungen zur Bestellung betrieblicher Datenschutzbeauftragter, NJW 2007, 118 ff.

Gola/Schomerus: Bundesdatenschutzgesetz, Kommentar, 9. Auflage 2007.

Grützmacher: Rechtliche Probleme der Unter- und Überlizenzierung – Stolpersteine beim Lizenzmanagement, IT-Administrator Februar 2006, S. 53-56.

Jäger/Rödl/Nave: Praxishandbuch Corporate Compliance, 1. Auflage 2009.

Redeker: Datenschutz auch bei Anwälten – aber gegenüber Datenschutzkontrollinstanzen gilt das Berufsgeheimnis, NJW 2009, 554 ff.

Schneider: Handbuch des EDV-Rechts, 4. Auflage 2009.

Simitis: Bundesdatenschutzgesetz, 6. Auflage 2006.

Spindler/Schuster: Recht der elektronischen Medien, Kommentar, 1. Auflage 2008.

7 Best Practice in der Servicesteuerung – ITIL®1 und ISO 20000

Horst Grillmayer

Viele Unternehmensorganisationen sind sehr stark mit Informationstechnologie verzahnt. Durch steigende Anforderungen und Erwartungen interner und externer Kunden aufgrund neuer Innovationen und Weiterentwicklungen steigt der Bedarf an flexibel reagierenden IT Services stetig an. Ohne standardisierte IT-Service-Prozesse wird die Koordination jedoch sehr aufwändig und die Ergebnisse werden zufällig. Starke Rahmeninstrumente sind entscheidend dafür, dass der Einsatz der IT-Ressourcen mit den Geschäftszielen eines Unternehmens in Einklang steht und dass die IT Services und Informationen den Qualitäts-, Vertrauens- und Sicherheitsanforderungen entsprechen. Für den Geschäftserfolg ist das effiziente Management dieser IT Services ein zentrales Thema, wie auch nachfolgendes Zitat unterstreicht [ITGI 2003]:

Die Nutzung von IT hat das Potenzial, der größte Motor wirtschaftlichen Wohlstands im 21. Jahrhundert zu sein. Während IT bereits heute entscheidend für Unternehmenserfolge ist, Möglichkeiten zur Erlangung eines Wettbewerbsvorteils eröffnet und ein Mittel zur Produktivitätssteigerung darstellt, wird dies erst recht für die Zukunft gelten.

IT birgt auch Risiken. Es ist klar, dass in der heutigen Zeit, wo Geschäfte global und rund um die Uhr getätigt werden, ein System- und Netzwerkausfall für jedes Unternehmen viel zu kostspielig geworden ist. In manchen Industriezweigen ist IT eine notwendige Wettbewerbsressource, um sich zu differenzieren und einen Wettbewerbsvorteil zu erlangen, während sie in vielen anderen Branchen über das Überleben entscheidet, nicht nur über Erfolg.

Aufgrund ihrer technischen Ausprägung sind IT-Standards und Best Practices überwiegend Experten – IT-Spezialisten und Beratern – bekannt, die diese vielleicht in guter Absicht übernehmen und nutzen, aber möglicherweise ohne einen Business-Fokus oder die Beteiligung und Unterstützung des Kunden.

Ziel dieses Beitrags ist es, dem Management und den Entscheidern in Organisationen den Wert von IT Best Practices zu erläutern, insbesondere unter dem Aspekt der Leistung, Werttransparenz und Steuerung von IT Services.

---

1 ITIL® ist eine eingetragene Marke des Office of Government Commerce (OGC), www.ogc.gov.uk

7.1 Best Practices

Die Implementierung von Standards und Best Practices wird zunehmend forciert von der Notwendigkeit einer verbesserten Leistung, Werttransparenz und größeren Kontrolle über IT-Aktivitäten.

> **Definition Best Practices**
>
> Best Practices sind vorbildliche Lösungen oder Verfahrensweisen, die zu Spitzenleistungen führen und als Modell für eine Übernahme in Betracht kommen. Best Practice ist ein pragmatisches Verfahren. Es systematisiert vorhandene Erfahrungen erfolgreicher Organisationen, vergleicht unterschiedliche Lösungen, die in der Praxis eingesetzt werden, bewertet sie anhand betrieblicher Ziele und legt auf dieser Grundlage fest, welche Gestaltungen und Verfahrensweisen am besten zur Zielerreichung beitragen.
>
> Quelle: Krems, in: Online-Verwaltungslexikon, www.olev.de

Nach einer Studie des ITGI und OGC [ITGI 2008] sind mehrere Gründe als Geschäftstreiber für die Nutzung von IT Best Practices maßgeblich verantwortlich:

- Vorstände und Geschäftsführer verlangen bessere Erträge aus IT-Investitionen, d.h. die IT liefert, was das Business braucht, um den Stakeholder Value zu steigern.
- Die Sorge um das allgemein steigende Niveau der IT-Ausgaben.
- Die Erfordernis, Regulierungsanforderungen auf Gebieten wie Datenschutz und Finanzreporting in spezifischen Sektoren wie z.B. Finanzen, Pharma und Gesundheitswesen einzuhalten.
- Die Auswahl von Service Providern und das Management von Service Outsourcing.
- Zunehmend komplexe IT-bezogene Risiken, wie z.B. Netzwerksicherheit.
- Die Erfordernis, Kosten zu optimieren, indem mehr standardisierte als speziell für den Bereich entwickelte Ansätze verfolgt werden.
- Statements von Analysten und Beratern, die den Einsatz von Best Practices empfehlen.
- Die wachsende Ausgereiftheit und die daraus resultierende Akzeptanz anerkannter Rahmenwerke und Standards wie ITIL®, COBIT®[2], ISO 20000, CMM und PRINCE2[3].

Auf dem Gesundheitsmarkt ist mittlerweile Best Practice zu einer recht weit verbreiteten Methode zur Verbesserung der eigenen Prozesse und nachfolgend der eigenen Organisation geworden. Gerade weil die IT in Krankenhäusern in der Regel mit einem Budget zwischen 1,2 und 1,9 % der Gesamterträge auskommen muss, ist der Zwang umso größer, optimierte Effizienz und Effektivität zu bieten.

---

2   COBIT® ist eine eingetragene Marke des IT Governance Institute, www.itgi.org

3   PRINCE2® ist eine eingetragene Marke des Office of Government Commerce (OGC), www.ogc.gov.uk

Die Best-Practice-Ansätze sind branchenunabhängig und die vielfach nicht so professionell aufgestellte IT in den Krankenhäusern kann davon erheblich partizipieren. Die Faszination ist auch darin zu sehen, dass sich jedes Haus nur die Abläufe vornehmen muss, in denen es die Verbesserungspotentiale erschließen will. Die Anpassung der Ansätze auf die eigenen Möglichkeiten („Wie tue ich etwas") ist damit auch für kleinere Häuser denkbar.

Unter dem wirtschaftlichem Druck, in dem die Krankenhäuser stehen, sind diese fast gezwungen, Rahmenwerke und Standards, wie ITIL® und ISO/IEC 20000 einzusetzen, um die Qualität und Verlässlichkeit der IT Services besser zu managen.

7.2 IT Service Management (ITSM) und IT Service

IT Service Management bedeutet die Integration von Prozessen, Technologien und Methoden, die – unter Berücksichtigung des Kunden - notwendig sind, um die bestmögliche Unterstützung der Geschäftsprozesse im Unternehmen durch die IT zu erreichen. ITSM ist die Basis für eine gut funktionierende IT-Infrastruktur mit allen benötigten IT Services.

Der Kunde soll sich auf seine Geschäftstätigkeit konzentrieren und sich nicht um Details in der IT-Service-Erbringung kümmern müssen. Der Kunde will sich auf seinen Service Provider verlassen können und ist auch bereit, einen angemessenen Preis zu bezahlen. Das Business will einen Partner, welcher sich um diese Produkte kümmert und eine funktionierende IT als Dienstleistung anbietet.

> **Definition IT Service**
>
> Ein IT Service ist die Möglichkeit, Mehrwert für Kunden zu erbringen, indem das Erreichen der von den Kunden angestrebten Ergebnisse erleichtert oder gefördert wird. Dabei müssen die Kunden selbst keine Verantwortung für bestimmte Kosten und Risiken tragen.
>
> Ein IT Service basiert auf dem Einsatz der Informationstechnologie und unterstützt die Business-Prozesse des Kunden. Ein IT Service besteht aus einer Kombination von Personen, Prozessen und Technologien und sollte in einem Service Level Agreement definiert werden. [ITIL® V3]

Urspünglich wurde die IT als Lieferant von Produkten (Hardware, Software, Komponenten etc.) angesehen. Mit zunehmender Abhängigkeit der Unternehmen von der Informationstechnologie wird heute die IT-Organisation als Dienstleistungsbereich verstanden. Wodurch unterscheiden sich Produkt und Service?

Im Gegensatz zu Produkten

- – sind Services nicht greifbar: Eine Dienstleistung ist nicht physisch vorhanden und kann daher nicht wie ein Produkt ausgehändigt werden.
- – werden Services zur selben Zeit erbracht und konsumiert: Der Service wird zum Zeitpunkt der Anfrage erbracht. Wenn beispielsweise ein Kunde den Service Desk anruft, um eine Störung zu melden, wird in der Art und Weise

Dienstleistung produziert, wie mit dieser Störungsmeldung umgegangen wird.

- sind Services sehr verschiedenartig: Services werden durch Maschinen und Menschen erbracht. Menschen sind keine Maschinen und erbringen ihre Leistung je nach ihrer momentanen Verfassung und ihren Fähigkeiten. Dadurch kann es zu Schwankungen in der Leistungserbringung kommen.
- nimmt der Anwender an der Produktion der Services teil: Oft kann ein Service nicht in Anspruch genommen werden, ohne dass eine spezifische Aktion durch einen Anwender die Leistungserbringung auslöst. Der Kunde hat somit einen wesentlichen Einfluss auf die Qualität des geforderten Service.
- ist die Zufriedenheit subjektiv: Die Inanspruchnahme von Services wird durch den Anwender beeinflusst. Die Qualität des Service kann erst nach der Nutzung und nicht im Vorfeld gemessen werden.

Bei der Erbringung von Services steht die Wahrnehmung des Kunden im Mittelpunkt. Der Wert eines Service wird durch die nachhaltige Unterstützung in der Geschäftsabwicklung durch den Kunden selbst – gefühlte Qualität – festgestellt. Diese Wahrnehmung der Qualität ist vornehmlich abhängig von den Erwartungen der Kunden und Anwender und hat einen wesentlichen Einfluss auf die Bereitstellung von Services. Die Qualitätswahrnehmung kann dabei verschiedene Lücken aufweisen.

In den letzten Jahren wurden mehrere Modelle entwickelt, die beschreiben wollen, woraus sich Servicequalität ergibt und wie sie gemessen und gestaltet werden kann. Das folgende GAP-Modell (vgl. Abbildung 1) stammt von Zeithaml, Berry und Parasuraman.

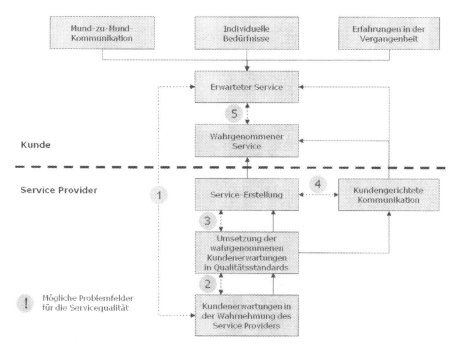

Abbildung 1: GAP-Modell für Qualitätswahrnehmung [MSI 1987]

Mit diesem Modell lassen sich die Problemfelder der Servicequalität, die sogenannten Gaps (Lücken) identifizieren und beschreiben.

Lücke 1: zwischen den Erwartungen des Kunden und dem Verständnis des Service Providers.

Lücke 2: zwischen dem, was der Service Provider unter den Erwartungen versteht und den kundengetriebenen Entwürfen und Standards des Service Providers.

Lücke 3: zwischen dem Service-Entwurf und dem tatsächlich angebotenen Service.

Lücke 4: zwischen dem tatsächlich erstellten Service und dem, was dem Kunden angeboten wurde.

Lücke 5: zwischen dem Service, den die Kunden wahrnehmen, und dem Service, den sie erwartet haben.

Damit ergibt sich eine Fülle von Gestaltungsfeldern, um die Servicequalität zu verbessern. Die Entwickler des Modells haben auf dieser Grundlage ein Instrument zur Messung der Servicequalität (SERVQUAL) entwickelt. Nur ein ständiger Dialog zwischen Kunde und Service Provider garantiert, dass das gleiche Verständnis über die zu erbringenden Services erreicht wird. Um die Begrifflichkeiten miteinander abzugleichen sind die Terminologien aus Referenzmodellen und Best Practices (ITIL® und COBIT®) von großer Hilfe.

7.3 ITIL®

Die Unabhängigkeit von der Art der Organisation und den daraus resultierenden Anforderungen an die Informationstechnologie und deren Verfügbarkeit war mit ausschlaggebend für die Konzeption und Entwicklung von ITIL®. Im Fokus der Entwicklung stand, gemeinsame Best Practices für alle Rechenzentren der englischen Regierung zu definieren, um einen vergleichbaren Betrieb sicherzustellen.

ITIL® ist heute der weltweite De-facto-Standard im Bereich IT Service Management und beinhaltet eine umfassende und öffentlich verfügbare fachliche Dokumentation zur Planung, Erbringung und Unterstützung von IT-Serviceleistungen.

7.3.1 Was ist ITIL®?

ITIL® ist eine Sammlung von dokumentierten Best Practices zur Darstellung von IT-Prozessen und bietet einen umfassenden, konsistenten und schlüssigen Rahmen für die professionelle und effektive Erbringung von IT Services zur Unterstützung der Kerngeschäftsprozesse im Unternehmen.

Zu Beginn seiner Entwicklung (1989) war ITIL® eine Bibliothek über IT Service Management mit über 40 Büchern und 26 Modulen.

Mit der neuen ITIL® Version 3 (2007) bekommt die Standardisierung von IT Services eine noch größere Bedeutung. Lag der Fokus der Vorgängerversion (ITIL® Version 2) noch auf den IT-Prozessen des Service Delivery und des Service Support, so legt die neue Version den Fokus auf die Verbindung mit dem Geschäftsnutzen. Diese Struktur besteht aus drei wesentlichen Bereichen:

- ITIL® Core (Kernpublikationen)
- ITIL® Complementary Guidance (Ergänzungen)
- ITIL® Web Support Services

Die Kernpublikationen des neuen Service-Lebensphasen-Zyklus umfassen:

- Service Strategy (Service Strategie)
- Service Design (Modelle für den Betrieb)
- Service Transition (Service Implementierung/Einführung)
- Service Operation (Betrieb von Services)
- Continual Service Improvement (Kontinuierliche Verbesserung von Services)

In diesen Publikationen werden Prozesse beschrieben, die von der strategischen Ausrichtung der IT bis zu den laufenden Verbesserungsprozessen in der Serviceerstellung reichen.

7.3.2 ITIL® V3 Service Lifecycle

ITIL® Version 3 basiert auf einem Service-Lebensphasen-Zyklus und besteht aus fünf Phasen (vgl. Abbildung 2). Service Strategy definiert die Achse, um welche sich der Lebenszyklus dreht. Hier werden die Richtlinien und Ziele vorgegeben, die mit den Phasen Service Design, Service Transition und Service Operation von der Planung über die Änderung bis zum Betrieb als fortschreitende Phasen umgesetzt werden. Continual Improvement dient der Erhaltung und Verbesserung der Services und des Service Management zur Maximierung der Wertschöpfung für den Kunden.

Abbildung 2: Service Lifecycle

Damit dieser Lebensphasen-Zyklus die Aktivitäten kunden- und businessorientiert beeinflussen kann, ist es sehr wichtig, die verschiedenen Informationen zu organisieren. Der Service Lifecycle bildet ein organisatorisches Rahmenwerk und bestimmt das einzuhaltende Verhaltensmuster. Als Modell für die Erbringung von nachhaltig guten Leistungen erweitert er den Service-Management-Ansatz und hilft mit, dessen Strukturen und Zusammenhänge besser verstehen zu können.

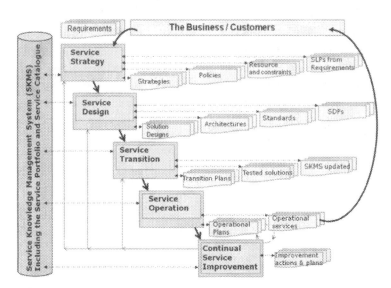

Abbildung 3: Verbindungen, Inputs & Outputs der Service-Lifecycle-Phasen [itSMF 2007]

Abbildung 3 zeigt, wie der Service Lifecycle durch eine Veränderung der Bedürfnisse und Anforderungen des Business respektive Kunden initiiert wird.

Die Identifzierung dieser Anforderungen sowie die Einigung auf diese Anforderungen erfolgt innerhalb der Service Strategy-Phase im Rahmen eines Service Level Package (SLP).

Anschließend erfolgt der Übergang zur Service Design-Phase, in der eine Servicelösung zusammen mit einem Service Design Package (SDP) herbeigeführt wird, das alles Notwendige beinhaltet, um diesen Service durch die verbleibenden Phasen des Lebenszyklus zu führen.

Das SDP geht über zur Service Transition-Phase, wo der Service evaluiert, gestestet und validiert wird, das Service Knowledge Management System (SKMS) auf den neuesten Stand gebracht und der Service in die Live-Umgebung überführt wird, wo er in die Service Operation-Phase eintritt.

Wo immer dies möglich ist, identifiziert das Continual Service Improvement (CSI) Möglichkeiten zur Beseitigung von Schwächen und Fehlern an jeglicher Stelle innerhalb aller Lebenszyklus-Phasen.

7.3.2.1 Service Strategy

Service Strategy (SS) (vgl. Abbildung 4) stellt Anleitungen und grundlegende Strukturen für das Design, die Entwicklung und Implementierung von Service Management zur Verfügung.

Service Strategy liefert den Best Practice-Ansatz für die Strategieentwicklung und deren Umsetzung. Der Mehrwert für das Business ergibt sich aus den übergreifenden strategischen und wirtschaftlichen Betrachtungen hinsichtlich Service Management und Strategic Assets.

Zielsetzung Service Strategy

Entwicklung des Service Managements zu einer Fähigkeit von substantiellem Wert durch Schaffung der strategischen Rahmenbedingungen und Zielsetzungen.

Abbildung 4: Service Strategy-Prozesse

Wert eines Service

Aus Sicht des Kunden (vgl. Abbildung 5) besteht der Wert (Nutzen) eines Service aus dessen Brauchbarkeit oder Nützlichkeit (Utility) und dessen Gewährleistung oder Zuverlässigkeit (Warranty).

Utility: Damit ist die Funktionalität gemeint, die von einem Produkt oder Service angeboten wird, um einem bestimmten Bedürfnis gerecht zu werden. Utility wird häufig als das bezeichnet, „was ein Produkt oder Service tut". Neben Funktionalität kann darunter aber auch die Beseitigung von Hemmnissen in der Geschäftsausführung verstanden werden. Utility erhöht die Leistung des Unternehmens.

Warranty: Also die Zusage oder Garantie, dass ein Produkt oder Service den vereinbarten Anforderungen bezüglich Verfügbarkeit, Kapazität, Kontinuität und Sicherheit entspricht. Mit der Service Warranty werden Schwankungen in der Leistungserbringung reduziert.

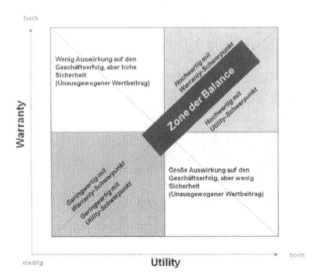

Abbildung 5: Kundensicht auf einen Service

Beide Elemente – Utility und Warranty – sind zwingend notwendig und müssen beim Design und bei der Bereitstellung von Services gleichermaßen berücksichtigt und sichergestellt werden.

Es ist die Aufgabe des IT Managements, die Komplexität durch Kapselung der spezialisierten Funktionen und Technologien innerhalb der IT so zu reduzieren, dass der Kunde einen einfachen und verlässlichen Zugang zu den Services hat.

7.3.2.2 Service Design

Das Buch Service Design (SD) (vgl. Abbildung 6) stellt Leitfäden zum Design und zur Entwicklung von Services und Service-Management-Prozessen zur Verfügung. Der Band schließt Design-Prinzipien und -Methoden zur Umsetzung von strategischen Zielen in Service Portfolios und Services Assets mit ein. Der Umfang von Service Design beschränkt sich nicht auf neue Services, sondern enthält auch Hinweise zu notwendigen Änderungen und Verbesserungen. So gelingt es, den Mehrwert der Services über die einzelnen Lebenszyklen hinweg zu erhöhen oder zu erhalten, deren Kontinuität sicherzustellen, die Service Levels zu erreichen und die regulatorischen Anforderungen zu erfüllen. Service Design gibt den Organisationen wertvolle Hinweise bei der Frage, wie die Design-Fähigkeiten für Service Management entwickelt und erworben werden können.

Zielsetzung Service Design

Ermittlung der Kundenanforderungen und Übersetzung in Service und Service Management-Lösungen.

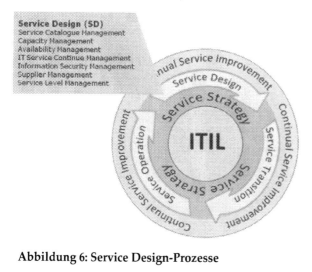

Abbildung 6: Service Design-Prozesse

7.3.2.3 Service Transition

Der Band Service Transition (ST) (vgl. Abbildung 7) enthält Leitfäden zur Entwicklung, Verbesserung und qualifizierten Übergabe von neuen oder geänderten Services in den operativen Betrieb. Service Transition verbindet Praktiken aus Release Management, Programm Management und Risk Management und platziert diese in einen praktikablen Kontext im Umfeld des IT Service Managements. Zudem werden Hilfestellungen geboten, um die Kontrolle über die Services zwischen Kunde und Service Provider zu übertragen.

Zielsetzung Service Transition

Umsetzung des Designs in betriebsfähige Services und Infrastrukturen sowie ihre geordnete Überführung in den Betrieb.

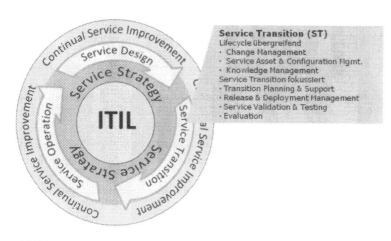

Abbildung 7: Service Transition-Prozesse

7.3.2.4 Service Operation

Der Band Service Operation (SO) (vgl. Abbildung 8) beschreibt Praktiken zum Management des Servicebetriebs. Dabei sind Anleitungen zur effektiven und effizienten Auslieferung sowie zum Support der Services enthalten, so dass sich die Wertschöpfung für den Kunden und damit auch für den Service Provider sicherstellen lässt. Letztendlich erfolgt die Umsetzung der in der Strategie definierten Ziele im Tagesgeschäft durch Service Operation. Dadurch wird dieser Lebenszyklusprozess zur kritischen Fertigkeit des Service Providers. Der Leitfaden enthält Anweisungen zum Erhalt der Stabilität der Services und erlaubt Änderungen in den Bereichen Design, Skalierung, Umfang und Service Level.

Zielsetzung Service Operation

Realisierung des Kundennutzens durch Betrieb und Support der Services und Infrastrukturen.

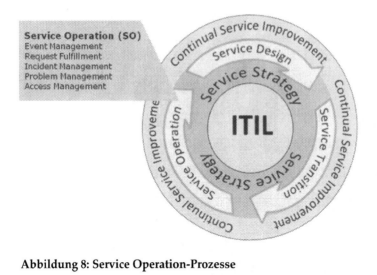

Abbildung 8: Service Operation-Prozesse

7.3.2.5 Continual Service Improvement

Der Band Continual Service Improvement (CSI) (Abbildung 9) stellt instrumentalisierte Anleitungen für Generierung und Erhalt von Kundenmehrwert in Form von Verbesserungen im Design, in der Einführung und dem Betrieb von Services zur Verfügung. CSI verbindet Prinzipien, Praktiken und Methoden des Quality Managements, Change Managements und Prozessverbesserungen zur Optimierung der Servicequalität. Diese Anleitungen sind direkt verlinkt in die Phasen Service Strategy, Design und Transition.

Zielsetzung Continual Service Improvement

Erhaltung und Verbesserung der Services und des Service Managements zur Maximierung der Wertschöpfung für den Kunden.

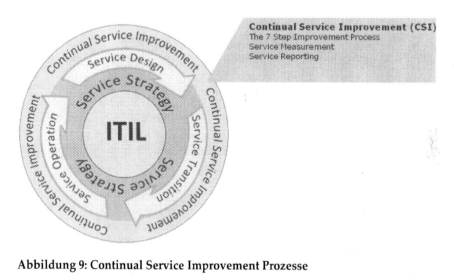

Continual Service Improvement (CSI)
The 7 Step Improvement Process
Service Measurement
Service Reporting

Abbildung 9: Continual Service Improvement Prozesse

7.4 ISO/IEC 20000

Die Einführung dieser Norm ist das Ergebnis des weltweiten Erfolgs und der rasanten Etablierung der „Best Practices im IT Service Management". Qualität im IT Service Management ist eine der wichtigsten Voraussetzungen für die Lieferung von IT Services. Mit der zunehmenden Verbreitung und Akzeptanz von ITIL® steigerte sich die Nachfrage nach Normen, mit deren Hilfe eine Organisation oder ein Service Provider überprüft und zertifiziert werden kann.

Die ISO/IEC 20000 basiert auf dem British Standard BS 15000. Um einen weltweiten Standard für IT Service Management-Prozesse bereitzustellen und eine international anerkannte Zertifizierung von IT-Organisationen zu ermöglichen, wurde der BS 15000 in einem „fast tracking"-Verfahren in die ISO/IEC 20000 überführt. Die ISO hat die ISO/IEC 20000 am 15.12.2006 offiziell veröffentlicht und damit die BS 15000 ersetzt.

7.4.1 Was ist ISO/IEC 20000?

Das Ziel der Norm ISO/IEC 20000 ist die Bereitstellung eines gemeinsamen Referenzstandards für alle Unternehmen, welche IT Services für interne oder externe Kunden erbringen. Dazu werden in der ISO/IEC 20000 die notwendigen Mindestanforderungen an Prozesse spezifiziert und dargestellt, die eine Organisation etablieren muss, um IT Services in definierter Qualität bereitstellen und managen zu können. Ein weiteres Ziel besteht in der Förderung einer gemeinsamen Terminologie, womit ein wesentlicher Beitrag in der Kommunikation zwischen Service Provider, Lieferanten und Kunden geleistet wird.

Mit dem ISO/IEC 20000 Standard wird auch der integrierte Prozessansatz aus dem Service Management Framework von ITIL® übernommen. (vgl. Abbildung 10) und ergänzt dieses.

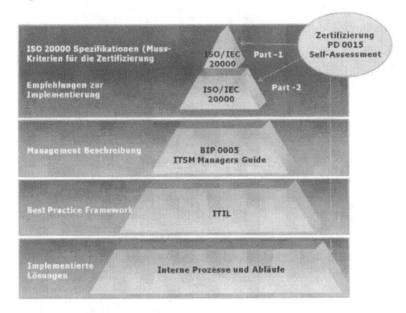

Abbildung 10: Struktur der ISO/IEC 20000

Der Standard ISO/IEC 20000 besteht aus zwei Teilen:

ISO/IEC 20000 Teil 1 – „Service Management: Specification"

Der erste Teil enthält die formelle Spezifikation des Standards. Hier sind alle verbindlichen Vorgaben der Prozessgruppen Service Delivery, Control, Release, Resolution und Relationship enthalten, die eine IT-Organisation erfüllen muss, um gemäß der Konformitätsbewertung zertifiziert zu werden.

ISO/IEC 20000 Teil 2 – „Service Management: Code of Practice"

Der zweite Teil beinhaltet den „Code of Practice" des IT Service Managements. Er stellt einen umfassenden Leitfaden mit Empfehlungen für die praktische Umsetzung der im ersten Teil aufgeführten Kriterien dar.

7.4.2 Service Management Standard ISO/IEC 20000

ISO/IEC 20000 ist der erste weltweite Standard, der sich speziell auf das IT Service Management bezieht. Dieser Standard erläutert einen integrierten Satz von Managementprozessen für die Lieferung von Dienstleistungen, die in Prozessgruppen (vgl. Abbildung 11) organisiert sind.

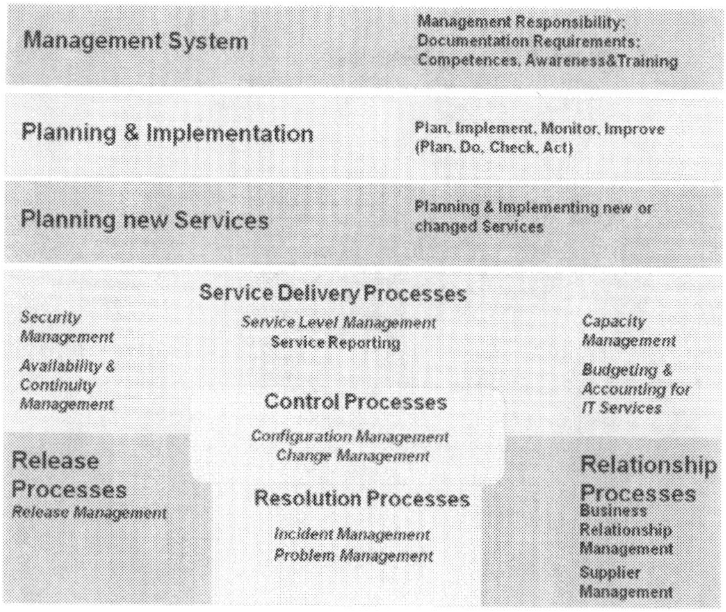

Management System — Management Responsibility; Documentation Requirements; Competences, Awareness&Training

Planning & Implementation — Plan, Implement, Monitor, Improve (Plan, Do, Check, Act)

Planning new Services — Planning & Implementing new or changed Services

Service Delivery Processes

Security Management
Availability & Continuity Management

Service Level Management
Service Reporting

Control Processes
Configuration Management
Change Management

Capacity Management
Budgeting & Accounting for IT Services

Release Processes
Release Management

Resolution Processes
Incident Management
Problem Management

Relationship Processes
Business Relationship Management
Supplier Management

Abbildung 11: ISO/IEC 20000 Prozesse (ITIL®-Prozesse sind kursiv dargestellt)

7.4.2.1 Managementsystem

Die erste Prozessgruppe des ISO/IEC 20000 Standards definiert die Grundlagen und die Prinzipien einer erfolgreichen Umsetzung des Managementsystems. Damit wird das Ziel verfolgt, ein Managementsystem unter Berücksichtigung von Grundsätzen und Strukturen bereitzustellen, um ein wohl abgestimmtes Management und eine effektive Implementierung von IT Services zu ermöglichen.

Anforderungen an ein Managementsystem:

- – Verantwortlichkeiten des Managements
- – Anforderungen an die Dokumentation
- – Kompetenz, Bewusstseinsbildung und Schulung

7.4.2.2 Planung und Umsetzung

Bei der Planung und Implementierung des Service Managements sind die getroffenen Entscheidungen (Vorgaben), Prozesse und festgelegten Verantwortlichkeiten zu berücksichtigen. Ein Qualitätsmanagementsystem (QS) ist die Basis. Die Entwicklung eines QSs ist anspruchsvoll und benötigt eine Übereinkunft zu Zweck, Richtlinien und Zielen bezüglich der betroffenen Prozesse. Dieser Zusammenhang wird als „Planung und Implementierung des Service Managements" verstanden. Die Umsetzung des sogenannten PDCA-Zyklus ist in der Organisation zu verankern.

Der PDCA-Zyklus (vgl. Abbildung 12) geht zurück auf Deming. Seiner Meinung nach sollte sich die ständige Verbesserung qualitätsbestimmender Faktoren im

Rahmen eines revolvierenden Prozesses vollziehen, dem aus vier Phasen bestehenden PDCA-Zyklus. Jeder der Buchstaben bezeichnet eine Phase:

- **P - Plan:** In der Planungsphase werden Maßnahmen zur Qualitätsverbesserung entwickelt.
  - was sollte getan werden
  - wann sollte es getan werden
  - wer sollte es tun
  - wie und wodurch sollte es getan werden
- **D - Do:** Die geplanten Maßnahmen werden im gesamten Unternehmen umgesetzt.
- **C - Check:** Die Maßnahmen werden hinsichtlich ihrer Zielwirksamkeit kontrolliert und bewertet.
- **A - Act:** Auf Grundlage des Check-Ergebnisses werden eventuelle Korrekturmaßnahmen eingeleitet. Die Korrekturmaßnahmen der letzten Phase bilden wiederum den Ausgangspunkt für ein erneutes Durchlaufen des Zyklus.

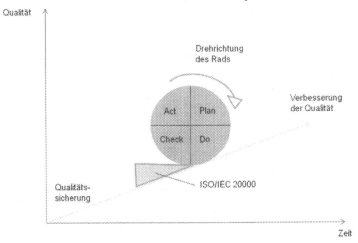

Abbildung 12: PDCA-Zyklus nach Deming [itSMF 2002]

7.4.2.3 Planung neuer oder geänderter Services

ISO/IEC 20000 hat einen separaten Prozess für die Planung und Umsetzung von neuen oder geänderten Services. Ziel ist die Garantie, die Services zu den vereinbarten Kosten und mit der gewünschten Servicequalität zu erbringen. Hierbei ist zu berücksichtigen, dass alle neuen und geänderten Services nach dem PDCA-Zyklus umgesetzt werden.

7.4.2.4 Service Delivery-Prozesse

Der Service Delivery-Kernbereich umfasst die planerische und taktische Ebene von IT Service Management. In diesem Bereich werden die eigentlichen Service Level definiert und vereinbart sowie über die tatsächlich erbrachten Leistungen berichtet.

Service Delivery-Prozesse:

- Service Level Management
- Service Reporting
- Service Continuity & Availability Management
- Capacity Management
- Information Security Management
- Budgeting & Accounting for IT Services

7.4.2.5 Relationship-Prozesse

Die Relationship-Prozesse beschreiben die beiden Aspekte **Business Relationship Management** und **Supplier Management**. Die Norm ist dabei auf die Rolle des Service Providers (häufig die IT-Organisation einer Firma) fokussiert, der logisch zwischen Kunden und Lieferanten steht. Um gute Beziehungen zwischen allen Beteiligten sicherzustellen ist es erforderlich klare Abmachungen (Agreements) festzulegen.

7.4.2.6 Resolution-Prozesse

Zu den Resolution-Prozessen gehören die Prozesse **Incident Management** und **Problem Management**. Die beiden Prozesse sind eng miteinander verbunden aber dennoch eigenständig.

Vorrangiges Ziel des Incident Managements ist die schnellstmögliche Behebung von Störungen, um dadurch negative Auswirkungen auf die Geschäftsprozesse des Kunden so gering wie möglich zu halten.

Das Ziel des Problem Managements besteht darin, Störungen zu vermeiden.

7.4.2.7 Control-Prozesse

Die Control-Prozesse schaffen wesentliche Voraussetzungen für einen stabilen und sicheren IT-Betrieb durch ordnungsgemäße Führung des IT-Inventars und Sicherstellung geordneter Änderungen in der IT-Landschaft in Form einzelner Anpassungen oder als gebündelte Pakete (Releases).

Control-Prozesse:

- Configuration Management
- Change Management

7.4.2.8 Release-Prozess

Während sich das Change Management auf die Steuerung von Änderungen konzentriert, stellt das Release Management die geplanten Changes für deren Rollout bereit. Das Release Management soll in die Configuration und Change Management-Prozesse integriert werden, um sicherzustellen, dass die Releases und ausgeführten Changes aufeinander abgestimmt sind.

Eine wesentliche Aufgabe des Release Management-Prozesses ist die Koordination aller beteiligten Ressourcen, um ein Release in eine verteilte Umgebung zu übergeben. Eine gute Planung und Führung sind dabei Grundvoraussetzung, um Releases zusammen zu packen, erfolgreich zu verteilen sowie die zugehörigen Auswirkungen und Risiken auf das Business effizient zu managen.

7.4.3 Zertifizierung

Die Zertifizierung von ITIL® in einer IT-Organisation ist nicht möglich, da ITIL® keinen Standard beschreibt, sondern Best Practices vermitteln soll.

Mit ISO/IEC 20000 verfügen wir heute über einen konkreten, messbaren Qualitätsstandard, der als Eckpfeiler der IT-Governance die Einhaltung von Normen und die Sicherheit gleichermaßen gewährleistet. Gleichzeitig werden die IT Services laufend für die sich im globalen Wettbewerb ändernden Businessanforderungen angepasst. ISO/IEC 20000 enthält ein Kontrollsystem, welches die Durchsetzung und Einhaltung der Norm auditierbar und damit für alle objektiv nachweisbar macht.

Die Zertifizierungsaudits werden durch unabhängige Prüforganisatoren - Registered Certification Bodies (RCBs) – durchgeführt. Eine Zertifizierung kann auf einen Standort einer IT-Organisation, einen IT Service oder einen Kunden begrenzt werden.

Mit der Zertifizierung einer IT-Organisation durch diesen Standard verpflichtet sich das Topmanagement, IT Service Management aktiv zu unterstützen und jährlich auf den Prüfstand zu stellen. Dadurch ist sichergestellt, dass jeder seine Rolle und Aktivitäten sowie seine Bedeutung bei der Erreichung der Zielsetzung des IT Service Managements verstanden hat.

7.5 Fazit

Die Anforderungen an die IT, direkter und messbarer zum Unternehmenserfolg beizutragen, werden sich verstärken. Vor diesem Hintergrund ist das IT Management dazu aufgefordert, nicht nur Verwalter von IT-Ressourcen zu sein, sondern sich zum Berater der Geschäftsverantwortlichen zu entwickeln.

Ziel der IT-Strategie muss es sein, alle Aktivitäten der IT auf den Erfolg des gesamten Unternehmens sowie auf dessen Ziele und Strategien abzustimmen.

Die Implementierung von Best Practices hilft dabei, Nutzen aus IT-Investitionen und IT Services zu generieren, durch

- die Verbesserung der Qualität, Reaktionsfähigkeit und Verlässlichkeit von IT-Lösungen und IT Services
- die Verbesserung der Erreichbarkeit, Vorhersagbarkeit und Wiederholbarkeit erfolgreicher Geschäftsergebnisse

- den Gewinn von Vertrauen und die erhöhte Beteiligung von geschäftlichen Sponsoren und Anwendern
- die Verringerung von Risiken, Zwischenfällen und gescheiterten Projekten

Das Unternehmen wird auch von erhöhter Effizienz und reduzierten Kosten profitieren durch

- die Vermeidung von Neuentwicklungen bewährter Verfahren
- die Verringerung der Abhängigkeit von Technologie-Experten
- die Erhöhung der Erfahrungen durch Abkehr von ad hoc und chaotischen IT-Methoden hin zu definierten und gelenkten Prozessen
- die Erhöhung der Standardisierung und die daraus resultierende Kostenreduzierung
- die Erhöhung des Potenzials zur Beschäftigung von weniger erfahrenem, aber angemessen ausgebildetem Personal

Die aufgeführten Nutzaspekte sind im vollen Umfang auch für die Krankenhäuser zutreffend. Hilfreich sind die Ansätze vor allem deshalb, weil die Personalausstattung der IT in den Krankenhäusern ein aufwendiges Modellieren von Prozessen im Leistungsbereich des Serviceerbringers IT vielfach nicht erlaubt. So wird das Adaptieren der Best-Practice-Ansätze vor allem deshalb zum wirtschaftlichen Nutzen, weil sich die IT und damit das Krankenhaus viel aufwendige Grundlagenarbeit der eigenen Mitarbeiter erspart.

Die Einhaltung von Best Practices trägt auch bei zur Stärkung der Beziehungen von Lieferanten und Kunden, zu einer einfacheren Überwachung und Durchsetzung vertraglicher Verpflichtungen und zur Verbesserung der Marktposition durch die Einhaltung von globalen Standards wie ISO/IEC 20000.

Dabei spielen die beschriebenen Rahmenwerke und Standards ITIL® und ISO/IEC 20000 eine sehr nützliche Rolle. In diesem Zusammenhang sind auch andere Rahmenwerke und Verfahren wie COBIT®, Prince2® zu erwähnen.

COBIT® basiert auf bestehenden Rahmenwerken und ist eher ein Kontroll- und Managementrahmen als ein Prozessrahmen. COBIT® ist fokussiert darauf, *was* eine Firma tun muss, nicht *wie* sie es tun muss. COBIT® hat Kerntätigkeiten und RACI-Darstellungen für alle IT-Prozesse eingeführt, um die Lenkung von Rollen und Verantwortlichkeiten für die effektive IT-Steuerung zu erleichtern. Detaillierte Information zum Thema COBIT® entnehmen Sie bitte dem Kapitel 2 *IT-Governance mit COBIT®* in diesem Buch.

Im Gegensatz dazu basiert ITIL® eher auf der Definition von Best-Practice-Prozessen für IT Service Management und Support als auf der Definition eines breit angelegten Kontrollrahmens. Zusätzliches Material in ITIL® V3 bietet einen geschäftlichen und strategischen Kontext für IT-Entscheidungen und beschreibt erstmalig kontinuierliche Serviceverbesserung als eine allumfassende Aktivität, durch die die fortwährende Erbringung von IT Services für Kunden angetrieben wird.

COBIT® und ITIL® schließen sich nicht gegenseitig aus, sondern können sinnvoll kombiniert werden, um eine starke IT-Steuerung sowie einen starken Kontroll-

und Best Practice-Rahmen im IT Service Management zu gewährleisten. Der Standard ISO/IEC 20000 ist der Nachweis für die Umsetzung der Maßnahmen.

Allerdings besteht die Gefahr, dass die Umsetzung dieser potenziell hilfreichen Best Practices kostspielig und nicht ausreichend fokussiert ist, wenn die Best Practices als rein technische Anleitung behandelt werden. Effektiv ist, die Best Practices innerhalb des Businesskontexts anzuwenden und sich dabei auf die Aspekte zu konzentrieren, wo ihre Anwendung den größten Nutzen für die Organisation verspricht.

Literaturverzeichnis

[ITGI 2008] ITGI: Aligning COBIT 4.1, ITIL V3 and ISO/IEC 27002 for Business Benefit. USA 2008.

[ITGI 2003] ITGI: Board Briefing on IT Governance. 2. Ausgabe, USA 2003.

[itSMF 2007] An Introductory Overview of ITIL®V3. Version 1.0.

[itSMF 2002] IT Service Management, eine Einführung, van Haren Publishing, V1.0. März 2002.

[MSI 1987] Marketing Science Institute: Zeithaml, V.A.; Berry, L.L.; Parasuraman, A.: Communication and Control Processes in the Delivery of Service Quality. 1987.

[Serview 2008] Serview GmbH (Hrsg.): learnIT!L v3, Advanced Service Management Pocket Book. Serview 2008.

[Serview 2005] Serview GmbH (Hrsg.): ITSM Advanced Pocket Book. Band 1, Serview 2005.

Web-Links zum Thema:

www.best-management-practice.com

www.iso.org/iso/home.htm

www.itil.co.uk

www.itil.org

www.itsmf.de

www.itservicestrategy.com/

www.ogc.gov.uk

8 IT Service Management – IT-Leistungskataloge als Basis für SLAs

Dr. Uwe Guenther

Die IT ist entsprechend den jetzigen und zukünftigen Anforderungen an die integrative Unterstützung der medizinischen und administrativen Kern- und Sekundärprozesse gehalten, sich strategisch zu positionieren und ihr Leistungsangebot professionell zu steuern. Die Forderung nach transparenten Leistungen wird immer lauter. Für die Krankenhaus-IT bedeutet dies, dass IT-Leistungserbringung ohne entsprechendes Service Management keine Option mehr ist.

Ziel der nachfolgenden Ausführungen ist es, die „administrative" Untermauerung einer transparenten, effizienten und serviceorientierten Leistungserbringung durch die Krankenhaus-IT zu beschreiben. Zu nennen sind in diesem Kontext besonders die klare Strukturierung der IT-Leistungen in Form von IT-Leistungskatalogen und die Festlegung von Servicevereinbarungen mit den Fachabteilungen als „Kunden" der IT.

8.1 Welche Rolle spielt die IT im Krankenhaus?

Leider gilt, dass trotz der gestiegenen Anforderungen an die IT der Sektor Gesundheitswesen beim Einsatz moderner Informationstechnologien hinter anderen Branchen zurückliegt. Die Investitionsbereitschaft in zukunftsweisende Informationstechnologien und personelle Kompetenz ist vergleichsweise gering. Derzeit liegt das jährliche IT-Budget einer typischen deutschen Klinik bei lediglich 1-2% des Gesamtbudgets.

Beobachtungen aus der Praxis zeigen darüber hinaus, dass häufig technikgetriebene Ansätze die Aufstellung und Arbeitsweise der Krankenhaus-IT dominieren. Die IT ist zudem oft gezwungen mit Generalisten ohne tiefe Spezialisierung "auf Zuruf" zu reagieren – nach dem Motto "Jeder macht alles". Organisatorische Aspekte werden vernachlässigt, zum einen aus einer Überlastung und Überforderung des IT-Fachpersonals heraus, zum anderen schlicht aus Unkenntnis.

Die Folgen sind nicht selten organisatorische Schnittstellenprobleme zu den Fachbereichen und innerhalb der IT sowie mangelnde Anwenderorientierung, Organisationsstrukturen mit ineffizienten Arbeitsabläufen und ein weites Spektrum an nicht-standardisierten und unklar definierten IT-Services. Darunter leidet insbesondere die Akzeptanz der IT beim Anwender – dem „Kunden".

8.2 Die typische Situation der IT-Leistungserbringung im Krankenhaus

Typischerweise stellt sich die Situation der IT im Krankenhaus häufig als noch nicht zufriedenstellend dar. In weiten Teilen existiert ein breites Spektrum an nicht-standardisierten und vielfach unklar definierten IT-Services, die in unterschiedlicher Qualität und mit stark variierenden Reaktionszeiten erbracht werden. Die IT-Leistungen werden meist nicht auf Basis von klaren Leistungsvereinbarungen zwischen IT und Fachbereich – so genannten Service Level Agreements (SLAs) – bereitgestellt. Komplexe und nicht abgestimmte Prozesse, insbesondere bei der Einführung und dem Betrieb von anwenderkritischen IT-Systemen, sind häufig noch die Tagesordnung.

Die Konsequenzen hieraus sind eindeutig. Bedingt durch die mangelnde Strukturierung und Standardisierung ist eine zuverlässige und effiziente Bereitstellung von IT-Services und deren Möglichkeit zur Kontrolle und Steuerung schwierig. Dies führt zu einer extrem geringen Kostentransparenz bezüglich der erbrachten Leistungen, sowohl auf Seiten der IT als auch für die Fachbereiche. Die Kontrolle der Kosten ist somit nicht möglich, was oftmals einen „wuchernden" Kostenanstieg hervorruft. Insbesondere durch die Fachbereiche wird auch die mangelnde Verursachergerechtigkeit der ihnen entstehenden IT-Kosten bemängelt.

All dies führt nicht nur zu großer Unzufriedenheit bei den IT-Abteilungen selbst, sondern vor allem bei den Anwendern. Die IT hat eine schwierige Vermittlerrolle zwischen den an sie gestellten Anforderungen und ihren tatsächlichen Möglichkeiten.

8.3 IT Service Management zur Leistungssteuerung und -bewertung auf Basis von ITIL®

Abhilfe kann in diesem Zusammenhang das IT Service Management leisten. Ziel ist es, die IT-Leistungen transparent, bewertbar und steuerbar zu machen und damit ein Leistungscontrolling zu ermöglichen.

Im Zusammenhang des IT Service Managements ist insbesondere der Bereich IT-Service Delivery (nach ITIL®) näher zu betrachten. Wesentlich ist hier die Funktion des Service Level Managements (SLM), welches der Kontrolle und Steuerung der IT-Servicequalität dient. Die Basis dafür schafft eine klare Strukturierung der IT-Leistungen in Form von IT-Leistungskatalogen sowie die Festlegung von Servicevereinbarungen mit den Fachabteilungen als „Kunden" der IT.

8.4 Der Aufbau von Leistungskatalogen für die Krankenhaus-IT

Ein erster wesentlicher Schritt in Richtung einer effizienten und effektiven IT ist der Aufbau eines IT-Leistungskataloges.

Dies erfordert jedoch häufig eine grundlegend andere Einstellung und Sichtweise der Krankenhaus-IT, die sich als Dienstleiter am „Kunden" verstehen muss. Die Sicht der „Kunden" (Fachbereiche und Anwender) auf die IT-Leistungen unterscheidet sich von der internen Sicht der IT-Organisation. Zum Beispiel denken Fachbereiche in der Regel nicht im Sinne von Installation und Administration von Serversystemen und Netzwerken, jedoch sehr wohl im Sinne von dem für sie greif- und verstehbaren Begriff eines neuen Stations-Arbeitsplatzes oder eines Internetzuganges.

Demzufolge ist die Zielsetzung für den Aufbau eines IT-Leistungskataloges zweigeteilt. Auf der einen Seite steht die klare Strukturierung und konkrete Definition von „internen" IT-Leistungen, die für einen reibungslosen Betrieb der EDV erforderlich sind. Auf der anderen Seite stehen die daraus abgeleiteten „Kunden"-IT-Leistungen, die von den Fachbereichen gefordert und wahrgenommen werden.

Folgende Fragestellungen ergeben sich daraus, die zu beantworten sind:

- Welche „internen" IT-Leistungen müssen erbracht werden, damit ein sicherer, performanter und hoch verfügbarer IT-Betrieb gewährleistet ist?
- Welche IT-Leistungen gehören inhaltlich zusammen und wie können die Services in einem Leistungskatalog strukturiert werden?
- Welche „Kunden"-IT-Leistungen sollen angeboten werden, damit die Fachbereiche Ihre Aufgaben möglichst effektiv und effizient bewältigen können?
- Wie können die „internen" IT-Einzelleistungen zu geeigneten „Kunden"-IT-Leistungen (Service Paketen) gebündelt werden?

Das Sanovis[1] IT-Fähigkeiten Modell® (vgl. Abb. 1) für Krankenhäuser bietet eine geeignete Basis zur Beantwortung der oben gestellten Fragen und zum Aufbau eines IT-Leistungskatalogs.

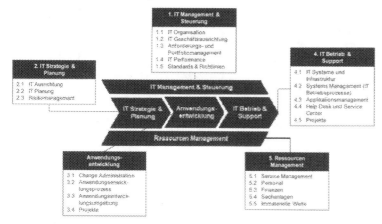

Abb. 1: Sanovis IT-Fähigkeiten Modell® - Übersicht

---

1 www.sanovis.com

Das Sanovis IT-Fähigkeiten Modell® liefert in ganzheitlicher Weise eine Funktionen-orientierte Darstellung einer IT-Organisation. Es beschreibt modular und detailliert die typischen Aufgaben und Leistungen einer Krankenhaus-IT und dient somit als strukturierter Baukasten von IT-Leistungen zur Zusammenstellung eines IT-Leistungskataloges (vgl. Abb. 2).

Zur Definition der „internen" IT-Leistungen können auf Grundlage des Sanovis IT-Fähigkeiten Modells® die für die Krankenhaus-IT individuell gültigen und relevanten IT-Leistungen selektiert und festgelegt werden. Bedarfsweise kann eine ergänzende Beschreibung der Leistungen und Aufgaben hinzugefügt werden, die dann auch für eine weitergehende Stellenbeschreibung für das EDV-Personal verwendet werden kann.

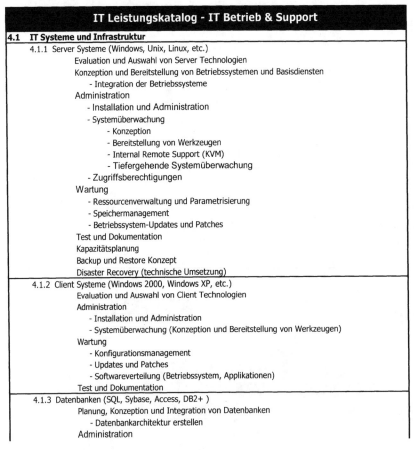

Abb. 2: Sanovis IT-Fähigkeiten Modell® - Auszug Leistungen

Mit Blick auf die „Kunden" der IT – die Anwender der verschiedenen Abteilungen und Fachbereiche – gilt es aus den „internen" IT-Leistungen geeignete „Kunden"-IT-Leistungen zu definieren. Hierzu müssen zuerst die Serviceanforderungen und Zielsetzungen der Anwender identifiziert werden, um im Anschluss entsprechende „Kunden"-IT-Leistungen, sogenannte Service Pakete oder IT-„Produkte" (vgl. Abb. 3), daraus ableiten zu können. Die "internen" IT-Leistungen aus dem IT-Leistungskatalog, die zur Erbringung der Service Pakete erforderlich sind, sind dann entsprechend gebündelt diesen Service Paketen zuzuordnen. Somit ergeben sich die für die „Kunden" sichtbaren, greifbaren und verstehbaren Serviceleistungen (Service Pakete) der Krankenhaus-IT, die in einem IT-Servicekatalog zusammengefasst sind. Typische Service Pakete in einem IT-Servicekatalog sind z.B.:

- Help Desk
- Lokaler Support
- PC-Arbeitsplatz
- Applikationsbetreuung Medizin, Pflege und Verwaltung
- Kommunikationsdienste, wie Internet
- Dokumentenmanagement & Formularwesen
- EDV-Schulungen

1	Service Paket: Fachbereiche:	Service Center Alle	
Nr	Service Beschreibung	Performance Metrik	Service Level
1.1	**Help Desk** - First Level Support - Call-Management-System - Benutzerbetreuung und Information - Wissensdatenbank - etc.	Reports aus dem Call-Management-System	**-Servicetage und –zeiten:** Montag – Freitag von 07:00 – 19:00 Uhr Samstag von 07:00 – 13:00 Uhr; ohne gesetzliche Feiertage **-Erreichbarkeit:** 80% der Anrufer werden spätestens nach 20s mit einem Mitarbeiter verbunden. Alle Anrufe anderen werden mit einer automatischen Ansage verbunden. **-Lösungsrate:** Im eingeschwungenen Zustand werden 80% der verantwortlichen Calls vom 1st Level Support gelöst; durchschnittlich 60% **-Call-Weiterleitung:** Die nicht gelösten Calls werden eskaliert
1.2	**Lokaler Support** - Störungsbeseitigung - Inbetriebnahme - Rückholung - Virenschutz - Umzüge von Einzelplatzsystemen - etc.	Reports aus dem Call-Management-System	- In 90% der Fälle wird die Wiederherstellung der Standardfunktionalität eines AP zu den aufgeführten Servicezeiten garantiert: Prio I: 4 Stunden, Prio II: 24 Stunden; Prio III: 72 Stunden; - In 90 % der Fälle ist die Inbetriebnahme oder Rückholung innerhalb der aufgeführten Zeiten durchgeführt: Prio I: 3 Servicetage; Prio II: 5 Servicetage; Prio III 10 Servicetage - Monatliche Aktualisierung der Virenmuster auf Standard AP - In 90% der Vireneinzelfälle wird die AP-Funktionalität zu den aufgeführten Zeiten wiederhergestellt: Prio I: 4St; Prio II: 24St - Beim Umzug von Einzelplatzsystemen wird die Arbeitsfähigkeit des Anwenders für max. 4 Stunden unterbrochen

Abb. 3: Beispiel IT-Service Pakete

8.5 Service Level Management (SLM) zur Pflege der IT-Leistungen

Die im IT-Leistungskatalog und IT-Servicekatalog definierten Leistungen sind nicht als statisch zu verstehen. Das dynamische Umfeld im Krankenhaus mit seinen stetig neuen Anforderungen an die EDV erfordert fortlaufend Anpassungen und Veränderungen in der IT-Landschaft. Um dem begegnen zu können, ist die kontinuierliche Pflege und Weiterentwicklung der IT Services nötig. Das entsprechende Instrument hierzu ist ein professionelles IT Service Management.

Das Service Level Management (SLM) (vgl. Abb. 4) stellt eine zentrale Funktion des IT Service Managements dar. Es dient der Kontrolle und Steuerung der IT-Servicequalität und somit der Erhöhung der „Kunden"-Zufriedenheit. Mit dem SLM werden dabei folgende Aufgaben und Ziele verfolgt:

- Erstellen des IT-Leistungskataloges und des IT-Servicekataloges
- Laufendes Abgleichen der Serviceanforderungen mit den zu erbringenden IT-Leistungen und gegebenenfalls das Veranlassen der erforderlichen Anpassungen
- Vereinbaren verbindlich definierter „Kunden"-IT-Leistungen mittels Service Level Agreements (SLAs)
- Überwachen und Kontrollieren der Dienstleistungsqualität und der Einhaltung der Servicevereinbarungen
- Transparentes Darstellen und Kommunizieren der IT-Leistungen gegenüber den Fachbereichen und Anwendern („Kunden") im Rahmen eines Service Level Reportings
- Festlegen und Durchführen von etwaigen Verrechnungsmodalitäten.

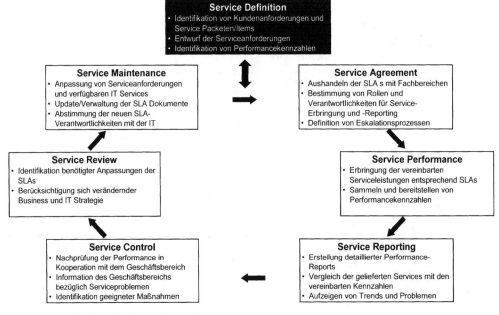

Abb. 4: Service Level Management Prozess

8.6 Was sind Service Level Agreements (SLAs)?

Um den verbindlichen Rahmen, in dem das SLM agiert, festzulegen, kommen so genannte Service Level Agreements (SLAs) zum Einsatz. Dies sind formale Abkommen (Verträge) zwischen den Fachbereichen und Anwendern, die bestimmte IT-Services benötigen, und der Krankenhaus-IT, die dafür verantwortlich ist, die geforderten IT-Leistungen zur Verfügung zu stellen. SLAs beschreiben im Wesentlichen die Serviceanforderungen seitens der „Kunden", die zu erbringende Qualität und Quantität der IT-Serviceleistungen, Methoden zur Messung der Services, das Service Reporting, Ansprechpartner und Verantwortlichkeiten und nicht zuletzt die Kosten- und Leistungsverrechnung für die IT.

Die oben genannten Inhalte sind innerhalb einer geeigneten Vertragsstruktur (vgl. Abb. 5) festzulegen. Dabei ist aufgrund des nicht statischen Verhaltens der Krankenhaus-IT eine Struktur zu wählen, die mittels Rahmenvereinbarungen und speziellen Regelungen eine flexible Handhabung und Anpassung erlaubt. Günstigerweise werden hierbei die allgemeinen Bestimmungen, die Rahmenkriterien und Schutzklauseln des Vertrages, die einen grundsätzlich stabilen Charakter haben, zusammengefasst. Bestandteil ist auch die Beschreibung des Service Managements für die zu regelnden IT-Leistungen. Die eigentliche Service Beschreibung und das Kostenmanagement definiert man im Rahmen von so genannten Service Scheinen, die beliebig und flexibel aktualisiert bzw. ausgetauscht werden können und den allgemeinvertraglichen Rahmenbestimmungen unterliegen.

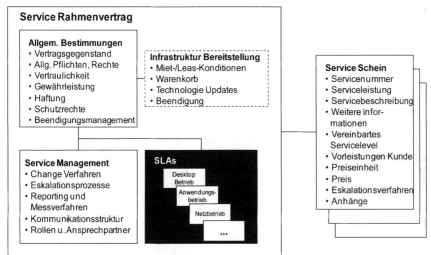

Abb. 5: Sanovis Service Vereinbarung Framework – Grundlegende Service Vertragsstruktur

Nachfolgend ist beispielhaft ein Serviceschein für das SLA „Bereitstellen von Desktop Betrieb" dargestellt (vgl. Tabelle 1).

Tabelle 1: Serviceschein für das SLA „Bereitstellen von Desktop Betrieb"

Servicenummer	xyz 123
Serviceleistung	Bereitstellen Desktop Betrieb
Servicebeschreibung	Bereitstellen des Desktop Betriebes bestehend aus • PC-Grundgerät inkl. Betriebssystem und Standardsoftware gemäß zum Bereitstellungszeitpunkt gültiger Spezifikation im Rahmen des IT-Warenkorbs • Standard PC-Monitor gemäß zum Bereitstellungszeitpunkt gültiger Spezifikation im Rahmen des IT-Warenkorbs • Tastatur, Maus • Beschaffungsdurchführung, Inventarisierung, Gerätedokumentation • Ready-to-run-Installation, Netzwerkintegration • Transport zum Arbeitsplatz und Installation • Kurzeinweisung am Arbeitsplatz • Gewährleistung
Weitere Information	http://intranet.klinikum-xyz.de
Vereinbarter Servicelevel	90 % Auslieferung innerhalb von max. 10 Arbeitstagen nach Beschaffungsfreigabe Geräteaustausch aufgrund Technikupgrade frühestens nach 3 Jahren, evtl. früherer Austausch bei nachweislicher Beeinträchtigung der Arbeitsleistung durch Performancedefizite 90% Wiederherstellungszeit innerhalb von 6 Arbeitsstunden Servicezeit bei Geräteausfall wenn notwendig: Ersatzgeräteservice bei Geräteausfall, Ersatzgerät ähnlicher Leistungsklasse
Vorleistung Kunde	
Preiseinheit	Monatliche Miete pro Endgerät
Preis	
Eskalationsverfahren	Bei Überschreiten der max. Auslieferungszeit Information an die Abteilungsleitung Servicemanagement, Usermeldung Bei Überschreiten der max. Auslieferungszeit um mehr als 5 Tage Information an die Leitung IT/TK

8.7 Die Bedeutung von IT Service Management für die Krankenhaus-IT

Zusammenfassend lässt sich sagen, dass ein professionelles IT Service Management eine immer mehr zunehmende Größe für die Krankenhaus-IT einnimmt. Die Gründe hierfür sind mannigfaltig und von zentraler Bedeutung. Das Service Management

- bildet das Fundament für eine faktenbasierte Kontrolle und Bewertung der IT-Services
- führt zu einer Erhöhung der Prozess-Effizienz bei der Erbringung von IT-Services, ermöglicht deren Kostenkontrolle und langfristige Kostensenkung
- erhöht die Qualität und die bedarfsgerechte Ausrichtung der IT-Leistungserbringung auf ein gemeinsames Ziel (Business- & IT-Strategie)
- sorgt für frühzeitiges Erkennen von Problemen und deren rechtzeitige Eskalation
- fungiert als zentrale und einheitliche Schnittstelle zum „Kunden" und bildet somit das Fundament für eine höhere Akzeptanz zwischen Fachbereichen und IT

Das Service Management ist, neben einer effektiven und effizienten IT-Organisation, einer der Schlüssel für den operativen Erfolg der Krankenhaus-IT in der Zukunft.

Markenrechte

ITIL® ist eine eingetragene Marke des Office of Government Commerce (OGC), www.ogc.gov.uk

9 Zertifizierung der Serviceprozesse nach ISO 9001 – Nutzen für das Unternehmen

Dr. Uwe A. Gansert, Daniel Kehrer

Das Informationsmanagement in Krankenhäusern wird immer mehr zu einem entscheidenden Faktor einer guten und sicheren und vor allem effizienten Patientenversorgung. Trotz dieser hohen Bedeutung für die Organisation, die inzwischen auch in der obersten Leitung meist erkannt wird, arbeiten viele IT-Abteilungen noch sehr unstrukturiert.

Die Zeiten, in der sich die Qualität einer IT an der Infrastruktur und der Verfügbarkeit von Hardware messen ließ, sind vorbei. Schon Ende der 80er Jahre begann die englische Regierungsbehörde Central Computing and Telecommunications Agency (CCTA)[1] damit, eine Prozesssammlung zu entwickeln, um IT-Serviceprozesse zu standardisieren. Damit war der erste Grundstein gelegt, um IT-Prozesse vergleichbar und messbar zu machen. Die Verwendung von standardisierten und bewährten Serviceprozessen garantiert jedoch alleine noch keine Qualität. Erst in Verbindung mit einem geeigneten Qualitätsmanagementsystem, wie zum Beispiel der DIN EN ISO 9001, erzeugt man einen ganzheitlichen Ansatz, in dem Qualität zum Teil des Handelns wird und nicht zur Nebensache verkommt.

Diese Verbindung aus Best Practice und Qualitätsmanagement vollendet die DIN EN ISO 20000, in der ITIL®[2] und damit strukturierte IT-Serviceprozesse und Total Quality Management zu einer Norm verbunden wurden.

Dieser Ansatz wurde auch in der Informationstechnologie des Klinikums der Stadt Ludwigshafen verfolgt, mit dem Ziel der Einführung eines kontinuierlichen Verbesserungsprozesses. Mit begrenzten personellen und finanziellen Ressourcen sollte ein funktionierendes Qualitätsmanagementsystem mit strukturierten IT-Serviceprozessen eingeführt werden.

Die Ziele, die das Management damit verfolgte, waren eindeutig:

- – Erhöhung der Kundenzufriedenheit
- – Erhöhung der Servicequalität
- – Messbarkeit der Qualität und der Leistung

---

1 Heute: Office of Government Commerce (OGC)

2 ITIL® ist eine eingetragene Marke des Office of Government Commerce (OGC), www.ogc.gov.uk

Die gesetzten Ziele sollten dadurch erreicht werden, dass die Serviceprozesse in Anlehnung an die ITIL® Best Practices eingeführt werden und die Qualität durch das Qualitätsmanagementsystem der DIN EN ISO 9001 sichergestellt werden sollte.

9.1 Das Klinikum der Stadt Ludwigshafen am Rhein gGmbH

Das Klinikum ist ein Haus der Maximalversorgungsstufe. Diese Zuordnung erfolgt auf Basis des Landeskrankenhausplans Rheinland-Pfalz. Mit 980 Betten, seiner inneren Struktur und der Ausstattung mit medizinischen Großgeräten erfüllt das Klinikum die Einstufungskriterien dieser Kategorie. Die Bettenkapazität stellt hierbei ca. ein Viertel der in Rheinland-Pfalz bereitstehenden Betten in den bestehenden drei Maximalversorgungskliniken dar. Im Rahmen der medizinischen Ausbildung ist das Klinikum als Lehrkrankenhaus der Universität Mainz aktiv, bildet damit qualifizierten Ärztenachwuchs aus und ist im Bereich der medizinischen Forschung engagiert. Für Forschungsaktivitäten wurde eine eigene Tochtergesellschaft für klinische Forschung gegründet.

Das Klinikum ist nach dem Klinikum der Johannes Gutenberg-Universität in Mainz und dem Westpfalzklinikum in Kaiserslautern/Kusel das, nach Anzahl der Pflegebetten, drittgrößte Krankenhaus in Rheinland-Pfalz und bildet damit einen Schwerpunkt der medizinischen Versorgung. Die Fallzahlen belaufen sich im stationären Bereich auf ca. 30.000 und im ambulanten Bereich auf ca. 50.000 Behandlungen pro Jahr. Für den Raum Ludwigshafen liegt die Bedeutung des Hauses neben der medizinischen Versorgung in der Rolle als drittgrößter Arbeitgeber der Stadt Ludwigshafen mit mehr als 2.500 Arbeitsplätzen.

9.2 Die Informationstechnologie

Die Informationstechnologie ist als Stabstelle direkt der Geschäftsführung unterstellt. Mit ihren 26 Mitarbeitern in Vollzeit und 2 Auszubildenden betreut die Informationstechnologie die komplette IT-Infrastruktur des Klinikums. Dazu zählen z.B. die Betreuung des SAP-Systems inklusive eigener Inhouse-Berater für die wichtigen Module Materialwirtschaft und Patientenmanagement und –abrechnung (MM, IS-H) sowie die Betreuung und den Ausbau des klinischen Informationssystems. Das Spektrum geht vom Service Desk bis zur hoch spezialisierten Anwendungsbetreuung.

Insgesamt betreut die Informationstechnologie 2147 aktive Endgeräte, davon 104 Server, ca. 1200 Clients und etwa 850 Drucker. Das campusweite Netzwerk mit einem zentralen ringförmigen Backbone hat eine Gesamtlänge von 448 km.

Die Informationstechnologie kommt durch die hohe automatisierte Verfügbarkeit ihrer Systeme ohne Bereitschaftsdienst und Wochenenddienste aus.

In der Informationstechnologie wurden im Jahr 2008 12361 Kundenanfragen bearbeitet. Diese werden zentral am Service Desk angenommen und entweder direkt dort gelöst oder an Mitarbeiter eines Spezialgebietes weitergegeben.

Die Informationstechnologie befindet sich in einem Umbruch vom kleinen IT-Dienstleister zu einem stark organisierten Bereich. Bisher wurde das Aufgabenspektrum vielfach von Generalisten abgedeckt. Zukünftig werden die Aufgaben von Spezialistengruppen erledigt werden. Die IT befindet sich nach den von Elsener definierten Kriterien (siehe Tabelle 1) zwischen der strukturierten bzw. verwalteten IT. Die zutreffenden Kriterien wurden grau hinterlegt.

Tabelle 1: Die drei Typen von IT-Abteilungen [Elsener 2005]

	Unstrukturiert	Strukturiert	Verwaltet
Typische Anzahl User	1-200	200-2000	>2000
Komplexität	Gering	Mittel	Hoch
First Level Support	Hotline	Helpdesk	Service Desk
Prozesse	Nicht vorhanden	Pragmatisch	Ausgeprägt
Change Management	Nicht vorhanden	Informal	Formal
Koordinationsmeetings	Keine (informell)	Wenige	Viele
Request Management	Zuruf	Formular	Administriert

In den einzelnen Kriterien stellt sich die Informationstechnologie des Klinikums wie folgt dar:

– Die Benutzerzahl der Systeme variiert zwischen fünf und mehr als 1250 Anwendern, abhängig vom jeweils betrachteten System. Die meisten Anwender sind im internen E-Mail-System registriert, spezielle medizinische Anwendungen für einzelne Fachbereiche haben entsprechend oft nur wenige aktive Nutzer.

– Die Komplexität der betriebenen Systeme ergibt sich aus den hohen Anforderungen an die Korrektheit der Daten sowie die Verfügbarkeit der Systeme. Mit ca. 200 Applikationen und hauptsächlich medizinischen Datenbanken wird eine große Zahl individueller Systeme betrieben und betreut. Fehlerhafte Zuordnungen von Daten könnten bei der Behandlung von Patienten zu ernsthaften gesundheitlichen Gefährdungen führen.

– Die Informationstechnologie des Klinikums hat bereits kurz nach ihrer Entstehung eine dedizierte Hotline als ersten Ansprechpartner und zur Unterstützung der Benutzer eingeführt. Dieser Bereich wurde zwischenzeitlich mit externer Unterstützung betrieben, dann aber im Rahmen einer Make-or-Buy-Entscheidung wieder vollständig mit eigenen Mitarbeitern besetzt. Mit vier dedizierten Mitarbeitern und auf der IT Infrastructure Library (ITIL®) basierenden Prozessen sowie entsprechender Unterstützung durch angepasste Software bildet der Service Desk einen der wichtigsten Bereiche der Informationstechnologie. Die Erstlösungsquote bei Kontaktaufnahme durch den User liegt bei knapp 62 %.

- Im Rahmen der ITIL®-basierten Restrukturierung und ISO 9001:2000-Zertifizierung der Informationstechnologie wurden die grundlegenden Prozesse der Arbeit der IT definiert und dokumentiert. Darüber hinaus ist noch erhebliches Potenzial zur weiteren Gestaltung und Dokumentation von Prozessen vorhanden.
- Das Change Management für Änderungen, deren geschätzter Aufwand ein gewisses Maß übersteigt, ist formal organisiert. Ein entsprechender Change kann nach Beantragung und Freigabe durch die IT-Leitung gestartet werden.
- Die Anzahl der Koordinationsmeetings ist überschaubar. Es finden wöchentliche Meetings innerhalb der drei Gruppen und der Leitung statt. Hinzu kommen regelmäßige Meetings für den Bereich QM sowie eine monatliche Abteilungsbesprechung.
- Requests werden teilweise mündlich oder schriftlich per Antrag gestellt, aber immer elektronisch erfasst und für den Kunden und die IT selbst dokumentiert.

9.3 Eingesetzte Verfahren und Frameworks

Da im Laufe des Kapitels von verschiedenen Qualitätsmanagementsystemen und Frameworks die Rede ist, möchten wir diese vorab näher erläutern.

9.3.1   DIN EN ISO 9001

Die Norm DIN EN ISO 9001 legt die Anforderungen an ein Qualitätsmanagementsystem fest. Überarbeitet wurde die Norm zuletzt im Jahr 2008. Sie bildet mit Ihren modellhaften Beschreibungen die Basis für ein umfassendes Qualitätsmanagementsystem.

Grundpfeiler der Norm sind die acht Grundsätze des Qualitätsmanagementsystems [Masing et al. 2007]

- Kundenorientierung
- Verantwortlichkeit der Führung
- Einbeziehung der beteiligten Personen
- Prozessorientierter Ansatz
- Systemorientierter Managementansatz
- Kontinuierliche Verbesserung
- Sachbezogener Entscheidungsfindungsansatz
- Lieferantenbeziehungen zum gegenseitigen Nutzen

Die Zertifizierung nach DIN EN ISO 9001 ist de-facto ein Industriestandard. War sie in ihre Anfangszeit eher in der verarbeitenden Industrie anzutreffen (vor allem in der Automobilbranche), hält die Norm durch die vorgegebene Kundenorientierung vermehrt Einzug in die Dienstleistungsbranche und damit auch in den Bereich des Informationsmanagements.

Die offene Gestaltung der Norm macht sie universell anpassbar. Es ist dabei unerheblich, ob es sich um einen Herstellungs- oder Dienstleistungsprozess handelt, der auf dem Qualitätsmanagementsystem aufbaut. Genau dieser Umstand macht die DIN EN ISO 9001 für die IT so interessant.

9.3.2 ITIL® – IT Infrastructure Library

Die Information Technology Infrastructure Library, kurz ITIL®, ist ein in Großbritannien entwickelter Leitfaden zur Unterteilung der Funktionen und Organisation der Prozesse, die im Rahmen des Betriebes einer IT-Infrastruktur eines Unternehmens entstehen. Hierbei gibt ITIL® dem Informationsmanagement Checklisten, Aufgaben, Verfahren und Zuständigkeiten an die Hand, die problemlos an die individuellen Anforderungen einer IT-Organisation angepasst werden können. Ebenso setzt ITIL® den Rahmen zur Erstellung und Benennung von IT-Prozessen und wird derzeit als De-facto-Standard anerkannt.

In der Informationstechnologie des Klinikums liegt der Focus auf den ITIL®-Managementbereichen Service Support und Service Delivery (siehe Abbildung 1).

Abbildung 1: ITIL®-Prozesse in der Informationstechnologie

9.3.2.1 Operative ITIL®-Prozesse

Das **Incident Management** enthält die Funktion Service Desk als zentrale Anlaufstelle für den Kunden und ist zuständig für die schnellstmögliche Behebung einer Störung. Ziel des Incident Managements ist die Beschleunigung der Abläufe.

Das **Problem Management** ist zuständig für die Ursachenfindung von auftretenden Incidents, die Stabilisierung von Services und die Beseitigung von Störungsursachen.

Die Aufgabe des **Configuration Managements** ist die Identifikation, Benennung und Kontrolle der eingesetzten Configuration Items und die Bereitstellung von gesicherten und aktuellen Informationen.

Das **Change Management** regelt die Durchführung von Änderungen an der IT-Infrastruktur inklusive der Risiko- und Auswirkungs-Abschätzung. Im Change

Management ist ein Freigabeverfahren für Änderungen an Systemen und Prozessen, den Changes, geregelt.

Die Aufgaben des **Release Managements** sind die Speicherung, Implementierung, Freigabe und Verteilung von Software sowie der Entwurf und die Einführung von standardisierten Implementierungsverfahren. Dadurch ist das Release Management sehr eng mit dem Change Management verzahnt.

9.3.2.2 Strategische ITIL®-Prozesse

Das **Service Level Management** beschreibt die geschäftsmäßige Beziehung zwischen Kunden und der IT in Form von Service Level Agreements (SLAs) oder Operational Level Agreements (OLAs). Zusätzlich hat es zur Aufgabe, die Zusammenarbeit mit internen und externen Partnern zu fördern.

Das **Financial Management** ist zuständig für die Identifikation, Berechnung und Überwachung der Kosten. Des Weiteren trifft das Financial Management Aussagen über die Wirtschaftlichkeit und die Kosteneffizienz.

Das **Availability Management** trägt die Verantwortung für die Verfügbarkeit der Systeme. Dazu zählen folgende Aufgaben:

- Bereitstellen eines festgelegten Verfügbarkeitslevels
- Gewährleisten der Vertraulichkeit und Integrität von Daten
- Ermitteln von statistischen Daten als Grundlage für Vertragsverhandlungen

Das **Capacity Management** ist damit beauftragt, die Ressourcen zu planen und bereitzustellen, um damit den Betrieb sicherzustellen.

Das **IT Service Continuity Management** ist zuständig für die Risikoanalysen und das Erstellen von Notfallplänen und Wiederanlaufplänen, die im Katastrophenfall eine schnellstmögliche Wiederherstellung der betriebsnotwendigen Systeme ermöglichen.

Aus der IT Infrastructure Library ist mittlerweile ein internationaler Standard entstanden, die ISO 20000.

9.4 Ausgangssituation

Bei der alle drei Jahre stattfindenden Mitarbeiterbefragung des Klinikums der Stadt Ludwigshafen am Rhein gGmbH zum Thema Mitarbeiterzufriedenheit erzielte die Informationstechnologie gute Werte. Die IT-Leitung sah aber weiteres Verbesserungspotential. Man begann mit Überlegungen, auf welche Weise die erwünschte Steigerung der Kundenzufriedenheit erreicht werden könnte.

Eine stärkere Kundenorientierung in den Prozessen war die Hauptzielsetzung in den folgenden Änderungen. Dazu war eine Neuausrichtung erforderlich, die durch eine Orientierung vom reinen Service Provider von Informationstechnologie hin zu einem kundenorientierten Dienstleister für Informationsmanagement erreicht werden sollte.

Die Überlegungen, auf welche Art und Weise die Verstärkung der Kundenorientierung erreicht werden kann, mündeten in einem Anforderungskatalog, der die Grundlagen für kundenorientierte Prozesse enthält:

- Prozesse müssen auf ihre Qualität geprüft werden können.
- Rückmeldungen durch den Kunden (Reklamationen und Beschwerden) müssen in einem Prozess verarbeitet werden und in die weitere Prozessgestaltung einfließen.
- Verbesserungspotenzial muss erkannt und umgesetzt werden.

Um diese Anforderung zu erfüllen, sind folgende Schritte notwendig:

- Es ist ein Feedbackmanagement einzurichten.
- Zur Messung der Prozessqualität müssen belastbare Kennzahlen für möglichst alle Prozesse eingeführt werden.
- Es wird ein Prozess benötigt, der die Prozesskennzahlen auswertet und hieraus Verbesserungsmaßnahmen ableitet.

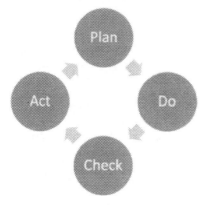

Abbildung 2: PDCA-Zyklus

Die Lösung dieser Problematik ist der sogenannte Deming-Kreis oder Plan-Do-Check-Act-Zyklus genannt. Dieser PDCA-Zyklus (siehe Abbildung 2) bildet den kompletten Lebenszyklus eines Prozesses ab und ist auf jeden Prozess anwendbar. Der Zyklus besteht aus insgesamt vier Phasen:

- PLAN
  Planen des Prozesses vor seiner Einführung
- DO
  Umsetzen des Prozesses
- CHECK
  Vergleichen der Resultate mit den Zielvorgaben
- ACT
  Je nach Ergebnis des Checks werden Verbesserungs- oder Korrekturmaßnahmen am Prozess durchgeführt. Die Verbesserung erfolgt wiederum im Teil Plan.

Der PDCA-Zyklus bildet die Grundlage für alle Qualitätsmanagementsysteme, wie zum Beispiel die ISO 9001, ISO 27001 und BSI-Standard 100-1.

Durch den PDCA-Zyklus ist sichergestellt, dass eine Überprüfung und Verbesserung der Prozesse stattfindet. Eine Vorgabe zur Gestaltung der Geschäftsprozesse bzw. zur Erhebung und Auswertung von Kennzahlen gibt er jedoch nicht.

Da die Entwicklung von Kennzahlen und die Entwicklung von Geschäftsprozessen erhebliche Ressourcen benötigen, hat sich die Informationstechnologie für die ITIL® Best Practices entschieden. Die ITIL® Best Practices - eingesetzt wird die Version 2 - ist eine Sammlung von Büchern, welche die wichtigsten Aufgaben und Vorgehensweisen einer IT-Organisation in Prozessen zusammenfasst. Der genaue Ablauf oder die benötigten Werkzeuge werden jedoch nicht vorgegeben, sondern vielmehr Checklisten, Aufgaben und Verfahren beschrieben, die zwar individuell angepasst werden können, aber auf jeden Fall wahrgenommen und durchgeführt werden sollten [Bock et al. 2006]. Weitere Frameworks, die ITIL® ähneln sind beispielsweise Control Objectives for Information and Related Technology (COBIT®[3]) und das Microsoft Operations Framework (MOF).

Durch dieses Vorgehen können die Prozesse auf einer soliden und bewährten Basis aufgebaut werden, die sich immer mehr zum Standard für eine IT-Organisation entwickelt.

Die Entscheidung zur Zertifizierung der Informationstechnologie fiel, um einen definierten „Endpunkt" im Projekt zu setzen, den es definitionsgemäß in einem Qualitätsmanagementprozess nicht geben kann. Wie man am PDCA-Zyklus erkennen kann, sind die Einführung sowie der folgende Betrieb eines Qualitätsmanagementsystems eine „Never Ending Story". Ein Projekt hingegen ist nach DIN 69901 ein Vorhaben, das durch seine Einmaligkeit und zeitliche Abgrenzung definiert wird. Letzteres spricht gegen die Definition einer QM-Einführung als Projekt. Dennoch trägt die initiale Implementierung eines QM-Systems viele Merkmale eines Projekts und erhält durch das Ziel der Zertifizierung auch aus projekttaktischen Gründen ein definiertes Ziel für die Beteiligten. Das Zertifikat als Bestätigung der erfolgreichen Zertifizierung ist nicht nur aus diesen Gründen ein wichtiger Faktor, sondern auch um am Markt mit vielen Mitbewerbern bestehen zu können sowie als interner Dienstleister verbriefte Kompetenz zu demonstrieren.

Die Umsetzung eines solchen Projektes gestaltet sich in Zeiten begrenzter finanzieller Mittel und dünner Personaldecke in Krankenhäusern und öffentlichen Einrichtungen schwieriger als in der freien Wirtschaft. Die Wirtschaftlichkeit war daher bei der Umsetzung der Einführung ein wichtiger Faktor. Das Projekt wurde von uns in Eigenleistung ohne externe Beratung umgesetzt. Die dadurch verlängerte Projektlaufzeit ermöglichte zum einen eine bessere Reifung der Prozesse und des aufgebauten Know-hows, zum anderen konnten so die Kosten relativ gering gehalten werden.

---

3 COBIT® ist eine eingetragene Marke des IT Governance Institute, www.itgi.org

9.5 Ziele

Primäres Ziel bei der Einführung des Qualitätsmanagementsystems war die Steigerung der Kundenzufriedenheit. Die Leitung der Informationstechnologie versprach sich durch die Einführung zusätzlich weitere Verbesserungen:

–   Durch die Implementierung eines kontinuierlichen Verbesserungsprozesses soll die ständige Verbesserung der Qualität der Dienstleistungen garantiert werden.
–   Für die Überwachung und Steuerung der Prozesse sollten zukünftig belastbare Kennzahlen zur Verfügung stehen.
–   Durch diese Möglichkeiten (Steuerung der Prozesse durch Kennzahlen, erhöhte Transparenz) soll die Kundenzufriedenheit weiter verbessert werden.
–   Durch die eingeführten Neuerungen sollen Effizienz und Wirtschaftlichkeit der ganzen Abteilung erhöht werden.

9.6 Projekt

Die Einführung des Qualitätsmanagementsystems in der Informationstechnologie des Klinikums erfolgte in einem zweieinhalb-jährigen Projekt. Beginn war der 31.05.2005 mit einem Kick-off-Meeting. Das Projekt endete mit dem bestandenen Audit am 13.11.2007. Um einen kleinen Einblick in die Aufwände und das Vorgehen zu erhalten soll das Projekt nun vorgestellt werden.

Wie in den Voraussetzungen bereits beschrieben, sollte das Projekt ohne externe Hilfe in Form von Beratern durchgeführt werden. Daher war es nötig, dass die mit dem Projekt betrauten Mitarbeiter sich intensiv mit dem Thema beschäftigten, um so eigenes Know-how aufzubauen. Die reichlich vorhandene Literatur zu den Themen ISO 9001 und ITIL® erleichterte den Einstieg in das Thema erheblich.

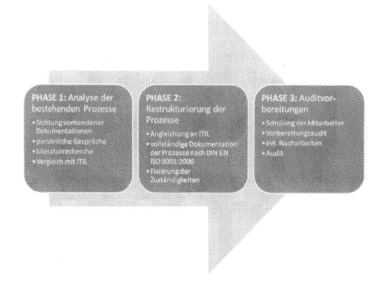

Abbildung 3: Die drei Phasen des Projekts

Das Projekt wurde in drei Phasen eingeteilt (siehe Abbildung 3). In der ersten Phase ging es um die Erfassung eines definierten IST-Zustands. Dazu gehörte unter anderem die Sichtung der bestehenden Unterlagen zu bereits dokumentierten Abläufen und Verfahren sowie Gespräche mit den Mitarbeitern aus den verschiedenen Fachbereichen. So konnte das Delta zwischen der bestehenden Dokumentation und den tatsächlichen Abläufen ermittelt werden.

Im Ergebnis wurde deutlich, dass es schon viele geregelte Verfahren und Prozesse gab, die jedoch selten in schriftlicher Form festgelegt waren. Die erfassten Prozesse entsprachen dabei erwartungsgemäß in weiten Teilen den ITIL®-Prozessen.

Ein Großteil des Handlungsbedarfs der Informationstechnologie lag in der Entwicklung eines Kennzahlensystems und dem Aufbau des Qualitätsmanagementsystems.

In den ITIL® Best Practices werden Kennzahlen für die verschiedenen Prozesse vorgeschlagen, jedoch fehlte der Informationstechnologie ein Werkzeug, um die dafür notwendigen Datenbestände zu erfassen, zu verarbeiten und zu verwalten. Die von uns erarbeiteten Key Performance Indicators (KPIs) benötigten ein Instrument zur Ermittlung und Durchführung des Soll-Ist-Abgleichs.

Die KPIs - Beispiel Incident Management [OGC 2001]:

- Gesamtanzahl der Incidents
- Zeit bis zur Lösung eines Incidents aufgeschlüsselt nach Auswirkung
- Prozentzahl der Incidents, die nicht innerhalb einer bestimmten (durch die SLAs vorgegebenen) Reaktionszeit gelöst wurden
- Durchschnittliche Kosten pro Incident

- Prozentzahl der Incidents, die direkt im Service Desk, d.h. ohne Weiterleitung an Fachbereiche, gelöst werden konnten
- Anzahl der Incidents, die pro Service Desk Workstation bearbeitet wurden
- Anzahl und Prozentzahlen der Incidents, die remote (ohne Vor-Ort-Service) gelöst werden konnten.

In der Informationstechnologie war zu diesem Zeitpunkt bereits ein einfaches Ticketsystem im Einsatz. Dieses erfüllte aber nicht annähernd die Anforderungen, die in Bezug auf die neuen Abläufe und Datenbestände gestellt wurden.

Eine Marktanalyse ergab, dass einige Tools zur Verfügung standen, die die Anforderungen erfüllen konnten. Diese waren jedoch auf Grund der hohen Anschaffungs- und Betriebskosten für uns nicht wirtschaftlich. Daher hat sich die Informationstechnologie entschlossen, ein eigenes Ticketsystem in einem parallel laufenden Projekt zu entwickeln.

Das Qualitätsmanagementsystem der Informationstechnologie hat einen dreistufigen Aufbau (siehe Abbildung 4). Die oberste Ebene bildet das Qualitätsmanagementhandbuch, in dem die Prozesse und Abläufe dokumentiert werden. Die zweite Ebene besteht aus den oben erwähnten ITIL®-Prozessen des Service Supports und des Service Delivery. Die dritte und unterste Ebene bilden die Verfahrensanweisungen.

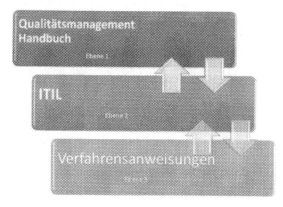

Abbildung 4: Aufbau des Qualitätsmanagementsystems

Das Qualitätsmanagementhandbuch ist eine Vorgabe aus der DIN EN ISO 9001. In diesem Handbuch werden alle Informationen abgelegt, die das Qualitätsmanagementsystem betreffen.

So werden dort zum Beispiel alle Prozesse und Verfahrensanweisungen dokumentiert. Da das QM-Handbuch der Informationstechnologie nicht als reines theoretisches Konstrukt, sondern als tägliches Arbeitsmittel implementiert werden sollte, galt es eine geeignete Dokumentationsform zu finden. Folgende Anforderungen musste das QM-Handbuch dabei aus Sicht der Informationstechnologie erfüllen:

- Einfache Handhabung
- Schnelle Aktualisierung
- Zugriff an jedem Arbeitsplatz
- Kostengünstig in der Anschaffung und im Unterhalt
- Interne Verweise (Hyperlinks) unter den Dokumenten
- Weboberfläche
- Versionierung von eingestellten Dokumenten und Texten

Die IT entschied sich daher, ein Wiki als QM-Handbuch zu verwenden.[4]

Vereinfacht ausgedrückt handelt es sich bei Wikis um Seitensammlungen im World Wide Web, die von jedem Besucher im Web-Browser bearbeitet werden können. Seiten und ihre Inhalte können neu erstellt, editiert, gelöscht und miteinander verknüpft werden [Wrobel 2007].

Das Wiki erfüllte alle Anforderungen und hatte durch die Bekanntheit der Online Enzyklopädie Wikipedia, eine sofortige hohe Akzeptanz bei den Mitarbeitern.

Abbildung 5: Screenshot des QM-Handbuchs

---

4   Verwendet wurde die Software MediaWiki, die der Online Enzyklopädie Wikipedia zugrunde liegt. Zusätzlich wurde das AddOn „Flagged Revisions" zur Steuerung von Artikelfreigaben installiert.

Der Aufbau der Prozesslandschaft ging einher mit einer Reorganisation der Verantwortlichkeiten für das Qualitätsmanagement. Die bisherige Organisation blieb bestehen, jedoch wurde jedem Prozess eine explizit verantwortliche Person, ein sogenannter Prozessverantwortlicher (PV), zugewiesen. Ebenfalls wurde von der Leitung die obligatorische Rolle des Qualitätsmanagementbeauftragten (QMB) vergeben. Der QMB hat folgende Aufgaben und Befugnisse:

- Vermittlung der Qualitätspolitik innerhalb des jeweiligen Arbeitsbereiches
- Identifikation von Problemen, die in Arbeitsgruppen bearbeitet werden sollten
- Aufbau, Aufrechterhaltung und Weiterentwicklung des QM-Systems gemäß den Anforderungen der DIN EN ISO 9001:2000 und den Empfehlungen der ITIL®
- Lenkung der QM-Dokumentation
- Vorbereitung von Entscheidungen bei Fragen des QMS
- Planung und Nachbereitung der internen Systemaudits in Zusammenarbeit mit den internen Auditoren
- Vorbereitung von Entscheidungen der QM-Bewertung

Die Aufgaben und Befugnisse der Prozessverantwortlichen (PV) stellen sich wie folgt dar:

- Erstellen des Prozesses in dem Wiki
- Erhebung von Kennzahlen, Abgleich mit Zielvorgaben und Bericht an den QMB bzw. die Leitung
- Sicherstellung der ordnungsgemäßen Durchführung der Prozesse
- Pflege der Prozessbeschreibungen und den dazugehörigen Verfahrensanweisungen
- Stetige Anwendung des kontinuierlichen Verbesserungsprozesses
- Teilnahme an der PV-Sitzung

Die Splittung der Aufgaben und die Zuweisung von Verantwortung hat es der Informationstechnologie ermöglicht, das Projekt in die Breite zu ziehen und damit mehr Mitarbeiter zu erreichen. Die Vergabe der Prozesse richtete sich nach dem Fachgebiet des jeweiligen Mitarbeiters. So wurde beispielsweise der Teamleiter der Hotline zum Prozessverantwortlichen für das Incident Management.

So konnten die beiden entscheidenden Kriterien jedes Projekts zur Einführung eines Qualitätsmanagements erfüllt werden: Methodik (Approach) und Durchdringung (Deployment) [Masing et al. 2007].

Die Prozesse wurden in verschiedene Bereiche unterteilt und in eine Prozessmatrix eingeordnet (siehe Abbildung 6).

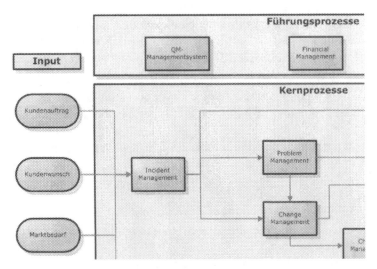

Abbildung 6: Ausschnitt aus der Prozessmatrix der Informationstechnologie

Die Dokumentation der Prozesse wurde vereinheitlicht und standardisiert (siehe Abbildung 7).

Die Verfahrensanweisungen sind Dokumente, die den Ablauf eines spezialisierten Verfahrens beschreiben. So wird zwar das Freigeben eines Users bzw. die Rücksetzung eines Passworts im Incident Management als Prozess verarbeitet, jedoch unterliegt das Freigeben eines Users einem speziellen Genehmigungsverfahren. Solche Verfahren werden in einer Verfahrensanweisung beschrieben und in der gleichen Form wie die Prozessbeschreibungen dokumentiert.

Das zur Überprüfung der Prozessqualität notwendige Kennzahlensystem der Informationstechnologie basiert zu einem großen Teil aus den Empfehlungen der ITIL® Best Practices.

Die größte Schwierigkeit bei der Entwicklung eines Kennzahlensystems ist die Auswahl relevanter Kennzahlen. Die Entwicklung ist aufwändig und im Ergebnis ständig zu prüfen. Daher bietet sich die Umsetzung im Rahmen eines PDCA-Zyklus an. Bei der Auswahl der Kennzahlen sind zwei grundlegende Faktoren entscheidend:

- Welche Daten stehen zur Verfügung?
- Welche Kennzahlen sagen etwas über die Qualität des Prozesses aus?

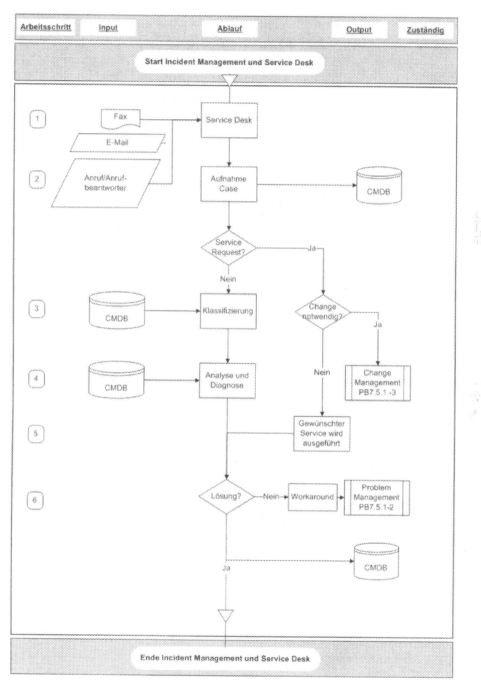

Abbildung 7: Prozessdiagramm am Beispiel des Incident Managements

Es gilt ein Gleichgewicht zwischen Aufwand zur Ermittlung der Kennzahl und der letztendlichen Aussagekraft für die Bewertung der Prozessqualität zu finden. Die aufwändige Beschaffung von Daten zur Ermittlung einer wenig aussagekräftigen Kennzahl ist unwirtschaftlich. Für jeden Prozess ist mindestens eine Kennzahl zu hinterlegen, um eine Bewertungsmöglichkeit zu garantieren.

Ein Beispiel aus dem Projekt der Informationstechnologie ist die Kennzahl „Erstlösungsquote". Diese Kennzahl beschreibt, wie viele Kundenanfragen oder Störungen (Service Requests bzw. Incidents) direkt am Service Desk gelöst werden. Sie ermittelt sich als: beim Erstkontakt mit dem Service Desk gelöste Ereignisse eines Zeitraums pro Gesamtzahl der Ereignisse innerhalb eines Zeitraums x 100.

Ein hoher Wert impliziert eine hohe Kundenzufriedenheit, da dem Kunden in kürzester Zeit geholfen werden konnte.

Durch die regelmäßige Überprüfung der Kennzahlen und die daraus gegebenenfalls abgeleiteten Verbesserungsmaßnahmen war es der Informationstechnologie möglich, die Erstlösungsquote um 22 Prozentpunkte zu steigern (siehe Tabelle 2).

Tabelle 2: Kennzahlenentwicklung "Erstlösungsquote"

2007	2008	2009
38,28 %	47,03 %	60,44 %[5]

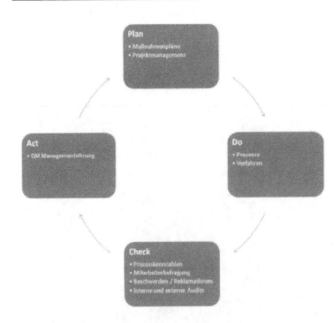

Abbildung 8: PDCA-Zyklus der Informationstechnologie

---

5 Werte von Januar bis April 2009

Der PDCA-Zyklus der Informationstechnologie hat nach allen Vorbereitungen folgenden Aufbau:

Die **Planung** der Prozesse und der Verfahren erfolgt durch Maßnahmenpläne oder je nach Aufwand im Projektmanagement, das spezielle Anforderungen an die Dokumentation und die Planung stellt.

Die **Durchführung** ist anhand der dokumentierten Prozesse und Verfahren festgelegt.

Die **Kontrolle** der Prozesse und des QM-Systems erfolgt durch verschiedene Kennzahlen und Prüfungen. Zum einen werden die Prozesse durch den Vergleich mit ihren Kennzahlen und den Zielvorgaben bewertet. Zum anderen fließt das Kundenfeedback in Form der Mitarbeiterbefragung und den Beschwerden bzw. Reklamationen in die Bewertung ein. Das QM-System wird zusätzlich mindestens einmal im Jahr durch ein internes Audit und durch das Audit eines externen Prüfers auf Wirksamkeit (Überwachungsaudit) beurteilt.

Diese Informationen werden in der sogenannten QM-Managementsitzung einmal im Quartal **geprüft** und bewertet. Etwaige Korrekturmaßnahmen werden danach an die jeweiligen Verantwortlichen (QMB, PV) weitergegeben und im Plan umgesetzt. Damit beginnt der Kreislauf wieder von vorne.

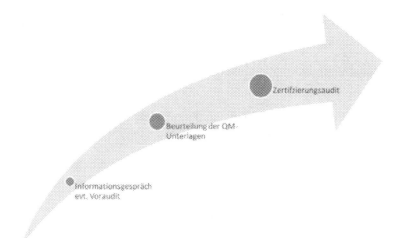

Abbildung 9: Der Zertifzierungsablauf

In der dritten Projektphase lag der Fokus auf der Auditvorbereitung. Vom vierten bis fünften Oktober 2006 ließ die Informationstechnologie durch den TÜV Süd ein sogenanntes Voraudit durchführen. Dieses Voraudit markierte im Projekt einen Meilenstein zur Überprüfung des erreichten Stands in Hinblick auf die abschließende Zertifizierung und zur Ableitung der noch ausstehenden Maßnahmen.

Das Audit zur Zertifizierung nach DIN EN ISO 9001:2000 folgt einem festgelegten Schema:

- Informationsgespräch
  Hier sind Fragen zum weiteren Vorgehen und Ablauf der Zertifizierung zu klären.
- Beurteilung der QM-Unterlagen
  In diesem Rahmen prüft der Auditor den Aufbau und den Inhalt des QM-Handbuches auf Vollständigkeit und Korrektheit
- Zertifizierungsaudit

Das eigentliche Audit besteht aus einer Begehung und mehreren Interviews mit den Mitarbeitern und den Verantwortlichen. Es geht hierbei um die Feststellung, ob das QM-System sich im aktiven Einsatz befindet und in der täglichen Arbeit umgesetzt wird. Die Entscheidung, ob die Auditoren eine Vergabe des Zertifikats empfehlen, wird im Anschluss an das Audit getroffen. Die Gültigkeit des Zertifikats beträgt drei Jahre. Das QM-System muss jedoch jährlich durch einen externen akkreditierten Auditor auf Wirksamkeit überprüft werden.

Die Zertifizierung der IT erfolgte am 12. und 13. November 2007.

9.7 Kosten

Insgesamt dauerte das Projekt zweieinhalb Jahre. Am Projekt waren insgesamt 12 Personen beteiligt:

- Der QMB mit ca. 20-30% seiner Wochenarbeitszeit (150 Personentage)
- Eine BA-Studentin Vollzeit während ihrer Präsenzzeiten
- 10 Prozessverantwortliche

Zu den internen Aufwänden kamen noch die Kosten für das Voraudit und das Zertifizierungsaudit, die sich auf insgesamt rund 10.000 € beliefen.[6]

9.8 Fazit

Die Einführung eines Qualitätsmanagementsystems ist eine große Herausforderung, doch ihr Nutzen hat sich in der Informationstechnologie in kürzester Zeit bestätigt.

Die Projekte und Verbesserungsmaßnahmen, die im Laufe der Einführung durchgeführt wurden, verbesserten die Effizienz erheblich und die Kundenzufriedenheit steigt seitdem stark an.

Um den Erfolg zu messen, verglich die Informationstechnologie die Kundenbefragungen aus dem Jahr 2003 mit denen aus dem Jahr 2008. Dabei wurde festgestellt, dass die Informationstechnologie in allen Befragungswerten zulegen konnte (siehe Tabelle 4, Veränderung in %-Punkten).

---

6   Die Kosten für ein Audit können je nach Anbieter variieren.

Tabelle 3: Auszug aus dem Vergleich der Mitarbeiterbefragungen

Frage	2003	2008	Veränderung
Ich werde gut bei Problemen mit der EDV unterstützt	56,10%	60,30%	+4,20%
Meine Anwendungen laufen stabil	66,30%	71,00%	+4,70%
Meine Anwendungen laufen schnell	58,20%	60,80%	+2,60%
Die Hotline ist gut zu erreichen	55,10%	65,30%	+10,20%
Die Fachkompetenz der Mitarbeiter ist gut	63,80%	71,10%	+7,30%
Die Zeit bis zur Fehlerbehebung ist angemessen	51,50%	64,50%	+13,00%

Noch deutlicher zeigt sich die Veränderung in der Befragung der Mitarbeiter der Informationstechnologie zu den Abläufen in ihrem Bereich (siehe Tabelle 5). Die Mitarbeiter sind von dem Konzept überzeugt und bestärkten in der Umfrage den Erfolg der Einführung.

Tabelle 4: Auszug aus dem Vergleich der Mitarbeiterbefragungen

Frage	2003	2008	Veränderung
Die Arbeitsabläufe sind in meinem Bereich gut organisiert	80,90%	91,7%	+10,80%
Wir verbessern unsere Arbeitsabläufe kontinuierlich	76,50%	97,90%	+21,40%

Die Prozesskennzahlen der einzelnen Prozesse sind seit der Einführung des Qualitätsmanagementsystems stetig gesteigert worden. Seit dem Beginn des Projektes wurden von den Mitarbeitern der Informationstechnologie 70 Verbesserungsmaßnahmen vorgeschlagen, die alle zur Verbesserung der Servicequalität beitragen.

Zusammenfassend lässt sich sagen, dass die Entscheidung, ein umfassendes, zertifiziertes Qualitätsmanagementsystem in einer internen Abteilung für Informationstechnologie aufzubauen, schlüssig und richtig war.

Der eigentliche Nutzen erschließt sich erst nach einigen Jahren des Betriebs eines solchen Systems: Es ist der kulturelle Wandel, der sich zwangsläufig vollzieht. Die Mitarbeiter finden sich in einer von Ihnen beeinflussten und getragenen Arbeitswelt, in der der Kunde im Mittelpunkt steht und eine stets vorhandene Transparenz auf allen Ebenen auch immer Raum für Verbesserungen bereithält.

Durch diesen kulturellen Wandel und die damit verbundene Integration der Mitarbeiter wird das wichtigste Moment des Prozesses bedingt: Eine Verbesserung der Position des Unternehmens im „War for Talents", im Kampf um die Gewinnung und Bindung der besten Köpfe an das Unternehmen in einem hart umkämpften Markt. Wie unsere Analyse zeigt, konnten wir uns in der Gewinnung und insbesondere Bindung von leistungsstarken, motivierten Mitarbeitern behaupten und unsere Position in Bezug auf Mitarbeiterzufriedenheit und individuelle Leistung ausbauen.

Die erreichten Steigerungen der Qualität der Services und damit die verbesserte Kundenzufriedenheit sowie die Verbesserung der Postion der internen IT gegenüber den Mitbewerbern des Outsourcing sind zusammen mit den erreichten Ergebnissen in der Personalentwicklung der Kern des beschriebenen Prozesses zur Einführung eines umfassenden Qualitätsmanagementsystems unter Anwendung der Best Practices nach ITIL®.

Literaturverzeichnis

[Bock et al. 2006] Bock, W.; Macek, G.; Oberndorfer, Th.; Pumsenberger, R.: ITIL-Zertifizierung nach BS 15000/ISO 20000. Bonn 2006.

[Masing et al. 2007] Masing, W.; Pfeifer, T.; Schmitt, R.: Masing Handbuch Qualitätsmanagement. München 2007.

[OGC 2001] OGC: Best Practice for Service Support. London 2001.

[Wrobel 2007] Wrobel, S.: Einsatz von Wikis in kleinen Unternehmen am Beispiel von TWiki in dem Unternehmen Dyco Media. Diplomarbeit, Norderstedt 2007.

[Elsener 2005] Elsener, M.: Kostenmanagement in der IT – Leistungssteigerung und Kostenoptimierung. Bonn 2005.

Markenrechte

ITIL® ist eine eingetragene Marke des Office of Government Commerce (OGC), www.ogc.gov.uk

10 IT-Sicherheit in Kliniken

Norbert Vogel, Rüdiger Gruetz

10.1 Einleitung

„Conficker in Kärnten: Nach der Landesregierung nun die Spitäler" mit dieser Überschrift meldete der Online-Nachrichtenticker des Computerzeitungsverlages heise.de am 12.01.2009 den Wurmbefall einiger Rechnersysteme Österreichischer Kliniken [heise 2009]. Das Interessante an dieser Meldung war die nachfolgende Leser-Diskussion, ebenfalls auf www.heise.de. Viele Beiträge sprachen von Schludrigkeit und Schlamperei, von Verschwendung von Krankenkassen- und öffentlichen Geldern und der Angst um eigene Patientendaten. Warum?

Die Diskutanten wussten, dass das einfache Einspielen eines Stückchens Software, mit dem ein vorhandener Fehler in der Systemsoftware korrigiert wird, das Eindringen des Wurmes verhindert hätte. Microsoft hatte diesen „Patch" schon Wochen vor dem Befall zum Herunterladen auf seinen Servern bereitgestellt. Genau das Nichteinspielen des Patches wurde den verantwortlichen Betreibern der Krankenhaus-Rechnersysteme vorgeworfen. In seinem Beitrag meldete sich schließlich ein offensichtlich Betroffener. Dieser konstatierte, dass man die Rechnersysteme in einem Krankenhaus nicht mit den Systemen in einer Büroumgebung vergleichen kann und darf. Den Betreibern in den befallenen Kliniken war es scheinbar untersagt, den auch dort bekannten Patch von Microsoft auf allen Rechnern zeitnah einzuspielen. Wie kann dieser Interessenskonflikt entstehen?

Hintergrund ist hier, dass auf vielen Rechnern in Krankenhäusern medizinische Anwendungen betrieben werden. Diese müssen strenge gesetzliche Vorgaben erfüllen, die in Deutschland im Wesentlichen im Medizinproduktegesetz (MPG) geregelt sind. Alle betroffenen Produkte werden von den Herstellern als eine Einheit zertifiziert. In der Regel geschieht dies durch ein Konformitätsverfahren. Bei international gehandelten Produkten, wird meist die Food and Drug Administration (FDA) mit der Zertifizierung beauftragt. Jeder nicht vom Hersteller autorisierte Eingriff in das System – und dazu zählt auch das Einspielen eines Patches - kann das Erlöschen des Zertifikats bewirken und damit der Gewährleistung. Damit entfällt im Extremfall die Haftung des Geräteherstellers. Das Risiko einer Fehlfunktion des Medizingerätes würde somit der Betreiber alleine tragen. Man wird sich als erfahrener Nutzer eines PCs fragen, ob ein Patch vom Hersteller des Betriebssystems zur Beseitigung von vorhandene Fehlern und Schwachstellen tatsächlich ein Medizinprodukt so negativ beeinflussen kann, dass die Betriebszulassung erlischt. Die Antwort hierauf ist natürlich abhängig von den Rahmenbedingungen. Es kommt tatsächlich darauf an, wie das Produkt eingesetzt wird. Z.B. könnte ein

Medizinprodukt, das Daten während einer In-vivo-Messung (also direkt am Patienten) in Echtzeit bearbeiten und visualisieren muss, durchaus nach dem Einspielen eines Sicherheits-Patches fehlerhaft arbeiten. Wenn es durch den Patch, wegen hinzugekommener zusätzlicher Prüfungen von Parametern, beispielsweise zu Performance-Engpässen kommt, kann die Echtzeit der Werte nicht mehr gegeben sein oder es kann zu Artefakten kommen. Hier kann nur der Hersteller des Produktes mit Messaufbau und –verfahren, welches er für die Erlangung der Zertifizierung genutzt hat, sicherstellen, dass das Gerät nach Einspielung des Patches noch korrekt arbeitet. Würde man statt des Patches einen Virenscanner aufspielen, der sämtliche Daten während des Entstehens auf Viren überprüfen müsste, wäre der Verlust der Echtzeitfunktionalität des Medizinproduktes sicher vorhersehbar.

Immer mehr klassische Medizingeräte werden durch innovative Geräte ersetzt, deren Funktionalität durch Software gesteuert wird und die zum Austausch von Daten über das LAN (Local Area Network) kommunizieren. Diese Geräte wachsen somit in die IT-Welt hinein und unterliegen damit auch deren Gefahrenpotential. In den letzten Jahrzehnten waren in fast allen Häusern die Bereiche IT und Medizintechnik klassisch getrennt. Erst durch den Einsatz von herkömmlichen PCs zur Steuerung oder Auswertung der Daten der Medizingeräte sowie durch die Forderung der Ärzte, die aufgezeichneten Daten überall im Hause verfügbar zu haben, wird die Zusammenarbeit dieser beiden Abteilungen immer enger. In einigen Häusern werden bereits Einsparungspotentiale erwirkt, z.B. durch eine gemeinsam geplante LAN-Kabel-Infrastruktur (konvergente Netze) oder durch Delegation der Standorte und Betreuung der Medizinserver in die IT-Abteilung. In diesem Kontext stellt sich die Frage, ob sich nicht auch Synergien bei der Planung, Einführung und Überwachung der Sicherheitsrichtlinien ergeben. Diese Frage kann mit einem klaren „Ja" beantwortet werden. Im Sicherheitsbereich gibt es sogar die größten Synergie-Effekte, hier treffen nämlich zwei Welten aufeinander:

– Auf der einen Seite steht die Medizintechnik, die bisher in einer heilen, quasi sicheren Umgebung arbeiten konnte. Keinerlei bösartige Ein- und Angriffe waren zu erwarten, da es sich meist um nicht vernetzte Geräte handelte - zuhauf auch mit proprietären Betriebssystemen ausgestattet - oder um abgeschlossene Netze ohne Zugang zur Außenwelt, geschweige denn zum Internet.

– Auf der anderen Seite haben wir die IT, die seit Jahren mit Viren, Würmern und Trojanern, mit Fehlern in Betriebssystemen und Applikationen leben muss und dadurch aber auch über einen reichhaltigen Schatz an Wissen und Hilfsmitteln zur Gefahrenabwehr verfügt.

Nachfolgend soll dargestellt werden, welche Konzepte umgesetzt werden müssen, um einen möglichst hohen Datenschutz und eine möglichst hohe Datensicherheit im Krankenhaus zu gewährleisten.

10.2 Definition von Informationssicherheit

Der noch weit verbreitete Begriff der IT-Sicherheit erfüllt nicht mehr die Anforderungen einer ganzheitlichen Betrachtungsweise, da Geräte wie Mobiltelefone nicht als IT-Systeme bzw. IT-Geräte verstanden werden und damit oft aus dem Blickfeld geraten. Besser ist es daher, mit dem - normgerechten - Begriff der Informationssicherheit zu arbeiten.

Informationssicherheit umfasst im Wesentlichen:

- **Vertraulichkeit**
  Die Informationen werden nur den dazu befugten Personen zugänglich gemacht.
- **Verfügbarkeit**
  Die Informationen sind in angemessener Zeit aufrufbar.
- **Integrität**
  Die Informationen bleiben richtig und vollständig.

Zur Informationssicherheit werden aber auch hinzugezählt:

- **Zurechenbarkeit**
  Die Änderung der Information kann dem Urheber der Änderung zugerechnet werden.
- **Authentizität**
  Der Systembenutzer oder das System ist tatsächlich derjenige bzw. dasjenige, für den er oder es sich ausgibt.

Informationssicherheit ist der Schutz von Informationen vor einer Vielzahl von Bedrohungen.

Sie dient der Aufrechterhaltung des Geschäftsbetriebs. Des Weiteren soll sie Geschäftsrisiken minimieren und die Rendite und die Geschäftschancen maximieren. [ISO 27001:2005]

Informationssicherheit **dient** also dem Unternehmen und darf nicht pauschal als Hindernis gesehen werden. Welche Sicherheitsziele, also beispielsweise welches Maß an Vertraulichkeit oder Verfügbarkeit für die unterschiedlichen Informationen und Systeme in dem Unternehmen - sprich Krankenhaus - gelten, kann (und muss) jedes Haus verbindlich und hausweit gültig in der Sicherheitsleitlinie festlegen.

Festzuschreibende Ziele könnten sein:

- Unternehmenswichtige IT-Systeme sind hoch verfügbar.
- Alle Systeme werden vor einem Zugriff durch Unbefugte geschützt.
- Die Anforderungen an die ärztliche Schweigepflicht werden eingehalten.
- Kosten für die Geschäftsprozesse werden optimiert.
- Schadensfälle durch nicht gesicherte IT-Systeme werden unterbunden.

10.3 Engagement des Managements

Die Verantwortlichkeit des Managements für die Informationssicherheit ist bereits nachdrücklich beschrieben. Dies, aber auch die Durchsetzbarkeit von Sicherheitsmaßnahmen, setzt eine deutliche Beteiligung der Managementebenen im Sicherheitsprozess für ein Gelingen bei dieser komplexen Aufgabe unbedingt voraus.

Sichtbar wird der Rückhalt durch die Unternehmensleitung unter anderem bei der

- Verabschiedung der Sicherheitsleitlinie
- schriftlichen Kenntnisnahme von mitgeteilten Betriebsrisiken, wie z.B. Feuer, Wasser, System- oder Personalausfall
- Bestellung eines IT-Sicherheitsbeauftragten
- Formulierung von Schutzbedarfsanforderungen

10.4 Motivierung zur Informationssicherheit

In der Regel sind die Details der Informationssicherheit dem Personal eines Krankenhauses nur sehr wenig vertraut. Der vielzitierte „Feind im Inneren" kann beabsichtigte aber auch unbeabsichtigte Schäden herbeiführen. Deshalb ist eine gezielte Sensibilisierung für den Themenkomplex Informationssicherheit unbedingt notwendig. Das Wissen um Gefährdungen und die entsprechenden Maßnahmen sollte durch Schulungen auf allen Ebenen, beginnend mit der Betriebsleitung, vermittelt werden. Der Rückhalt für durchzusetzende Maßnahmen ist umso größer je besser das Verständnis für die damit zu verringernden Gefährdungen ist. Ein zielgruppenorientiertes Schulungskonzept zum Themenfeld Informationssicherheit sollte deshalb erstellt und auch umgesetzt werden.

10.5 Schutzbedarfsanforderungen

Auch wer kein dediziertes Informationssicherheitsmanagement etabliert, muss sich über das Schutzbedürfnis seiner IT bewusst sein. Viele Maßnahmen wie Datensicherung und Wiederherstellung werden davon beeinflusst.

Dieser Schutzbedarf wird – wie in Tabelle 1 dargestellt - in 3 Kategorien untergliedert.

Tabelle 1: Schutzbedarfskategorien   **Quelle: BSI**

"normal"	Die Schadensauswirkungen sind begrenzt und überschaubar.
"hoch"	Die Schadensauswirkungen können beträchtlich sein.
"sehr hoch"	Die Schadensauswirkungen können ein existentiell bedrohliches, katastrophales Ausmaß erreichen.

Zu entscheiden ist das Schutzbedürfnis für die Systemeigenschaften Verfügbarkeit, Vertraulichkeit und Integrität (vgl. Tabelle 2).

Tabelle 2: Sicherheitsrelevante Systemeigenschaften   **Quelle: BSI**

Verfügbarkeit	Die Systeme und Daten sind grundsätzlich erreichbar. Die Antwortzeiten sind in einem angemessenen Rahmen.
Vertraulichkeit	Die Informationen sind zugriffsgeschützt. Nur befugte Personen erhalten Einsicht.
Integrität	Die Daten dürfen nicht unbemerkt verändert werden.

Für jede der o.g. Kategorien müssen folgende Schadensszenarien betrachtet werden:

- Verstoß gegen Gesetze, Vorschriften oder Verträge,
- Beeinträchtigung des informationellen Selbstbestimmungsrechts,
- Beeinträchtigung der persönlichen Unversehrtheit,
- Beeinträchtigung der Aufgabenerfüllung,
- negative Innen- oder Außenwirkung und
- negative finanzielle Auswirkungen.

Das Haus definiert in einem Dokument möglichst allgemeingültig die Schutzbedarfsanforderungen und schließt dabei idealerweise auch die medizintechnischen Systeme ein.

Mögliche Kernaussagen sind in Tabelle 3 zusammengestellt.

Die Machbarkeit dieser Anforderungen ist im Vorfeld mit den Fachverantwortlichen, dem Hausjuristen und ggfs. dem Datenschutzbeauftragten abzustimmen.

Tabelle 3: Mögliche Kernaussagen der Schutzbedarfsanforderung

Schadens-szenario	Normaler Schutz-bedarf	Hoher Schutzbedarf	Sehr hoher Schutzbedarf
Verstoß gegen Vor-schriften/Ge-setze oder Verträge	Keine arbeits- und strafrechtlichen Folgen für den be-teiligten Arbeitneh-mer.	Nur bei Verstößen mit geringen Auswirkun-gen für das Haus: Der beteiligte Arbeitnehmer hat mit arbeits- und strafrechtlichen Konse-quenzen zu rechnen.	Bei massiven Gesetzesver-stößen ist mit erheblichem Schaden für das Haus und deutlichen arbeits- und strafrechtlichen Folgen für den Arbeitnehmer zu rechnen.
Beeinträchti-gung des informatio-nellen Selbstbestim-mungsrechts	Geringe Auswir-kungen bei Bekannt-werden anonymi-sierter Daten.	Bei Bekanntwerden nicht anonymisierter Daten wäre mit deutli-chen Auswirkungen für den Betroffenen zu rechnen.	Bei Bekanntwerden medi-zinischer Daten ist mit existenzbedrohenden Auswirkungen für den Betroffenen zu rechnen.

Beeinträchtigung der persönlichen Unversehrtheit	Ein Verfügbarkeitsverlust beeinträchtigt die Unversehrtheit des Patienten nicht.	Ein Verfügbarkeitsverlust beeinträchtigt die Unversehrtheit des Patienten gering.	Ein Verfügbarkeitsverlust führt zu deutlichen Verzögerungen im Behandlungsprozess und damit zu erheblichen Beeinträchtigungen in der persönlichen Unversehrtheit.
Beeinträchtigung der Aufgabenerfüllung	Der Betrieb ist bei Nichtverfügbarkeit zwar beeinträchtigt, allerdings wird ein Ausfall auch von > 3 Tagen toleriert.	Ein Systemausfall zwischen 12 und 36 Stunden kann toleriert werden.	Die tolerable Zeitspanne für einen Systemausfall beträgt weniger als 12 Stunden.
Negative Innen- oder Außenwirkung	Probleme bei der Datenverarbeitung führen nicht zu einem Imageverlust.	Das Bekanntwerden von DV-Problemen könnte zu einem Ansehensverlust führen.	Ruinöse Auswirkungen wären die Folge, z. B. der Veröffentlichung und des Missbrauchs von Patienten- oder Personaldaten
Finanzielle Auswirkungen	Der finanzielle Schaden wäre bei einer Summe von 50.000 € noch tolerabel.	Der finanzielle Schaden hätte deutliche Auswirkungen, wenn er > 50.000 €, aber < 500.000 € beträgt.	Ein finanzieller Schaden von > 500.000 € hätte ruinöse Folgen für das Haus.

10.6 Die Sicherheitsleitlinie

Als übergeordnetem Dokument kommt der Sicherheitsleitlinie - normgerecht als „Leitlinie zur Informationssicherheit" bezeichnet - besondere Bedeutung zu.

Ziel ist die Richtungsvorgabe und Unterstützung des Managements bei der Informationssicherheit, in Übereinstimmung mit Geschäftsanforderungen und geltenden Gesetzen und Regelungen. [ISO 27002:2005, S. 17]

Diese Leitlinie ist vom Management zu verabschieden und im Unternehmen zu veröffentlichen. Je nach Unternehmensstruktur und -kultur kann dies auch in Form einer Betriebsvereinbarung geschehen. Die ISO-Norm 27799 [ISO 27799:2008, S. 29] fordert solch eine Leitlinie sogar zwingend für Organisationen, die Gesundheitsinformationen verarbeiten.

Notwendige Inhalte sind:

– Festlegung der Verantwortlichkeiten
– Bekenntnis des Managements zur Informationssicherheit
– Stellenwert der Informationsverarbeitung
– Definition der Sicherheitsziele

- Festlegung des Geltungsbereiches
- Definition des Informationssicherheitsmanagements
- Erläuterung der geltenden Prinzipien und Standards
- Hinweis auf mitgeltende und weiterführende Unterlagen

Weitergehende Inhalte sollten jeweils von der verantwortlichen Fachabteilung formuliert und in den Richtlinien detailliert festgeschrieben werden. So kann es Richtlinien geben für den sicheren Betrieb des Netzwerkes und der Server, für die PC-Nutzung, für den Einsatz von E-Mail-Systemen und Internet-Browsern, für die sichere Entsorgung von Altgeräten usw.

Der häufig verwendete englische Begriff „Policy" führt hier oft zu Missverständnissen, wenn er als Richt- oder Leitlinie oder fälschlicherweise gar als Politik übersetzt wird.

Die IT-Sicherheit in einem Krankenhaus ist integraler Bestandteil der Sicherheitsleitlinie des gesamten Hauses. Die höchste Priorität haben in diesem Zusammenhang die Integrität und der Schutz der Patientendaten. Mit einem ähnlich hohen Stellenwert versehen ist auch die Verfügbarkeit unternehmenskritischer DV-Systeme, z.B. Untersuchungssysteme und Verwaltungssysteme wie KIS (Krankenhausinformationssystem) und RIS (Radiologieinformationssystem).

Im Folgenden soll auf die unterschiedlichen Ausprägungen der Krankenhaus-IT in Bezug auf die IT-Sicherheitsbetrachtung eingegangen werden. Im Wesentlichen unterscheidet man bei der IT-Sicherheit folgende Bereiche:

- Physikalische Sicherheit (z.B. Redundanzen)
- Logische Sicherheit (z.B. Verschlüsselung, Datensicherung)
- Administrative Sicherheit (z.B. Berechtigungskonzept)
- Organisatorische Sicherheit (z.B. Aufklärung der Anwender, Kategorisierung der Verfügbarkeitsanforderungen)

10.7 Physikalische Sicherheit

Unter die physikalische Sicherheit fällt alles, was einen direkten oder indirekten Einfluss auf die Verfügbarkeit der IT-Hardware hat. Dies sind im Wesentlichen:

- Redundante Server
- Redundante Rechenzentren (Ausweichrechenzentrum)
- Redundante Stromversorgung (AEV und USV)
- Redundante Netzwerkanbindungen für unternehmenskritische Anwendungen
- Zutrittssicherung zu Rechenzentren und Netzwerk-Verteilerräumen
- Klimatisierung dieser Techniräume
- Schutz der Techniräume vor Naturkatastrophen (z.B. Hochwasser, Sturmschäden)

Es liegt auf der Hand, dass Server und Endgeräte mit unternehmenskritischen Anwendungen oder sensiblen Daten entsprechend physikalisch geschützt werden sollten. Die Kliniken müssen daher definieren, welche Komponenten von medizinischen Rechnersystemen in zentralen, entsprechend sicherheitstechnisch ausgestatteten Räumen untergebracht werden können. Gleiches gilt für sämtliche anderen Serversysteme des Unternehmens.

10.8 Logische Sicherheit

Eng verbunden mit der physikalischen Sicherheit ist die logische Sicherheit. Diese zielt auf die Sicherheit der Daten und Informationen ab, die in den im Klinikum eingesetzten DV-Systemen verwaltet werden. Maßnahmen in diesem Zusammenhang sind:

- Datensicherung und Lagerung dieser Daten in getrennten Gebäuden
- Sicherung von sensiblen Daten vor Einsichtnahme und Verfälschung durch Unberechtigte sowie Sicherstellung, dass die Kommunikationspartner tatsächlich diejenigen sind, die sie vorgeben zu sein.
  Methoden hierfür wären:
  - Verschlüsselung von mobilen Datenträgern (Festplatten von Laptops, USB-Festplatten, USB-Speichersticks, Memory-Cards, CDs, DVDs), wenn dort sensitive Daten (z.B. Patientendaten) gespeichert sind
  - Verschlüsselung von WAN-Verbindungen zu entfernten Unternehmensteilen
  - Verschlüsselung von Telemedizin-Verbindungen
  - Verschlüsselung von Fernwartungsverbindungen
  - Verschlüsselung von Kommunikationsdaten von bzw. zu Einweiserportalen
  - Verschlüsselung von Wireless-LAN-Verbindungen
  - Verschlüsselung von Videokonferenzen nach Extern (z.B. Second Opinion)
  - Verschlüsselung von sensiblen VoIP-Telefongesprächen
- Speicherung der Anwenderdaten auf zentralen Fileservern mit regelmäßiger Datensicherung
- Speicherung der System- und Konfigurationsdaten von Clients, Servern und aktiven Netzkomponenten auf speziellen Servern, sodass bei einem Systemausfall die individuelle und aktuelle Konfiguration der jeweiligen Komponente jederzeit und schnell wiederhergestellt werden kann
- Dokumentation der Infrastruktur in einer CMDB[1], sodass bei einem Störfall schnell Informationen über die betroffenen Bereiche eingesehen werden können
- Aktuelle Virenscanner auf Clients, Servern und rechnerbasierten Medizingeräten

---

1 Configuration Management Data Base

- Firewall zur Absicherung vom Internet bzw. zur Sicherung sensibler Subnetze; jedoch nur bedingt zum Schutz von ungeschützten Medizingeräten geeignet
- Zeitnahes Einspielen von Sicherheitspatches der Softwarehersteller (Betriebssystem, Applikationen, Firmware)
- Austausch von Default- und Trivialpasswörtern
- Vermeidung von Diensten, die per se nicht sicher eingesetzt werden können (z.B. telnet, ftp)

10.9 Administrative Sicherheit

Der wichtigste Bestandteil der administrativen Sicherheit ist das Berechtigungskonzept. Hier wird festgelegt, welcher Nutzer auf welche Datenbestände mit welchen Rechten zugreifen darf. In den meisten Krankenhäusern gibt es mehrere Systeme, für die ein individuelles Berechtigungskonzept erstellt und gepflegt werden muss. Häufig existiert in den Häusern ein Metadirectory von Novell® oder von Microsoft®. Über dieses Metadirectory können zentral Berechtigungen auf Endgeräte und/oder Nutzer vergeben werden. Daneben gibt es in allen Krankenhäusern weitere große Systeme mit eigenem Berechtigungskonzept. Dies sind in der Regel KIS, RIS, OPD (Operationsdokumentationssystem), Laborsystem, rechnergebundene Medizingeräte sowie die Telefonie-Systeme.

Diese Vielfalt zeigt schon, dass hinter der administrativen Sicherheit eine „Sisyphus"-Arbeit steckt, die in Krankenhäusern auf Grund von historisch gewachsenen organisatorischen Trennungen auf verschiedene Schultern verteilt ist. Jedes dieser Systeme gewährleistet die IT-Sicherheit mehr oder weniger erschöpfend. Die Lücken können häufig jedoch nicht festgestellt werden.

Auf Medizinsysteme haben oft Mitarbeiter des Krankenhauses wenig Einfluss, da diese Geräte dem MPG unterliegen. Sie wurden in einer vom Hersteller festgelegten Konfiguration und Konstellation zertifiziert. Jede Änderung an den überprüften Einstellungen kann den Verfall der Zulassung nach sich ziehen. Damit würde sich der Hersteller in einem Schadensfall aus der Haftung ziehen. Eine Sicherheitslücke bei einem Medizingerät würde beispielsweise dann vorliegen, wenn dieses mit dem Hausnetz verbunden wird, ein Virenscanner jedoch nicht installiert werden darf, um die Zulassung nicht zu verlieren. In diesem Fall würde der Betreiber ein durchaus vorhandenes Risiko in Kauf nehmen.

Häufig findet man auf dem Steuerungscomputer des Medizingerätes ein sehr einfach strukturiertes Berechtigungskonzept. Meist existieren ein User Account mit privilegierten Berechtigungen zur Administration des Betriebssystems und ein User Account, der zur Verwendung der medizinischen Applikation berechtigt. Manchmal ist für diesen Zugang nicht einmal eine Passworteingabe notwendig. Für das bedienende Personal hat dies den Vorteil, dass das Medizingerät bei Bedarf sofort verfügbar ist. Leider ist die verbindliche Vorschrift der Eingabe eines Passwortes in der Praxis auch nicht zielführend, da dieses in der Regel offen für alle sichtbar in der Nähe des Gerätes hinterlegt wird oder aber so simpel gestaltet ist, dass es für jeden einfach einzuprägen ist. Auf Grund der gegebenen Situation im Krankenhaus ist die Änderung eines Passwortes für eine allgemein verfügbare Zugangskennung in der Praxis meist nicht mehr möglich. Das Passwort ist zwar nur dem medizinischen Personal bekannt, jedoch verlässt dieses, z.B. durch das Ausscheiden von Mitarbeitern, früher oder später das Haus.

Verglichen mit der Patientenakte aus Papier ist das System jedoch vergleichbar sicher, da es in der Regel in, für die Öffentlichkeit nicht zugänglichen Bereichen untergebracht ist. Wird es jedoch an das LAN angeschlossen, ist es theoretisch von jedem aktiven Netzanschluss im Haus aus erreichbar. Ein hohes Sicherheitsniveau bei diesen Geräten kann nur erreicht werden, wenn die Hersteller ihre Systeme bzw. Applikationen mit einer Nutzerverwaltung ausstatten. Damit kann beispielsweise über biometrische Zugangsverfahren (z.B. Fingerabdruck) oder „Besitz-Authentifizierung" (z.B. mit Smartcards) ein individualisierter Zugang zum System eingerichtet und verwaltet werden. Ideal wäre die Auslagerung der Benutzerverwaltung auf ein im Hause betriebenes Metadirectory. Mitarbeitern könnte damit unmittelbar nach dem Ausscheiden aus dem Unternehmen oder auch beim Wechsel in einen anderen Aufgabenbereich innerhalb des Hauses die individuelle Berechtigung für das Medizingerät automatisch entzogen werden.

10.10 Organisatorische Sicherheit

Zur organisatorischen Sicherheit der IT-Systeme gehört die Erstellung einer Sicherheitsleitlinie für das Unternehmen, die von der Geschäftsleitung eingeführt und überwacht wird. Dazu müssen zunächst die wesentlichen Prozesse des Krankenhauses definiert werden. Anschließend werden die Auswirkungen für das Klinikum für den Fall bewertet, dass diese Prozesse nicht funktionieren sollten. Bei dieser Einstufung wird insbesondere auch die Abhängigkeit unternehmenskritischer Prozesse von der Verfügbarkeit des zugrunde liegenden IT-Systems bewertet. Zur organisatorischen Sicherheit zählt auch die sicherheitsrelevante Sensibilisierung der Mitarbeiter. Dies gilt insbesondere beim Umgang mit schützenswerten Daten, z.B. keine Weitergabe von sensiblen Unternehmensdaten an nicht berechtigte Dritte, keine Weitergabe an Berechtigte über unsichere Kommunikationsmedien oder Schutz der eigenen Zugangsdaten zu Systemen mit sensiblen Daten vor der Einsicht durch Unberechtigte.

Die Geschäftsleitung muss sicherstellen, dass das Gesamtsicherheitskonzept im Krankenhaus nicht durch Ausnahmeregelungen für wenige Mitarbeiter unterminiert wird. Ein typisches Beispiel wäre die Nutzung von privaten Computern und Computerzubehör im Klinikumsbereich. Hier könnte eine IT-Abteilung weder sicherstellen, dass alle bekannten Fehler im Betriebssystem beseitigt sind und der Virenscanner aktuell ist, noch könnte sie verhindern, dass der Nutzer unwissend Schadsoftware mitbringt oder sich aus dem Internet auf sein Endgerät lädt und dort installiert, denn im Normalfall verfügt er bei seinem eigenen Computer über Administratorrechte. Weitere Sicherheitslücken entstehen dadurch, dass er mit diesem Gerät auch Patientendaten unbemerkt aus dem Hause schaffen kann. Legt der Nutzer schließlich noch seine Daten lokal auf seinem Computer ab, statt diese auf dem zentralen Fileserver zu speichern, sind sie bei einem eventuellen Defekt seiner Festplatte unwiederbringlich verloren. Ähnliche Beispiele für kontraproduktive Ausnahmeregelungen gibt es in jedem Krankenhaus zuhauf.

10.11 Notfallvorsorge

Notfallvorsorge umfasst Maßnahmen, die auf die Wiederherstellung der Regel-Betriebsfähigkeit <u>nach</u> dem Ausfall eines IT-Systems zielen oder diesen im Vorfeld verhindern sollen. So werden für denkbare Störfälle im IT-Bereich vorher Handlungsanweisungen festgelegt und technische Lösungen wie eine redundante Stromversorgung installiert. Es handelt sich also um Risikoreduktion.

Schon bei Eintritt einer Störung, die sich zu einem Notfall entwickeln könnte, sind die erforderlichen Maßnahmen zu ergreifen, die genau dies verhindern. Einem Wassereinbruch im Serverraum kann beispielsweise durch Entwässerung begegnet werden.

Ein Notfall tritt erst dann ein, wenn diese Vorsorgemechanismen nicht greifen, also im Ernstfall zum Beispiel der Notstromdiesel für die Stromversorgung nicht anspringt oder der zweite Server eines Hochverfügbarkeitspärchens nicht startet und deshalb innerhalb der geforderten Zeit eine Wiederherstellung der Verfügbarkeit nicht möglich ist. Als Notfall gälte z.B. auch die Nichtlesbarkeit eines Backup-Datenträgers im Wiederherstellungsfall.

Nicht jeder Teil- oder Gesamtausfall eines Systems stellt daher anhand dieser Definition einen Notfall dar.

Tritt ein Notfall tatsächlich ein, muss auch hierfür ein Reaktionsschema festgelegt werden. Wer ist in einem bestimmten Notfall verantwortlich? Wann muss diese Person benachrichtigt werden? Ist sie auch autorisiert für die entsprechenden Maßnahmen wie das Hinzuziehen externen Supportes oder eine Notfallbeschaffung? Muss ggfs. der Geschäftsführer informiert werden, wenn das KIS ungeplant für mehr als 8 Stunden ausfällt? Wie sind die Anwender zu informieren? Welche Notfallkonzepte zur Aufrechterhaltung des Geschäftsbetriebs greifen in diesem Fall? Die Zusammenfassung dieser Vorgaben wird als Notfallhandbuch bezeichnet.

Vorschläge zu weiteren konkreten Überlegungen finden sich u.a. in dem BSI-Standard 100-4 Notfallmanagement [BSI-4].

10.12 Das BSI-Verfahren als besondere Ausprägung einer Sicherheits-„Norm"

Bei der Einführung eines Informationssicherheitsmanagements ist das Vorgehen nach den BSI-Vorgaben auf jeden Fall gewinnbringend, da konkrete Vorschläge für das eigene Vorgehen gegeben werden. Grundlegende Anforderungen fasst der BSI-Standard 100-1: Managementsysteme für Informationssicherheit [BSI-1] zusammen. Dabei werden die bereits zitierten Normen eingebunden.

Dieses Kapitel fasst die Methodik kurz zusammen.

Das BSI hat ein Schichtenmodell [BSI-2] erarbeitet, in dem alle Aspekte der Informationssicherheit betrachtet werden können (vgl. Tabelle 4). Die übergreifenden Aspekte sind unabhängig von der Größe des gewählten IT-Verbundes immer zu beachten. Für den Einstieg in den Themenkomplex Informationssicherheit finden sich hier die wichtigsten Fragen.

Tabelle 4: Schichtenmodell des BSI

Schichtbezeichnung	Themenbeispiele
Übergreifende Aspekte	Leitlinie zur Informationssicherheit, Konzepte z.B. zu Datensicherung und Virenschutz, Notfallhandbuch, Outsourcing, Personal, Patch- und Änderungsmanagement
Sicherheit der Infrastruktur	Gebäude, Serverräume, Infrastrukturräume, jeweils mit Spannungsversorgung und Klimatisierung, Brandschutz, wasserführende Leitungen
Sicherheit der IT-Systeme	Allgemeine Server, UNIX®- bzw. Windows®-Systeme, PCs und ihre Betriebssysteme, Drucker und Kopierer, Mobiltelefone
Sicherheit im Netz	Betriebskonzept für das Netzwerk, Modem, Wireless LAN, Voice Over IP, Fernzugriffe
Sicherheit in Anwendungen	Webserver, Datenbanken, Groupwaresysteme wie MS Exchange®, Datensicherungssoftware

Bei Sicherheitsbetrachtungen empfiehlt das BSI eine geordnete Vorgehensweise [BSI-2], die mit einer Art Inventarisierung, der sog. Strukturanalyse, beginnt.

Für den auf diesem Wege beschriebenen Systemverbund muss der jeweilige Schutzbedarf festgestellt werden. In der Modellierung erfolgt dann die Zuordnung der einzelnen Elemente des Verbundes zu den entsprechenden Bausteinen des BSI-Kataloges. Geschieht dies werkzeuggestützt, werden automatisch die vom BSI festgestellten Gefährdungen und Maßnahmen hinzugefügt. Im anschließenden Basissicherheitscheck wird ein Soll-Ist-Vergleich durchgeführt, um vorhandene Lücken aufzuzeigen.

Optionale Schritte sind die Ergänzende Sicherheitsanalyse und Risikoanalyse [BSI-3]. Diese führt man durch bei der Feststellung von hohem Schutzbedarf oder beim Fehlen entsprechender Bausteine in den BSI-Katalogen. Für die Elemente, die dieser Regel unterliegen, schließt sich nun der zweite Teil des Basis-Sicherheitschecks an.

Bereits während des Basissicherheitschecks kann mit der Umsetzung der einzelnen Maßnahmen begonnen werden. Besonders Tätigkeiten mit längerem Vorlauf können frühzeitig initiiert werden. Abbildung 1 verdeutlicht das Ineinandergreifen der einzelnen Schritte.

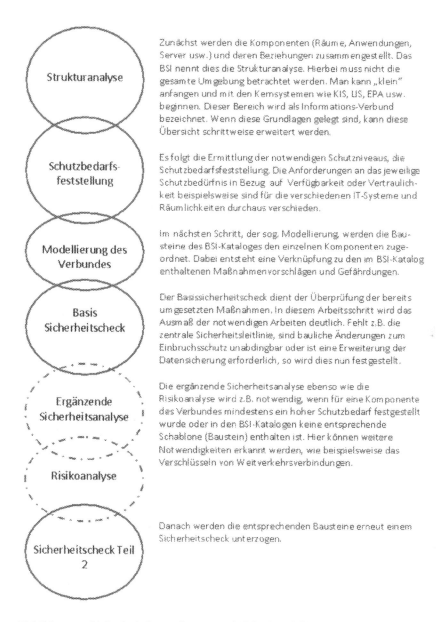

Strukturanalyse

Zunächst werden die Komponenten (Räume, Anwendungen, Server usw.) und deren Beziehungen zusammengestellt. Das BSI nennt dies die Strukturanalyse. Hierbei muss nicht die gesamte Umgebung betrachtet werden. Man kann „klein" anfangen und mit den Kernsystemen wie KIS, LIS, EPA usw. beginnen. Dieser Bereich wird als Informations-Verbund bezeichnet. Wenn diese Grundlagen gelegt sind, kann diese Übersicht schrittweise erweitert werden.

Schutzbedarfs-feststellung

Es folgt die Ermittlung der notwendigen Schutzniveaus, die Schutzbedarfsfeststellung. Die Anforderungen an das jeweilige Schutzbedürfnis in Bezug auf Verfügbarkeit oder Vertraulichkeit beispielsweise sind für die verschiedenen IT-Systeme und Räumlichkeiten durchaus verschieden.

Modellierung des Verbundes

Im nächsten Schritt, der sog. Modellierung, werden die Bausteine des BSI-Kataloges den einzelnen Komponenten zugeordnet. Dabei entsteht eine Verknüpfung zu den im BSI-Katalog enthaltenen Maßnahmenvorschlägen und Gefährdungen.

Basis Sicherheitscheck

Der Basissicherheitscheck dient der Überprüfung der bereits umgesetzten Maßnahmen. In diesem Arbeitsschritt wird das Ausmaß der notwendigen Arbeiten deutlich. Fehlt z.B. die zentrale Sicherheitsleitlinie, sind bauliche Änderungen zum Einbruchschutz unabdingbar oder ist eine Erweiterung der Datensicherung erforderlich, so wird dies nun festgestellt.

Ergänzende Sicherheitsanalyse

Die ergänzende Sicherheitsanalyse ebenso wie die Risikoanalyse wird z.B. notwendig, wenn für eine Komponente des Verbundes mindestens ein hoher Schutzbedarf festgestellt wurde oder in den BSI-Katalogen keine entsprechende Schablone (Baustein) enthalten ist. Hier können weitere Notwendigkeiten erkannt werden, wie beispielsweise das Verschlüsseln von Weitverkehrsverbindungen.

Risikoanalyse

Sicherheitscheck Teil 2

Danach werden die entsprechenden Bausteine erneut einem Sicherheitscheck unterzogen.

Abbildung 1: Sicherheitsbetrachtung nach BSI-Empfehlung

Diese Arbeit wird unterstützt durch die Gefährdungs- und Maßnahmenkataloge des BSI, die zwar online abrufbar sind, aber gelegentlich von der technischen Entwicklung überholt werden.

10.13 Informationssicherheit und Medizintechnik

Auch wenn die Normen zur Informationssicherheit Medizinprodukte (noch) nicht ausdrücklich einschließen, so dürfen sie nicht ignoriert werden. Für den sicheren Betrieb sind grundsätzlich alle Betrachtungen auch auf die medizinisch-technischen Systeme anwendbar. Verständliche Ausnahmen wie die Nicht-Zulassung von Virenscannern müssen zu anderen, möglichst äquivalenten Sicherheitsmaßnahmen, wie z.B. getrennte Netze, führen.

Das Thema Sicherheit von vernetzten Medizinprodukten wird in den nächsten Jahren an Bedeutung gewinnen, was auch durch den aktuellen Normenentwurf „Anwendung des Risikomanagements für IT-Netzwerke mit Medizinprodukten" [DIN IEC 80001] deutlich wird. Wer den Gesamtbetrieb eines Krankenhauses und damit den Behandlungsprozess absichern muss, kommt nicht umhin, sich dieser Frage zu stellen.

10.14 Zertifizierung der Informationssicherheit

10.14.1 Gründe für eine Zertifizierung

Zertifizierung nach KTQ[2] und nach ISO 900x ist in Krankenhäusern ein bekanntes Thema (vgl. Kapitel 9). Aber auch den ernsthaften Umgang mit der Informationssicherheit kann man sich als Unternehmen attestieren lassen. Die Gründe dafür liegen auf der Hand:

- Eventuell vorhandene Mängel können besser erkannt werden
- Die umgesetzten Maßnahmen werden zielgerichtet überprüft
- Durch die Einbeziehung Dritter gewinnt man neue Perspektiven
- Tätigkeiten und Maßnahmen rechtfertigen
- Im „Fall der Fälle" ist das eigene Handeln belegbar
- Haftungsrisiken werden reduziert
- Struktureller Umgang mit dem Thema Informationssicherheit
- Imagesteigerung nach Außen

Die Wahl des Zertifizierungsweges soll hier aus Platzgründen nicht diskutiert werden. Grundsätzlich lässt sich aber feststellen, dass die verschiedenen Verfahren auf die ISO-Normen 27001 bzw. 27002 verweisen.

10.14.2 Erfahrungsbericht des Klinikums Braunschweig

Am 04.12.2008 überreichte das BSI dem Städtischen Klinikum das ISO27001-Zertifikat auf Basis von IT-Grundschutz (BSI-IGZ-0031-2008). Vorangegangen war eine intensive und extern begleitete Auseinandersetzung mit dem Thema Informationssicherheit im gleichen Jahr.

---

2 Kooperation für Transparenz und Qualität im Gesundheitswesen

Die Weichen für diese Zertifizierung wurden jedoch früher gestellt. Angesichts der Abhängigkeit des gesamten Klinikums von einer reibungslosen IT-Versorgung, wie dies mittlerweile in fast allen Krankenhäusern der Fall ist, wird die Informationssicherheit mittlerweile in Braunschweig als strategischer Faktor angesehen. Bereits 2002 wurde durch ein externes Security Audit ein stetiger Prozess der nachhaltigen Verbesserung in diesem Bereich initiiert. Im Ergebnis hat dies zur persönlichen Übertragung der Verantwortlichkeit für die IT-Sicherheit als Ganzes an den CIO geführt, verbunden mit der Bereitschaft des Geschäftsführers, entsprechende Maßnahmen umzusetzen und dafür die erforderlichen Ressourcen bereitzustellen. Im Zuge dessen wurden organisatorische und technische Maßnahmen wie Verabschiedung von Betriebsvereinbarungen, Richtlinien, Zentralisierung der Fernwartungszugänge, Trennung von Datennetzen etc. umgesetzt. Bei der Ausschreibung und Einführung der elektronischen Patientenakte im Jahre 2005 konnte mit dem Generalunternehmer eine Mitwirkungspflicht bei einer Zertifizierungsmaßnahme vertraglich vereinbart werden. Die konkrete Vorbereitung für die Zertifizierung wurde nach dem Abschluss der wichtigsten Teilprojekte mit externer Unterstützung im September 2007 begonnen und am 4. Dezember 2008 mit der Überreichung des Zertifikats auf den Heidelberger Archivtagen durch das Bundesamt für Sicherheit in der Informationstechnologie erfolgreich abgeschlossen.

10.14.2.1 Beschreibung des zertifizierten Verbundes

Die Zertifizierung bezieht sich auf den Teil der Systemlandschaft, der die Elektronische Patientenakte darstellt. Dazu wurden die benötigten Systeme also alle Anwendungen, Server, Switches usw. in einem sogenannten IT-Verbund zusammengefasst (siehe Abbildung 2). Unabhängig von der Größe dieses Verbundes sind damit die übergeordneten Aspekte, also grundsätzliche Inhalte der Informationssicherheit, abgedeckt ebenso wie die baulichen Anforderungen an alle mit einbezogenen Gebäude und Räume.

Der zertifizierte IT-Verbund umfasst:

- Datenbank und Filesystemserver des Archivsystems,
- Server und Bandlaufwerke der Datensicherung,
- die von diesen Servern genutzten Speichersysteme,
- Anmeldeserver,
- Server der dokumentenliefernden Systeme (OP- und Radiologieinformationssystem)
- benötigte Netzwerkkomponenten,
- administrativ genutzte PCs
- sowie die Gebäude der Rechenzentren und das Bürogebäude mit dem Serverraum zur Datensicherung und den Arbeitsplätzen der Administratoren.

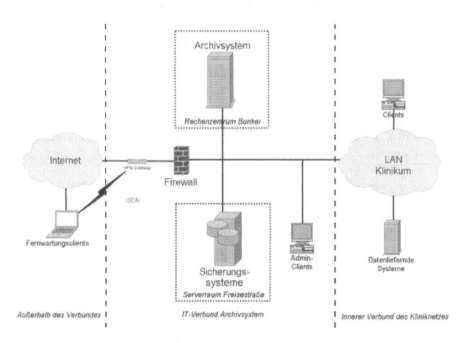

Abbildung 2: Zertifizierter IT-Verbund am Klinikum Braunschweig [Homann 2008]

10.14.2.2 Übergeordnete Aspekte

Auch wenn nur ein kleiner Teil der gesamten IT-Landschaft der Zertifizierung unterworfen ist, mussten zentrale Fragen mit hausweiter Bedeutung geklärt werden. Entscheidend für das Zertifizierungsprojekt war das Bekenntnis des Geschäftsführers zur Informationssicherheit, die in Form einer für das Klinikum verbindlichen Sicherheitsleitlinie festgeschrieben wurde. In dieser Leitlinie sind die Verantwortlichkeiten geregelt, die übergreifenden IT-Sicherheitsziele, die Struktur des Sicherheitsmanagements und die grundlegenden Sicherheitsmaßnahmen festgelegt. Hieraus leiten sich unmittelbar die weiteren Maßnahmen bis hin zur Fixierung der Risiken und der vom CIO gegengezeichneten Risikoübernahmen durch die Geschäftsführung ab. Um den Normanforderungen eindeutig zu entsprechen, wurde diese Leitlinie mit Hilfe externer Beratung erstellt. Die Maßnahmen zur Notfallvorsorge wurden in einem Konzept zusammengefasst. Die bestehenden Regelungen zu Virenschutz, Datensicherung und Fernwartungszugängen konnten schriftlich fixiert werden und unterliegen nun einer regelmäßigen Aktualisierung. Die neu erstellten Dokumente wurden in die existierende Sammlung bestehender Richtlinien, wie die PC- und E-Mail-Nutzung, aufgenommen. Zur Unterstützung des Sicherheitsprozesses wurde ein externer IT-Sicherheitsbeauftragter bestellt.

Ein elementarer Punkt war auch die Definition der Schutzbedarfsanforderungen. Die zugeordnete Systemverfügbarkeit muss nämlich jeweils mit den Maßnahmen zu deren Sicherstellung korrelieren. So kann u.U. die Zeit für die Komplettwiederherstellung eines Systems bei einem Totalausfall in Abhängigkeit von dessen Größe ohne Weiteres mehr als 24 Stunden betragen. Auch Updates oder Releasewechsel bringen mitunter lange Stillstandzeiten mit sich. Die Organisation der betroffenen Fachabteilungen muss dann mit entsprechenden Notfallkonzepten unterstützt werden. Beispielsweise befinden sich die aktuellen Patientenakten noch im kurzfristigen Zugriff durch den Scandienstleister und sind im Bedarfsfall auch entsprechend kurzfristig abzurufen.

10.14.2.3 Sicherheit der Infrastruktur

Das Klinikum hatte durch die Nutzung eines ehemaligen Bunkers als Rechenzentrum hervorragende Voraussetzungen. Diese Räumlichkeiten standen bereits seit 2003 zur Verfügung und sind durch Baumaßnahmen auf den aktuellen Stand der Technik gebracht worden. Eine leistungsangepasste unterbrechungsfreie Stromversorgung, Klimatisierung sowie eine Sauerstoffreduzierung zur Minimierung des Brandrisikos sind heute vorhanden. Der Zutritt ist aufgabenbezogen und wird über personenbezogene Transponder gesteuert.

In den anderen Räumlichkeiten war die Situation nicht so eindeutig. Zwar erfolgte die Datensicherung in einem getrennten Gebäude und erfüllte somit alle Anforderungen einer Risikoverteilung, jedoch wurden im Vorfeld der Zertifizierung bauliche Schwachstellen festgestellt. Zum Beispiel mussten die Fenster des Serverraumes zugemauert werden, um auch den Einbruchsschutz deutlich zu erhöhen und das Risiko von Anschlägen zu minimieren. Auch waren zusätzliche Wassersensoren im Serverraum notwendig, da dort wasserführende Leitungen vorhanden sind. Nur in enger Zusammenarbeit mit der Bauabteilung konnten solche Anforderungen erfüllt werden.

10.14.2.4 Sicherheit der IT-Systeme

Durch die fast durchgängige Nutzung einer Testumgebung für Konfigurationsänderungen aller Art war die wichtigste Voraussetzung bereits erfüllt. Die Update-Planung musste allerdings optimiert werden. Für die Remoteadministration war die Verschlüsselung des Zugriffs notwendig.

10.14.2.5 Sicherheit im Netz

Für eine sichere Administration der Switche waren die Einrichtung eines gesonderten Management-LANs und ein Betriebssystemupdate notwendig. Die Konfigurationseinstellungen der aktiven Komponenten wurden in neu geschaffenen Routinen regelmäßig gesichert. Die Regeln für Betrieb und Ausbau sind in separaten Konzepten festgehalten worden.

10.14.2.6 Sicherheit in Anwendungen

Innerhalb des Zertifizierungsverfahrens wird üblicherweise nicht jeder einzelne Baustein geprüft, sondern es werden lediglich Stichproben gezogen. In diesem Verfahren wurde der Anwendungsbaustein der digitalen Signatur über das Losverfahren ermittelt. Da sich dieses System lediglich im Pilotbetrieb befand, waren die Feststellungen, wie z.B. die notwendige Bereitstellung eines Testsystems oder Sicherstellung der Verfügbarkeit auch der Onlineverbindung zur Signaturverifikation, ohne Auswirkung auf das Zertifizierungsverfahren. Für eine produktive Anwendung allerdings wären diese Anforderungen gravierend gewesen.

10.15 Fazit und Ausblick

Der enorme Arbeitsaufwand für die Zertifizierung war trotz externer Unterstützung nur durch die Zurückstellung anderer Projekte möglich. Dies unterstreicht auch das hohe Interesse der Geschäftsleitung.

Für das Coaching bei Maßnahmenbetrachtung und Risikoanalyse sowie die Erstellung ausgewählter Dokumente (z.B. Sicherheitsleitlinie, Notfallvorsorgekonzept) entstand insgesamt ein Dienstleistungsaufwand von 30 Personentagen. Der Bedarf an externer Unterstützung wird jedoch bei Folgeaudits deutlich geringer ausfallen.

Der Aufwand für die Durchführung des Audits selbst kann mit 23 Personentagen angegeben werden. Dieser Aufwand ist wenig variabel, da der Prüfumfang vom BSI vorgegeben ist. Das BSI berechnete für die – sehr detaillierte – Überprüfung des Auditberichtes und die Zertifikatserteilung eine Pauschale von 2500 €.

Die notwendige Zusammenarbeit mit den Softwarelieferanten gestaltete sich teilweise schwierig, da diese wie branchenüblich viele Sicherheitsprobleme nicht reflektiert hatten. Die umzusetzenden Schutzmaßnahmen für das Archivsystem konnten größtenteils auf das Folge-Release übertragen werden. Zur Verbesserung der Gebäudesicherheit war die gute Zusammenarbeit mit der Bauabteilung von großem Nutzen.

In Folge steigt der Dokumentationsaufwand und es gelten strengere formale Anforderungen für Systembetrieb und -einführung. Für die Aktualisierung der formulierten Konzepte und Richtlinien fällt weiter Personalaufwand an. Noch bestehende Verständnisprobleme auf Seiten der Anwender erfordern weitere Sensibilisierungsmaßnahmen auf allen Ebenen. Zudem wird die Fortschreibung der Kataloge durch das BSI den Aufwand zukünftig nicht verringern.

Insgesamt konnte die Informationssicherheit im Klinikum durch das Zertifizierungsprojekt deutlich verbessert werden. Das Vorhaben brachte folgende konkrete Ergebnisse:

- eine hausweit gültige Sicherheitsleitlinie,
- Installationsfragebogen für Neu-Systeme,
- die Ausschreibung externer Sicherheitsbeauftragter,
- definierte Schutzbedarfsanforderungen,
- eindeutiges Bekenntnis des Managements zu den Maßnahmen,
- deutliche Strukturierung der eigenen Vorgehensweise,
- wieder- und weiterverwendbare Richtlinien und Konzepte sowie
- ein deutlich gesteigertes Risikobewusstsein.

Auch ein Jahr nach Projektabschluss zieht das Klinikum eine positive Bilanz. Eine Re-Zertifizierung des Informationssicherheitsmanagements wird weiter angestrebt.

Literaturverzeichnis

[BSI-1] BSI-Standard 100-1 – Managementsysteme für Informationssicherheit, 2008, www.bsi.bund.de/literat/bsi_standard/standard_1001.pdf.

[BSI-2] BSI-Standard 100-2 – IT-Grundschutz-Vorgehensweise, 2008, www.bsi.bund.de/literat/bsi_standard/standard_1002.pdf.

[BSI-3] BSI-Standard 100-3 – Risikoanalyse auf Basis des IT-Grundschutz, 2008, www.bsi.bund.de/literat/bsi_standard/ standard_1003.pdf.

[BSI-4] BSI-Standard 100-4 – Notfallmanagement, 2008, www.bsi.bund.de/literat/bsi_standard/standard_1004.pdf.

[BSI-5] Leitfaden IT-Sicherheit - Grundschutz kompakt, 2009, www.bsi.bund.gshb/leifaden/GS-Leitfaden.pdf.

[DIN IEC 80001] Anwendung des Risikomanagements für IT-Netzwerke mit Medizinprodukten (IEC 62A/591/CD:2007). Beuth Verlag, Ausgabe 2008-03.

[heise 2009] http://www.heise.de/security/Conficker-in-Kaernten-Nach-der-Landesregierung-nun-die-Spitaeler--/news/meldung/121570 zuletzt geprüft am 23.09.2009.

[Homann 2008] Homann, V.: Zertifizierung eines Archivsystems am Beispiel des Städtischen Klinikums Braunschweig. Diplomarbeit am Peter L. Reichertz Institut für Medizinische Informatik, Braunschweig 2008.

[ISO 27001:2005] Informationstechnik – IT-Sicherheitsverfahren – Informationssicherheits-Managementsysteme – Anforderungen (ISO/IEC 27001:2005). Beuth Verlag, Ausgabe 2008-09.

[ISO 27002:2005] Informationstechnik – IT-Sicherheitsverfahren – Leitfaden für das Informationssicherheits-Management (ISO/IEC 27002:2005). Beuth Verlag, Ausgabe 2008-09.

[ISO 27799:2008] Medizinische Informatik – Sicherheitsmanagement im Gesundheitswesen bei Verwendung der ISO/IEC 27002 (ISO 27799:2008). Deutsche Fassung EN ISO 27799:2008, Beuth Verlag, Ausgabe 2008-10.

11 Trends und Entwicklungen der Krankenhaus-IT-Technologie

Prof. Dr. Martin Staemmler

11.1 Einleitung und Übersicht

Im Gegensatz zu anderen Wirtschaftszweigen erfolgt die Übernahme neuer IT-Technologien im Krankenhaus etwas zurückhaltender. Gründe dafür sind das begrenzte IT-Budget, die damit verbundenen langen Nutzungszeiten von IT-Investitionen und eine Vielzahl von Rahmenbedingungen, Abhängigkeiten und Regelungen, die bei der Einführung neuer IT-Technologien zu berücksichtigen sind.

Abbildung 1 gibt einen Überblick zu Zielen und Anforderungen der Leistungserbringer und Patienten sowie zu Technologien und Rahmenbedingungen, die für eine Umsetzung bereitstehen.

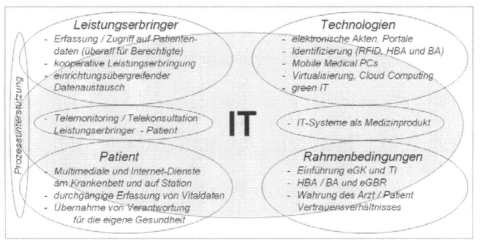

Abbildung 1: Anforderungen, Rahmenbedingungen und Technologien

Beispielsweise muss in einer kooperativen Leistungserbringung in einem einrichtungsübergreifenden Datenaustausch das Vertrauensverhältnis zwischen Arzt und Patient durch sichere Netze gewährleistet werden. Für den Datenaustausch selbst ist konzeptionell zu entscheiden, ob Dokumente, Akten oder Funktionen eines Portals genutzt werden. Die folgenden Abschnitte diskutieren die dargestellten Technologien unter Berücksichtigung der Rahmenbedingungen.

Auf die Darstellung weiterer Sichten (der Kostenträger, der Politik etc.) wurde in der Abbildung bewusst verzichtet, da der Fokus dieses Kapitels auf der Technologie und den zugehörigen Rahmenbedingungen liegt.

11.2 Rahmenbedingungen

11.2.1 Elektronische Gesundheitskarte und Telematikinfrastruktur

Die Einführung der elektronischen Gesundheitskarte (eGK) und die Umsetzung der Telematikinfrastruktur (TI) wird seit Jahren geplant und kontrovers zwischen den unterschiedlichen Gruppen (Leistungserbringer, Kammern, Krankenversicherungen, Kassen, BMG, ...) diskutiert. Dennoch ist abzusehen, dass die eGK die bestehende Krankenversichertenkarte (KVK) ersetzt. Der geplante und zum Jahresende 2009 beginnende Basis-Rollout startet in der Region Nordrhein und wird die Ablösung der KVK umsetzen. Zwar nutzt die Release-0-Funktionalität im Basis-Rollout nur ansatzweise die Möglichkeiten der eGK, sie bereitet aber das Feld für weitere eGK- und TI-bezogene Anwendungen vor.

Abbildung 2: Releaseplanung

Die ursprüngliche Release-Planung (Abbildung 2) sah bis zum Jahreswechsel 2008/09 zunächst das eRezept und die Notfalldaten im Release 1 ohne Verwendung der TI vor. Erst mit Release 2 sollte die TI als Plattform für eine „online"-Prüfung des Versichertenstatus und der Übermittlung von Verordnungen dienen.

Aufgrund der Testergebnisse zum Release 1 stellte jedoch die Gesellschafterversammlung im Dezember 2008 eRezept und Notfalldaten zurück und verlagerte die Entwicklung auf die Übertragung von so genannten Medizinischen Datenobjekten (MDO), z.B. eines Arztbriefs. Gemäß den vorliegenden Spezifikationen unterliegt ein MDO mehreren Vorgaben: (i) Abbildung des Dokuments im XML-Format (z.B. als VHitG-Arztbrief), (ii) Dokumente müssen elektronisch signiert sein, (iii) die Dateigröße muss kleiner als 1 MB sein [gematik 2008], da die TI die maximale Nachrichtengröße begrenzt und (iv) Dokumente dürfen keine Anhänge aufweisen. Damit wird z.B. die Einbindung von relevanten Bilddaten in Dokumente oder deren Versand als Anlage limitiert.

Im Ergebnis erhält man eine eingeschränkte E-Mail-Kommunikation zwischen Leistungserbringern bzw. Einrichtungen, die allerdings durch die Verwendung der TI ein hohes Sicherheitsniveau aufweist. Diese steht jedoch im Wettbewerb zu alternativen Ansätzen wie sie z.b. von Doktor-to-Doktor (D2D) als die Telematikplattform der KVen, elektronische Fallakte (eFA), Portalen oder Lösungen für Praxisnetze angeboten werden, die in der Regel (noch) keine qualifizierte Signatur beinhalten (Details siehe Abschnitt 11.3.1).

Voraussetzung für die Nutzung der eGK und einer Signatur (ab Release 1) sind sichere und von der gematik zugelassene Komponenten (Kartenterminal, Konnektor), die sich zudem durch weitere SIM-Karten (Subscriber Identity Module) eindeutig als berechtigte Kommunikationspartner ausweisen können:

- SM-K – Geräteidentifikation Konnektor
- SM-KT – Geräteidentifikation Kartenterminal
- SMC-A – Identifikation in Verbindung mit einem HBA/BA
- SMC-B wie SMC-A mit zusätzlicher Signaturfunktion, Basis für eine Institutionskarte)

Die Entwicklung der Kartenterminals erfolgt stufenweise, angepasst an die jeweiligen Release-Anforderungen (Abbildung 3).

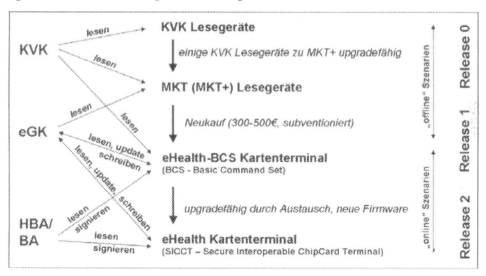

Abbildung 3: Typen von Kartenlesegeräten

Im Rahmen des Basis-Rollouts sollten derzeit eHealth-BCS-fähige Kartenterminals beschafft werden, da die Hersteller durch einen Upgrade den Schritt zu eHealth Kartenterminal garantieren müssen.

Ein Konnektor wird für den Basis-Rollout noch nicht benötigt. Das derzeitige Angebot beschränkt sich daher auf Konnektoren für den niedergelassenen Bereich. Leistungsfähige Konnektoren für größere Einrichtungen, die mit einer Mandantenfähigkeit ausgestattet sind, sind noch nicht am Markt verfügbar.

11.2.2 Online-Anbindung für den ambulanten Bereich

Während im Kontext der Einführung der eGK über die Freiwilligkeit der Online-Anbindung von Praxen gestritten wird, hat die KBV die „leitungsgebundene Übermittlung von Abrechungsdaten ab dem 1.1.2010" [SGB V 2008] verbindlich verankert.

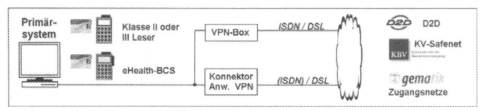

Abbildung 4: Online-Abrechnung für den ambulanten Bereich

Abbildung 4 macht deutlich, dass zunächst die Chance einer Integration mit Komponenten der TI versäumt wurde. Aus Sicherheitsanforderungen ist eine VPN-Box erforderlich, die direkt mit einem Provider, der die KV-Safenet-Anforderungen erfüllt hat, verbunden ist. Da auch MVZ und Krankenhäuser im ambulanten Bereich abrechnen, müssen diese ebenfalls eine Anbindung umsetzen.

Die Kostenschätzung ergibt eine Investition von 250-500 € für die VPN Box, 10-25 €/Monat für den KV-Safenet-Provider und die Kosten für die Onlineanbindung. Es bleibt zu hoffen, dass in Zukunft diese Anbindung auch über den Konnektor möglich wird. Unabhängig davon ist zu erwarten, dass ab dem 1.10.2010 nahezu alle Praxen über eine – für medizinische Daten geeignete – Online-Anbindung verfügen und damit auch eine Grundlage für weitere Anwendungen gelegt ist.

11.2.3 Elektronische Berufsausweise

Mit dem GMG (GKV Modernisierungsgesetz) hat der Gesetzgeber implizit elektronische Berufsausweise für Heil- und Gesundheitsberufe vorgeschrieben.

Die Gruppe der verkammerten Berufe im Gesundheitswesen (Ärzte, Zahnärzte, Apotheker und Psychotherapeuten, ca. 250.000 Personen) nutzt dazu den so genannten HBA (Heilberufeausweis, engl.: HPC (Health Professional Card)), der (i) die Berufsqualifikation elektronisch nachweist, (ii) eine qualifizierte Signatur erlaubt und (iii) durch ein weiteres Schlüsselpaar die gesicherte Kommunikation innerhalb der Telematikinfrastruktur ermöglicht. Ausgabestellen für HBAs sind die zugehörigen Kammern, die im Kontext der Ausgabe als Kammer die Berufsqualifikation und die Berechtigung zum Ausüben des Berufs prüfen können.

Für die Gruppe der nicht verkammerten Berufe (ca. 40 Berufsgruppen, von der Pflege bis zu Mitarbeitern von Sanitätshäusern) ist dieser Nachweis deutlich schwieriger. Dazu hat die 82. GMK (Gesundheitsministerkonferenz) im Juni 2009 den Aufbau eines eGBR (elektronisches Gesundheitsberuferegister) mit Sitz in Bochum beschlossen, das für diese ca. 2,5 Millionen Personen in einer Registerstelle die Nachweise verwaltet und gleichzeitig als so genanntes virtuelles Trustcenter

Herausgeber der zugehörigen Berufsausweise (BA) ist. Für die Einführung ist ein stufenweiser Ansatz vorgesehen, der zunächst ca. 0,5 Millionen selbständig Tätige in diesen Berufsgruppen mit BAs ausstattet und dann in zwei weiteren Stufen allen Betroffenen einen BA ermöglicht. Das Interesse der Verbände der Berufsgruppen an den BAs ist groß, einerseits dokumentiert ein BA die Qualifikation und die berechtigte Zugehörigkeit zu einer Berufsgruppe und andererseits ist er geeignet, aktiv an Anwendungen von eGK und TI beteiligt zu werden. Dies zeigte sich auch in der Gründung der Interessengemeinschaft Gesundheitsberufe (IG GB) bereits im Januar 2008.

Auch wenn es noch einige Zeit dauern wird, bis HBA/BA für Mitarbeiter im Krankenhaus zur Verfügung stehen, so ist die Nutzung des HBA für eine qualifizierte Signatur absehbar, zumal diese eine Vielzahl von Prozessen – gerade in kooperativem Behandlungsgeschehen – unterstützen kann. Erste Produkte, welche die Handhabung des HBA/BA für eine Signatur im täglichen, klinischen Alltag erleichtern, sind bereits heute am Markt verfügbar.

11.2.4 Software als Medizinprodukt

Die EU-Richtlinie 2007/47/EG, die bis zum 21. März 2010 in nationales Recht umgesetzt sein muss, erlaubt, dass "eigenständige Software als aktives Medizinprodukt gilt" [EU 2007]. Aufgrund der Klassifizierungsregeln in Annex IX der Richtlinie ist damit Software ein Medizinprodukt der Klasse 1, wenn sie vom Hersteller zur Anwendung am Menschen zum Zwecke der "Erkennung, Verhütung, Überwachung, Behandlung oder Linderung von Krankheiten" bestimmt ist [EU 2007, Artikel 1, Absatz 2a]. Anhang I benennt im Abschnitt 12.1a die konkreten Anforderungen: „Bei Produkten, die Software enthalten oder bei denen es sich um medizinische Software an sich handelt, muss die Software entsprechend dem Stand der Technik validiert werden, wobei die Grundsätze des Software-Lebenszyklus, des Risikomanagements, der Validierung und Verifizierung zu berücksichtigen sind."

Für den Hersteller bedeutet die Umsetzung der Richtlinie in das nationale Medizinproduktegesetz (MPG) und in Verordnungen, dass zumindest Teile eines Krankenhausinformationssystems (KIS) oder eines Arztpraxisinformationssystems (APIS) zu einem Medizinprodukt der Klasse 1 werden. Zudem müssen Hersteller in ihrer Rolle als „Inverkehrbringer" in einem Konformitätsbewertungsverfahren mit einer Konformitätsbescheinigung nachweislich die Anforderungen gemäß Abschnitt 12.1a bestätigen.

Aber auch für eine Einrichtung, die ein solches Informationssystem für ihre Gegebenheiten konfiguriert, gelten die Anforderungen gemäß Abschnitt 12.1a. Dazu bedarf es (i) Mitarbeiter in IT-Abteilungen, welche die erforderliche Ausbildung bzw. Kenntnis und Erfahrung besitzen, (ii) Funktionsprüfungen, (iii) sicherheitstechnische Kontrollen (alle 2 Jahre) und (iv) Führung eines Medizinproduktebuchs. Anwender müssen in die sachgerechte Anwendung eingewiesen sein. Allerdings kann eine Einrichtung auf eine Konformitätserklärung verzichten, wenn sie die Software ausschließlich selbst nutzt und damit nicht als Inverkehrbringer agiert.

Dennoch wird die praktische Umsetzung zu einem Paradigmenwechsel führen, in dem die Forderung nach Flexibilität bei Änderungen (durch Hersteller oder IT-Abteilungen) mit der Durchführung der notwendigen Maßnahmen zur Validierung und dem Risikomanagement kollidiert. Ebenso stellt sich die Frage, in welchem Umfang in Zukunft eine Software als Medizinprodukt durch Einrichtungen angepasst werden darf. Aus organisatorischer und rechtlicher Sicht wird zudem zu beantworten sein, in welcher Rolle Konzerne oder größere Einrichtungen agieren, wenn sie eine Software als Medizinprodukt für weitere Einrichtungen betreiben und jeweils auf deren Bedürfnisse anpassen.

11.3 IT-Infrastruktur-Technologien

11.3.1 Von Virtualisierung bis Cloud Computing

Virtualisierung hat begonnen sich in Krankenhäusern zu etablieren. Generelles Ziel ist es Ressourcen effizienter zu nutzen und einheitliche (Infra-)Strukturen für die IT zu schaffen.

Dabei stand zunächst die Speichervirtualisierung im Vordergrund, d.h. ein übergreifendes Speichersystem für eine Vielzahl von Servern und Anwendungen. Servervirtualisierung geht einen Schritt weiter, indem die Rechenleistung der CPU und der Arbeitsspeicher übergreifend in einem Hardware-Verbund (HW-Cluster) bereitgestellt werden und virtuellen Servern als so genannten virtuellen Maschinen mit ihren Anwendungen bedarfsorientiert zugeteilt werden. Kapitel 12 geht im Detail auf technische und wirtschaftliche Aspekte von Speicher- und Servervirtualisierung ein.

Cloud Computing erweitert Speicher- und Servervirtualisierung um die Dimension einer bedarfsorientierten Skalierung. Infrastrukturell wird zwischen "public clouds" und "private clouds" unterschieden. Public clouds werden von externen Anbietern für mehrere Kunden betrieben und umfassen Server, Speicher und Netzwerke. Dagegen stehen private clouds exklusiv nur einem Kunden zur Verfügung und erlauben die Kontrolle über die Daten, Umsetzung von Datenschutzmaßnahmen und Gewährleistung einer Dienstgüte (QoS (Quality of Service)). Gemäß Tabelle 1 werden die Dienste einer cloud in drei Kategorien eingeteilt.

Für den Kunden haben die cloud services den Vorteil, dass diese Dienstleistung auf einer "pay-per-use"-Basis in Anspruch genommen werden kann und die zugehörige Infrastruktur nicht vom Kunden bevorratet werden muss. Ebenso obliegt die Verantwortung für eine Skalierung (mehr Ressourcenbedarf) bei den Anbietern.

Tabelle 1: Kategorien von "cloud services"

Kategorie	Beschreibung
SaaS (Software as a Service)	Bereitstellung von Standarddiensten (z.B. Textverarbeitung, E-Mail)
PaaS (Program as a Service)	Entwicklungsumgebung für Anwendungen ausgestattet mit anwendungsbezogenen Tools (z.B. virtuelle Maschinen, Webserver, Programmiersprachen)
IaaS (Infrastructure as a Service)	Bereitstellung von HW-Infrastruktur, die vom Kunden konfiguriert und genutzt werden kann (z.B. Ausführung virtueller Maschinen, Anwendungen mit hohem CPU-Bedarf)

Im Bezug auf IT-Anwendungen eines Krankenhauses und die Anforderungen des Datenschutzes sind die Kombinationen gemäß Tabelle 2 denkbar.

Tabelle 2: Nutzungsszenarien cloud computing für die Krankenhaus-IT

Dienst / Cloud	SaaS	PaaS	IaaS
private cloud	X	X	X
public cloud	-	(x)	X

Bei einer private cloud einer Klinik oder eines Klinikkonzerns sind Standarddienste, spezifische Anwendungen oder auch nur die Infrastrukturbereitstellung realistische Szenarien. Aus Datenschutzgründen kommt bei einer public cloud primär nur eine Infrastrukturdienstleistung in Betracht, z.B. für eine langfristige oder kurzfristige Auslagerung von virtuellen Maschinen. Voraussetzung ist allerdings, dass die externen Anbieter eine zum jeweiligen Virtualiserungsprodukt kompatible Umgebung bereitstellen (z.B. vCloud Initiative von VMware).

In allen Fällen ist jedoch die Abhängigkeit der Anwendungen von Datenbeständen zu prüfen. Eine zeitaufwändige Analyse von Bilddaten rechtfertigt die Übertragung des benötigten Bildatensatzes in die cloud, eine Analyse über den Datenbestand eines KIS zum Zwecke des "datamining" wird vermutlich an der begrenzten Netzwerkbandbreite scheitern. Kann diese jedoch als gegeben angesehen werden, so sind eine Reihe weiterer Szenarien mittels cloud computing denkbar: (i) Lastverteilung bei Überschreitung von SLA Vorgaben auf eine cloud, (ii) Backup und Disaster-Recovery über eine cloud, (iii) temporäre Inanspruchnahme einer cloud für eine Systemmigration oder ein Systemupdate.

11.3.2 Green IT

Der Aspekt der Energieeffizienz wurde schon im vorigen Abschnitt erwähnt. Neben der Virtualisierung spielen Strukturkonzepte eine wesentliche Rolle für Green IT. Eine Zentralisierung der Client-Funktionalität in Verbindung mit Terminalservern oder virtuellen Desktops reduziert die Anforderungen an den Client PC und erlaubt die Verwendung von ThinClients oder Nettops mit einem geringen Energiebedarf von 10 bis 50 W. Gegenüber einem konventionellen PC ergibt sich eine Reduktion von mindestens 50%, auch wenn man den zusätzlichen zentralen Leistungsbedarf berücksichtigt. Ein einfaches Rechenbeispiel

50 W weniger Leistung bei durchgängigem Betrieb und 15 Ct/kWh = 65,7 €/Jahr

zeigt, dass fast allein aus der Energiekostenersparnis sich die Investition über eine Betriebszeit von 3-4 Jahren finanziert. Dazu kommt noch einfacheres Handling, da die Mitarbeiter durch einen virtuellen Desktop ihre laufende Session von Arbeitsplatz zu Arbeitsplatz mitnehmen können und damit Zeiten für das An- und Abschalten von Clients oder mehrfaches Login für unterschiedliche Anwendungen sparen.

11.3.3 Mobile Kommunikation

Ubiquitäre Erfassung und Zugriff auf (Patienten-)daten setzen eine durchgängige Konnektivität innerhalb einer Einrichtung voraus.

Für die mobile Kommunikation kommen primär zwei Lösungen - WLAN (Wireless Local Area Network) und Mobilfunktechnologien UMTS (Universal Mobile Telecommunications System) bzw. HSPA/HSPA+ (High Speed Packet Access) - in Betracht, die sich in ihren Eigenschaften wesentlich unterscheiden.

WLAN setzt auf der Krankenhaus-eigenen Infrastruktur auf und stellt über eine Vielzahl drahtgebundener Access Points (AP) eine durchgängige "wireless"-Anbindung bereit. Grundlage von WLAN ist der IEEE Standard 802.11. Weiterentwicklungen der Protokolle ermöglichen immer höhere Datenraten (Tabelle 3).

Tabelle 3: Eigenschaften der WLAN Standards

Proto-koll	Jahr	Frequenz-band	Bandbreite brutto	Reichweite in Gebäuden	Reichweite im Freien
802.11	1997	2,4 GHz	2 Mbit/s	< 20 m	< 100 m
802.11a	1999	2,4 GHz	54 Mbit/s	< 30 m	< 120 m
802.11h	2002	5 GHz	54 Mbit/s		
802.11b	1999	2,4 GHz	11 Mbit/s	< 30 m	< 140 m
802.11g	2003	2,4 GHz	54 Mbit/s	< 30 m	< 140 m
802.11n	2007	2,4 GHz 5 GHz	600 Mbit/s	< 70 m	< 250 m

Mit den absehbaren Standards 802.11h und 802.11n wird zudem ein anderes, störungsärmeres Frequenzband im 5GHz Bereich gewählt, das mehr Kanäle und – in Kombination mit höheren Sendeleistungen – größere Abstände zwischen Access-Points erlaubt. Die Dichte bzw. die Positionierung von Access Points bestimmt die Qualität der Abdeckung. Die Ausbreitung der Funkwellen wird z.B. durch Mauern, Stahlbeton oder Fassadenplatten gedämpft. Grundaufgabe der Planung einer WLAN-Infrastruktur sollten daher Referenzmessungen vor Ort und eine Simulation der zu erwartenden Abdeckung/Signalstärken sein.

Durch die Vielzahl der Access Points ergibt sich die Notwendigkeit bei bewegten mobilen Systemen (z.B. Tablet PC für Essensbestellungen) die Verbindung von AP zu AP weiterzureichen ("handover"). Dazu werden zusätzlich in der Infrastruktur so genannte WLAN-Controller benötigt, die eine feste Anzahl von Access Points verwalten können. Im Hinblick auf die Verfügbarkeit sollten möglichst zwei WLAN-Controller zum Einsatz kommen. Eine mögliche Kostenkalkulation zeigt Tabelle 4.

Tabelle 4: Kostenkalkulation WLAN

Kostenart	Komponente	Anzahl	Preisbereich
Investitionskosten	Access Points (AP)	X	200 – 400 €
	Kabelanbindung APs ans Hausnetz	X	100 – 300 €
	Switchport (PoE)	X	50 – 150 €
	WLAN-Controller (möglichst redundant)	anteilig für APs	50 – 200 €
Betriebskosten	Überwachung Wartung, Pflege Abschreibung		nach Aufwand nach Investition

Mobilfunktechnologien dagegen verlagern den Infrastrukturaufwand zu den Mobilfunkbetreibern, d.h. auf die entsprechende Basisstation und deren Anbindung. Digitale Datendienste per Mobilfunk sind seit langem verfügbar, allerdings steht erst mit UMTS, HSPA/HSPA+ eine für Anwendungen geeignete Bandbreite zur Verfügung (Tabelle 5).

Tabelle 5: Bandbreiten von Mobilfunkstandards

Technik	GSM	HSCSD	GPRS	UMTS	HSPA	WiMAX	LTE
Generation	2G	2,5G	2,5G	3G	3,5G	4G	4G
Bandbreite	9,6 kbit/s	57,6 kbit/s	115 kbit/s	384 kbit/s	14,4 Mbit/s	20 Mbit/s	100 Mbit/s

HSPA unterscheidet zudem 2 Modi: bei HSDPA wird der Downlink, bei HSUPA der Uplink bevorzugt. In Zukunft werden WIMAX (Worldwide Interoperability for Microwave Access) und LTE (Long Time Evolution) als Mobilfunkstandards die Bandbreite erheblich vergrößern.

Mobilfunktechnologien sind durch eine größere Reichweite gekennzeichnet, so dass die Funkzelle einer Basisstation einen Gebäudekomplex vollständig versorgen kann. Diese Annahme sollte durch Messungen und eine Simulation nachgewiesen werden und kann zu der Forderung einer einrichtungsnahen Basisstation führen, ggfs. mit der Option ausgewählte Frequenzbänder ausschließlich für die Einrichtung zu nutzen. Eine weitere Voraussetzung ist, dass die mobilen Systeme auf Seiten der Einrichtung UMTS/HSDPA-fähig sind (Smartphones, PDA). Alternativ kann ein USB-Adapter verwendet werden, der dann einen USB-Anschluss belegt und ggfs. aufgrund der fehlenden Integration in das mobile System zu Handhabungsproblemen führen kann.

Aus Sicht der Einrichtung findet eine Verlagerung der Investitionskosten auf die Betriebskosten statt, da mit jeder Zugangsberechtigung zu UMTS/HSDPA über eine SIM/U-SIM-Karte monatliche Gebühren anfallen. Zudem muss die Einrichtung für die Verbindung mit dem Mobilfunkbetreiber eine Standleitung mit ausreichender Bandbreite vorhalten (Anzahl der Nutzungsberechtigten x Gleichzeitigkeit der Nutzung x effektiv genutzter mittlerer Bandbreite). Bei 100 Nutzern, 50% Gleichzeitigkeit und 256 kbit/s ergibt sich bereits ein Nettobedarf von 12,8 Mbit/s, der eine Standleitung mit mindestens 20 Mbit/s Bandbreite erfordert. Einen Kalkulationsvorschlag zeigt Tabelle 6.

Tabelle 6: Kostenkalkulation UMTS, HSDPA

Kostenart	Komponente	Anzahl	Preisbereich
Investitionskosten	UMTS/HSDPA Anbindung Endgeräte	X	50-100 €
	Mitfinanzierung Basisstation	1	gemäß Vertrag
	Einrichtung Standleitung	1 oder 2 (redundant)	gemäß Vertrag
Betriebskosten	Monatsgebühr UMTS/HSDPA	X	10 – 20 €
	Monatsgebühr Standleitung	1 oder 2	gemäß Vertrag

WLAN und Mobilfunknetzen gemeinsam ist, dass geeignete Maßnahmen zum Schutz der personenbezogenen Daten zu treffen sind. Hier bietet sich eine VPN-bezogene Lösung an, die mit einem "end-to-site"-Tunnel die Verbindung zwischen Endgerät und den Informationssystemen der Einrichtung gesichert herstellt. Mit

WPA2 bieten WLANs unter Verwendung des 802.11i-Protokolls eine weitere Lösung an, die Verschlüsselung mittels AES (Advanced Encryption Standard) und eine Authentifizierung der beteiligten Systeme umfasst. Weitergehende Information zum sicheren Betrieb von WLAN sind beim BSI (Bundesamt für die Sicherheit in der Informationstechnik) zu finden [BSI 2005].

Vergleicht man WLAN und UMTS/HSDPA so weisen WLAN-Technologien die größere Bandbreite und eine geringere Latenzzeit auf. Als Latenzzeit wird die Verzögerung bei der Übertragung von Datenpaketen bezeichnet. UMTS/HSDPA bieten den Vorteil, dass sie auch außerhalb der Einrichtung genutzt werden können, z.B. im Bereitschaftsdienst. In der Praxis setzt man mehrheitlich auf WLAN für mobile Systeme im Krankenhaus, während Mobilfunkdienste – sofern erlaubt – eher von Patienten für ihren persönlichen Internetzugang verwendet werden.

11.3.4 Mobile Systeme

Neben der im vorigen Abschnitt betrachteten mobilen Kommunikation sind die verwendeten Endgeräte für die Akzeptanz wesentlich. Dabei ist die Lücke zwischen Laptops und High-End-Mobiltelefonen inzwischen durch eine Vielzahl von weiteren Systemklassen geschlossen worden (Tabelle 7).

Tabelle 7: Eigenschaften der Klassen mobiler Systeme

Systemklasse / Eigenschaften	Laptop Note-book	Tablet PC	NetPC	Smart-phone	PDA	Mobil-telefon
Laufzeit	2-5 Std.	2-5 Std.	4-10 Std.	~ Tag	Tage	Tage
Gewicht	< 3 kg	< 3 kg	< 1,5 kg	< 0,2 kg	< 0,3 kg	0,2 kg
Betriebssystem	MS Windows, Unix, MacOS			MS Win CE, proprietär, Unix		
CPU	wie Standard PCs			spezifische CPUs		
Arbeitsspeicher	bis 8 GB	bis 8 GB	bis 2 GB	< 1 GB	< 1 GB	< 1 GB
Festplatte / SSD	bis einige hundert GB			bis einige 10 GB		

Waren frühere Laptops bzw. Notebooks durch hohes Gewicht und geringe Laufzeiten gekennzeichnet, so stehen mit heutigen Technologien Tablet PC und NetPC zur Verfügung, die im wirklichen Sinne tragbar sind und zumindest bei NetPCs einen Arbeitstag ohne Ladezeiten überstehen. Auf Seiten der Mobiltelefone integrieren Smartphones die PDA- und Mobiltelefonfunktionalität in einem Gerät und erlauben die Nutzung von Browser-basierten Anwendungen.

NetPCs erscheinen für die Anwendung im medizinischen Umfeld weniger geeignet, da ihre Bildschirmgröße (10″) und –auflösung (16:9 Format, weniger als 1024 x

768) relativ gering ist und zudem eine gleichzeitige Betrachtung durch mehrere Nutzer nahezu ausgeschlossen ist.

Der Einsatz von PDAs wird kontrovers diskutiert. Für eine einfache Datenerfassung oder die Bestätigung der Bearbeitung von Auftragslisten sind sie durchaus geeignet. Es ist zu erwarten, dass ihnen dieser Platz jedoch durch Smartphones oder NetPCs streitig gemacht wird.

Speziell für das klinische Umfeld wurden sogenannte "medical PCs" entwickelt, die desinfizierbar sind und durch in sich geschlossene Gehäuse hygienischen Anforderungen genügen. Sie sind der Gruppe der Tablet PCs zuzuordnen. Als solche weisen sie vergleichbare Bildschirmauflösungen wie ortsgebundene Arbeitsplätze auf, dennoch kann der mobile Einsatz und die Bedienung über Stift und Touchscreen zu Problemen mit üblichen Anwendungen führen, die auf eine Eingabe per Maus und Tastatur ausgelegt sind. Dies sollte im Vorfeld einer Einführung geprüft werden und ggfs. zu einer Anpassung der Benutzeroberfläche einer Anwendung führen. Medical PCs beinhalten zudem weitere Schnittstellen, z.B. Mikrofon und Audio, Kamera, Barcodeleser, RFID oder Steckplätze für Smartcards (zur eindeutigen Geräteidentifizierung, Verschlüsselung etc.). Neue Display-Technologien erlauben eine kontrastreiche Darstellung für die Betrachtung durch mehrere Personen und eine energiesparende LED-Hintergrundbeleuchtung verlängert die Laufzeit.

Damit sind sie nicht nur für den Einsatz im stationären Umfeld, sondern auch für mobile Dienste, z.B. in der Nachsorge oder bei Pflegediensten, geeignet. Nachteilig ist der relativ hohe Preis, der sich aber – aufgrund des Markteintritts mehrerer Anbieter – noch deutlich anpassen wird.

11.3.5 RFID

RFID-Lösungen benötigen grundsätzlich drei Komponenten: (i) RFID-Transponder in unterschiedlichen Formen (Klebeetikett, integriert in Armbänder, Plastikkarten, Gehäuse etc.), (ii) RFID-Leser (als Handlesegerät, integriert in mobile Systeme, als ortsfeste Einrichtung, in Kombination mit einer WLAN Infrastruktur etc.) und (iii) die Anwendung, die entweder als Middleware bestehende Anwendungen unterstützt oder als eigenständige Applikation agiert.

Tabelle 8 zeigt eine Übersicht zu Eigenschaften und Anwendungen von RFID (Radio Frequency Identification)-Technologien.

Tabelle 8: Übersicht RFID-Technologien und Anwendungen

Typ	Frequenz	Reichweite	Bewertung	Anwendungs-beispiel
Close-coupling	< 10 MHz	passiv < 2cm	+ kostengünstig	Türschließung, Authentifizierung
Remote-coupling	100/135 kHz	passiv < 1,5m	+ kostengünstig - große Bauform - Bandbreite	Identifikation von Personen, Waren, Zutrittskontrolle, Diebstahlschutz
	13,56/27,12 5 MHz	passiv < 1,5m	+ kostengünstig + Bandbreite - Bauform ~ zur Reichweite	
Long-range	434/869/889/ 915 MHz	passiv < 3m aktiv < 30m	+ kostengünstig + gute Datenrate	Prozesskontrolle Ortung
	2,45/5,8 GHz	aktiv < 500m	+ hohe Datenrate - Preis, Bauform - Batterie	Notrufsysteme Personenortung Inventarortung

Die RFID-Anwendungsbereiche lassen sich wie folgt gruppieren:

- **Zugriffsberechtigung, Authentifizierung und Identifikation:**
  Die Daten auf dem Transponder steuern den Zugang zu Räumen, den Zugriff auf Systeme und Daten (ggfs. in Verbindung mit einem Single-Sign-On), dienen als Berechtigungstoken für die Auslösung einer digitalen Unterschrift (z.B. qualifizierte Signatur in Kombination mit einem HBA) oder identifizieren Patienten.
- **Lokalisierung:**
  Die Verwendung von Transpondern in einer Umgebung, die entweder an ihren Grenzen oder insgesamt lückenlos durch RFID-Leser abgedeckt ist, erlaubt die Ortung von Personen und Geräten. So kann das Verlassen der gesicherten Umgebung einer Einrichtung detektiert, das Potential ungenutzter medizintechnischer Geräte erschlossen oder auch ihre routinemäßige Kontrolle organisiert werden.
- **Prozessüberwachung und -steuerung:**
  Medizinische und logistische Prozesse (wie z.B. das Management von Blutprodukten, Medikamentenzuordnung und -gabe, Sortierung und Reinigung von Wäsche, Materialtransport) nutzen passive RFID-Tags zur Optimierung der Abläufe und zur Dokumentation.
- **Mobile Erfassung von Daten:**
  Aktive RFID-Transponder erfassen über einen Zeitraum in Verbindung mit Sensoren einen Zustand oder auch Vitaldaten. Dieses Monitoring erlaubt die Bewertung von Prozessparametern (z.B. Temperatur in der Sterilisation oder

in einer Kühlkette) oder telemedizinische Anwendungen verbunden mit einer eindeutigen Zuordnung.

Im Vergleich zu Barcodeetiketten weisen RFID-Transponder eine deutlich höhere Funktionalität auf, die auch mit höheren Kosten für die Transponder (0,05 bis 1,00 €/Stück) und für die zugehörige Infrastruktur verbunden ist. Zudem muss für drahtlose Kommunikationsstrecken ein geeignetes Schutzniveau garantiert werden, so dass ggfs. höherwertige RFID-Transponder mit kryptographischen Funktionen zum Einsatz kommen.

11.4 IT-Anwendungen

11.4.1 Elektronische Akten

Wünschenswerte Voraussetzung für die Nutzung neuer IT-Technologien ist eine rechnergestützte Dokumentation als sogenannte elektronische Patientenakte (ePA). Die ePA sollte die Inhalte der klassischen Patientenakte mit Angaben zum aktuellen Gesundheitszustand sowie zur Patientenhistorie umfassen und durch ihre Strukturierung die Suche in Dokumenten, Formularen und Kurven erlauben.

11.4.1.1 Elektronische Akten im Krankenhaus – der Status

Auch wenn deutsche Krankenhäuser mit 7% voll funktionierenden ePAs [Hübner et al. 2008, S. 79] gegenüber der USA mit 1,5% [Jha et al. 2009] vergleichsweise gut aufgestellt scheinen, haben sie im Vergleich mit skandinavischen Ländern (nahezu 100% ePA-Nutzung in Finnland [Reponen et al. 2008]) noch umfangreichen Nachholbedarf. Diesem folgen derzeit ca. 40% der Häuser, die mit der Implementation einer hausinternen ePA begonnen haben. Allerdings stehen dieser positiven Entwicklung auch 38% gegenüber, die mit einer Planung noch nicht gestartet sind [Hübner et al. 2008, S. 79]. Ohne ePA liegen in der Einrichtung neben einer papiergebundenen Akte zusätzlich eine Vielzahl elektronischer Dokumente vor, die in einem einfachen Dokumentenaustausch für einrichtungsübergreifende Kommunikation und Kooperation genutzt werden können.

11.4.1.2 Dokumentenaustausch

Die einfachste Form der Übertragung von Dokumenten zwischen Einrichtungen (Praxen, Krankenhäusern, Rehabilitationskliniken oder Pflegediensten) erfolgt in vielen Fällen per Fax. Dabei ist jedoch zu berücksichtigen, dass eine Übermittlung patientenbezogener Daten ohne eine gesicherte Übertragung unzulässig ist.

Für die elektronische Dokumentation (in Formaten wie .doc, .pdf, .xml) stehen Lösungen bereit, (i) die an einen Systemhersteller gebunden oder (ii) herstellerübergreifend sind. Mit dem VHitG-Arztbrief [Kassner et al. 2007] liegt vom VHitG eine Spezifikation [VHitG 2006] vor, die im Gegensatz zu proprietären Formaten und Strukturierungen, Vorgaben für eine Auszeichnung von Inhalten (z.B. Anamnese, Befund, Diagnosen, Therapie) auf Basis des internationalen Standards CDA [Noelle & Heitmann 2001, CDA 2009] macht. Der VHitG-Arztbrief findet zudem in abgeleiteten Übergabedokumenten z.B. Pflegebericht [Fleming et al. 2008] Verwendung.

Als eine herstellerübergreifende Plattform der kassenärztlichen Vereinigungen für den Versand hat sich D2D (Doktor to Doktor) etabliert (mehr als 350.000 Transaktionen/Monat und 9.000 ärztlichen Nutzern). D2D weist zudem die Integration mit Systemen von mehr als 50 Herstellern auf, so dass er in seiner Funktionalität über einen einfachen unidirektionalen Dokumentenversand hinausgeht und spezifische Prozesse (eArztbrief, LDT, GKV- und PKV-Abrechnung, DALE-UV etc.) abbildet.

Dennoch bleibt wie bei jedem Dokumentenaustausch der Patientenbezug auf den jeweiligen Vorgang beschränkt und unterstützt damit nicht das Konzept einer Akte.

11.4.1.3 Elektronische Fallakte

Eine elektronische Fallakte (eFA) führt Dokumente zu einem Fall in einer Akte zusammen. Dabei erhebt sie keinen Anspruch auf Vollständigkeit, da für die Kommunikation und Kooperation zwischen beteiligten Einrichtungen nur eine Teilmenge aller klinischen Dokumente relevant und sinnvoll ist. Das Konzept der eFA wurde von einer Gruppe von Klinikkonzernen, einigen großen Kliniken, dem Fraunhofer Institut ISST und der Deutschen Krankenhausgesellschaft (DKG) entwickelt und die zugehörige Spezifikation öffentlich bereitgestellt [Neuhaus & Caumanns 2007]. Im Juli 2009 wurde durch eine Vereinsgründung eine nachhaltige Struktur für die Weiterentwicklung geschaffen [Fallakte 2009]. Die eFA sieht drei Referenzprozesse vor [Reuter & Neuhaus 2008]: (i) Einweisung, (ii) Verlegung und (iii) komplexer Behandlungsablauf (z.B. Einschreibung und Behandlung in einem IV-Vertrag).

Dokumente werden in einer flachen Hierarchie bestehend aus einem „masterfile" und Ordnern mit Informationsobjekten (Abbildung 5) verwaltet. Dabei erhalten Objekte zusätzlich durch eine Beschreibung, sogenannte Metadaten, um benutzerspezifische Sichten z.B. „alle radiologischen Befunde" generieren zu können.

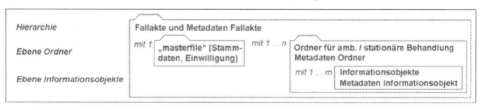

Abbildung 5: Struktur der elektronischen Fallakte

Damit ist die eFA in der Lage, das aktuelle Problem einer patientenbezogenen Dokumentenbereitstellung zu lösen, sofern der Patient seine Einwilligung für die eFA-Nutzung erteilt. Die Art der eingestellten Dokumente bestimmt die weitere Verwendbarkeit (siehe Abschnitt 11.3.1.5).

Um das Rechtemanagement der eFA mit akzeptablem Aufwand zu realisieren, sind eFA-Provider regional an große Einrichtungen oder an Klinikkonzerne gebunden, so dass am Markt mehrere eFA-Implementationen existieren. Eine übergreifende Föderation für den Datenaustausch und das Rechtemanagement sind zwar in der Spezifikation der eFA enthalten, aber bei mehreren Betreibern mit unterschiedlichen Interessen ggfs. nicht einfach umzusetzen. Fairerweise und zu Gunsten der eFA muss jedoch der explizite Fallbezug genannt werden. Mehrere eFAs eines Patienten sollen und können eine ePA nicht ersetzen.

11.4.1.4 Patienten- und Gesundheitsakte

Gemäß der Definition und den Eigenschaften einer ePA kann diese auch einrichtungsübergreifend verwendet werden. Berechtigte, d.h. mitbehandelnde Leistungserbringer erhalten Zugriff auf die hausinterne ePA und können – gemäß ihrer Zugriffrechte (lesen, schreiben, aktualisieren etc.) – mit der ePA arbeiten. In der Praxis wird der Zugriff auf relevante und hausintern freigegebene Inhalte beschränkt sein, auch um die Informationsflut für den externen Leistungserbringer zu begrenzen.

Im Gegensatz zur ePA erlaubt eine eGA (elektronische Gesundheitsakte) den Zugriff durch den Patienten selbst, einerseits um den Patienten mit in die Verantwortung für seine Gesundheit zu nehmen und andererseits für eine Selbstdokumentation. Eine eGA wird in der Regel ausschließlich durch den Patienten oder seine Bevollmächtigten verwaltet. Dieser Verwaltung unterliegen auch die Eintragungen der Leistungserbringer, so dass Vollständigkeit und Verlässlichkeit einer eGA in Frage gestellt sind. Mehrere Unternehmen bieten eine eGA kostenpflichtig an (ca. 50 €/Jahr, Stand 2009). Das Konzept einer eGA ist Bestandteil der Telematikinfrastruktur gemäß GMG (GKV-Modernisierungsgesetz), allerdings mit der Einschränkung, dass der Zugriff auf Inhalte der durch Leistungserbringer eingestellten Daten nur in Verbindung mit einem Leistungserbringer (per HBA) möglich ist und damit den Patienten vor Kurzschlusshandlungen infolge der Kenntnisnahme dieser Daten schützt.

In dem Vergleich von ePA und eGA zeichnet sich bei den Leistungserbringern ein eindeutiger Trend zur ePA ab, um ein vollständiges Bild zu einem Patienten zu erhalten.

11.4.1.5 Erwartungen des Nutzers: Anwendung und Interoperabilität

Dokumente, eFA, ePA und eGA sind primär daten- bzw. dokumentorientierte Ansätze, die neben einer notwendigen technischen Interoperabilität in unterschiedlicher Qualität die Kooperation zwischen Einrichtungen unterstützen. Tabelle 9 stellt Interoperabilitätsniveaus vor und bewertet ihre Verfügbarkeit.

Tabelle 9: Interoperabilitätsniveaus

Interopera-bilität	Inhalte	Beispiel	Verfüg-barkeit
technisch	Netzwerk, Schnittstellen, Protokolle	Ethernet, USB IP, TCP/IP, SSH, VPN	✓
strukturell	Datenformate	XML: <Pname>Musterfrau>/Pname> BDT: 0113101Musterfrau DICOM: 0010,0010,PN,"Musterfrau"	✓
syntaktisch	Nachrichten, Dokumente	HL7 Aufnahmenachricht ADT01 Segmente MSH, EVN, PID, PV1, PV2	✓
semantisch	Bedeutung, Terminologie	SNOMED, ICD, LOINC	✓
	IT und Domä-nenmodelle	HL7 RIM, openEHR Archetype	▬

Die Nutzbarkeit der Daten bzw. Dokumente hängt stark von deren Strukturiertheit ab. Ohne eine eindeutige Auszeichnung von Inhalten ist z.B. bei einer Diagnose nicht zu unterscheiden, ob diese Aussage für den Patienten selbst gilt oder sich auf einen Angehörigen im Rahmen der Familienanamnese bezieht. Erst die Verwendung von Terminologien (wie z.B. SNOMED, ICD, LOINC) erlauben die semantische Interoperabilität. Eine weitere Entwicklungsstufe zielt auf eine modellbasierte Entwicklung und trennt zwischen einem Informationsmodell und einem Domänenmodell, das den medizinischen Kontext repräsentiert. Obwohl Interoperabilität auf fast allen Ebenen unterstützt werden könnte, ist die Umsetzung bisher nur begrenzt (Tabelle 10, rechte Spalte).

Für die Leistungserbringer stellt sich zudem die Frage nach der Integration, d.h. wie können Daten einer anderen Einrichtung genutzt werden (Tabelle 10).

Tabelle 10: Ebenen der Datenübernahme

Art der Übernahme	interne Anwendung	externe Anwendung	Vorgehen
keine	—	X	nur Darstellung/ Kenntnisnahme
manuell	einfügen	kopieren	Übernahme relevanter Daten
unterstützt	Eingangs-korb	Strukturelle Interoperabilität	manuelle Zuordnung zu dem jeweiligen Patienten
automatisch	neue Infor-mation	Syntaktische Interoperabilität	Daten werden dem richtigen Patienten zugeordnet

In vielen Fällen wird „keine" oder nur eine „manuelle" Übernahme erreicht, eine „unterstützte" bzw. eine „automatische" Übernahme bedarf einer weitreichenden Kooperation der beteiligten Hersteller oder integrierender Lösungen wie Portale, die Produkte dieser Hersteller unterstützen.

11.4.1.6 Portale

Portale dienen der Prozessintegration, indem sie Funktionen eines Informationssystemes auch für externe, berechtigte Partner zugänglich machen: (i) Terminanfrage, -vereinbarung, (ii) Aufnahme per Ein-/Überweisung, (iii) Übermittlung von Vorbefunden, (iv) Bereitstellung von Behandlungsdaten, (v) Benachrichtigung über besondere Ereignisse im Rahmen der Behandlung, (vi) Entlassmanagement. Als sogenannte Zuweiserportale präsentieren sie zudem das Leistungsangebot einer Einrichtung, ermöglichen die direkte Kontaktaufnahme und können per Customizing der "corporate identity" einer Einrichtung angepasst werden.

Die Wahl des Anbieters eines (Zuweiser-)Portals bestimmt den Grad der Abhängigkeit im Bezug auf das vorliegende Informationssystem:

– **Hersteller von Integrationswerkzeugen** (Kommunikationsserver, Enterprise Application Integration) unterstützen verschiedene Informationssysteme
– **Hersteller von Informationssystemen** bieten (Zuweiser-)Portale als ein weiteres Modul ihres Systems, d.h. herstellerabhängig, an.

Abbildung 6 zeigt vier wesentliche Kriterien für die Bewertung.

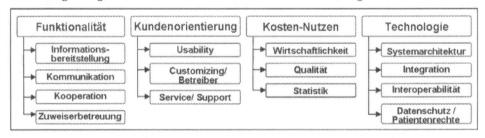

Abbildung 6: Bewertungsdimensionen von (Zuweiser-)Portalen

Die Mehrheit der heute verfügbaren (Zuweiser-)Portale präsentiert sich als zusätzliche (Web-)Anwendung, die parallel zum Informationssystem der Einrichtung geöffnet und bedient werden muss.

11.4.1.7 Bewertung der Lösungen

Die Bewertung erfolgt hinsichtlich Funktionalität und Produkteigenschaften.

Funktionalität / Produkt — Lösung	Über-Einwei-sung	Arzt-brief	Zugriff. externe Dokum.	Termin-planung	Benach-richti-gung	Infos Einrich-tung	med.-Wis-sen	ver-füg-bar	Kos-ten	Produkt-ange-bot	Integra-tion / Interop.
eGK und TI	~	x	(x)	~		~	~	~	alle		x
eFA Fallakte	x	x	x		(x)	~	~	x	Einr.	(einige)	Web, KIS
Daten/Dokumente	x	x	x	~	(x)	~	~	x	Einr.	mehrere	Web, GDT
KIS-Portal	x	x	x	x	x	~	~	x	Einr.	KIS Anb.	Web, APIS
Zuweiserportal	x	x	x	x	x	x	x	x	Einr.	einige	Web, APIS

Legende: Einr. – Einrichtung KIS – Krankenhausinformationssystem, GDT – Gerätedatenträger, APIS – Arzt Praxis Informationssystem

Abbildung 7: Bewertung der Lösungen für Kooperation und Kommunikation

Im Ergebnis (Abbildung 7) weisen Portale die weitreichendste Funktionalität auf. Aus Sicht des Autors sind Interoperabilität und Integration wesentliche Voraussetzungen für Kommunikation und Kooperation. Eine Akzeptanz durch Leistungserbringer in der täglichen Routine ist nur zu erreichen, wenn in der vertrauten Umgebung des eigenen Informationssystems Daten, Dokumente und Vorgänge mit dem jeweiligen externen Partner bearbeitet werden können.

11.4.2 Telekonsultation als Bestandteil der Leistungserbringung

Dokumente und Akten erlauben die zeitversetzte "offline"-Konsultation. "Online"-Konsultation wird heute vielfach in der "Teleradiologie nach Röntgenverordnung" verwendet, mithin eine radiologische Untersuchung bei der sich der verantwortliche Teleradiologe nicht am Ort der Untersuchung befindet. Mit der aktuellen DIN 6868-159 [DIN 2009] wurde eine Qualitätssicherung verankert, die tägliche und monatliche Konstanzprüfungen vorschreibt. Die Vorgabe einer maximalen Übertragungszeit von 15 Minuten für einen einrichtungstypischen Bilddatensatz kann von einfachen ISDN-basierten bilateralen Strecken nicht erfüllt werden, so dass ein Redesign dieser Kommunikationsstrukturen ansteht. Neben dem Übergang zu einer Standleitung mit höheren Bandbreiten (≥ 2 Mbit/s) sollte statt mehrerer bilateraler Strecken eine zentralistische Topologie gewählt werden, die für eine regionale, konzernweite oder landesweite Vernetzung geeignet ist. Verbunden damit ist eine zentrale Infrastruktur, die eine wahlfreie Kooperation zwischen den Beteiligten erlaubt. Auch für weitere Tele<x> Dienste, wie z.B. Telekonferenz, Instant Messaging ist eine zentrale Infrastruktur zu empfehlen. Dabei bestimmt die Wahl des Betreibers die Offenheit für Anwendungen und beteiligte Partner: Ein Krankenhaus, eine große Einrichtung oder ein Klinikkonzern wird anhand seiner Geschäftsstrategie entscheiden, ein neutraler Dienstleister den wirtschaftlichen Betrieb in den Vordergrund stellen.

11.4.3 Telemonitoring als Bestandteil der Patientenversorgung

Einen Überblick zu typischen Strukturen des Telemonitoring gibt Abbildung 8.

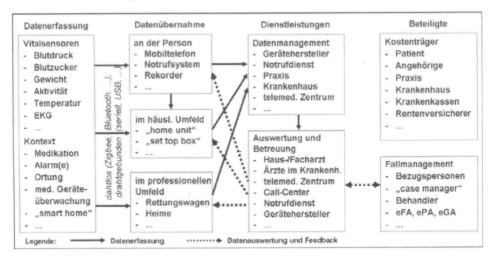

Abbildung 8: Telemonitoringstrukturen im Überblick

Ausgehend von einer Datenerfassung von Vitaldaten einer Person und ihres Kontextes ist eine Datenübernahme in mehreren Bereichen möglich. Auf der Ebene der Dienstleistungen steht neben dem technischen Datenmanagement, das von unterschiedlichen Organisationen verantwortlich erbracht werden kann, die medizinische Auswertung und Betreuung im Vordergrund. Abhängig von der Zweckbestimmung der telemedizinischen Dienstleistung muss diese unmittelbar (z.B. Notfallversorgung) oder mit einer festgelegten Reaktionszeit (z.B. Erinnerung Medikamenteneinnahme, Trendanalyse) agieren. Zwingende Voraussetzung für die Akzeptanz solcher Dienstleistungen bei Patienten und Leistungserbringern ist die Einbindung im Sinne eines Fallmanagements. Relevante Ereignisse, erfasste Daten und Beobachtungen werden Bezugspersonen und Behandlern mitgeteilt und zum Bestandteil der elektronischen Dokumentation. Die Finanzierung der Dienstleistung, der Infrastruktur und der medizintechnischen Geräte durch den Patienten bzw. seine Angehörigen und/oder durch die Krankenkasse als Kostenträger beruht auf den folgenden Motiven:

- Sicherheitsgefühl für den Patienten, auch in kritischen Situationen
- bessere Führung ("coaching") eines chronisch kranken Patienten (Diabetes, Herzinsuffizienz, Atemwegserkrankungen, Fettleibigkeit,...) sowohl im Bezug auf die Lebensqualität des Patienten als auch aus Kostensicht
- klinische, multizentrische Studien, um die (langfristige) Wirksamkeit des Telemonitoring für ein bestimmtes Patientenkollektiv nachzuweisen (z.B. Partnership for the Heart [Rabbata 2008])

Auch wenn viele Studien bereits die Evidenz nachgewiesen haben, ist eine Aufnahme telemedizinischer Leistungen in die Gebührenordnung bzw. Anerkennung durch den GBA (Gemeinsamer Bundesausschuss) nicht erfolgt. Allerdings gibt es auch neue technische Entwicklungen:

- **Sensorik** (z.B. Atmung, Lungenfunktion, Herzrate, Temperatur und Hautwiderstand), die in die Kleidung integriert oder gar zukünftig als Implantat vorliegt.
- **Nutzung des Mobiltelefons als Integrationsplattform** für die Datenübernahme und/oder Basisstation an der Person und im häuslichen Umfeld. Die Entwicklung wird sich durch sinkende Minutenpreise zusammen mit steigender Bandbreite noch beschleunigen.
- **Monitoring-Stationen für das häusliche Umfeld**, die neben der Übernahme von Vitaldaten die Interaktion mit dem Patienten (Erinnerungsfunktion, Fragebögen für regelmäßiges Scoring, Trainingsprogramme) bis zur Videokonferenz mit Betreuern (Angehörigen, medizinischem Personal) ermöglichen. Ebenso sind von den Herstellern (z.B. Intel Health Guide, Philips Telehealth, American Telecare) Lösungen für den Betrieb der Zentrale und für die Auswertung und die Erarbeitung der interaktiven Inhalte erhältlich.

Diese Entwicklungen erlauben das Angebot eines Telemonitoring durch ein großes Krankenhaus, einen Verbund von Krankenhäusern oder durch einen Klinikkonzern für eine frühere Entlassung oder zur Nachsorge. Im Gegensatz zu externen Anbietern "kennen" die Einrichtungen ihre betreuten Patienten und können Daten aus dem Telemonitoring mit Behandlungsdaten korrelieren. Zudem sind diese Einrichtungen bereits von ihrer Struktur für einen 24x7-Betrieb ausgelegt.

Technisch wäre z.B. ein System in einem Koffer denkbar, der die Geräte für die Erfassung der Vitaldaten beinhaltet und per integriertem Netbook sowie UMTS/HSPA direkt eine Verbindung mit der betreuenden Einrichtung herstellen kann.

Organisatorisch ist ein modernes Telemonitoring ohne ein Feedback an die Beteiligten undenkbar, sei es um den Patienten zu beruhigen oder Geräteparameter (z.B. Häufigkeit von Messungen, Gerätestatus) zu konfigurieren oder gar Behandlungsschemata anzupassen.

11.4.4 Die Zukunft: Individualisierte Medizin

Die Übernahme von Daten aus dem Telemonitoring, von weiteren Behandlern über strukturierte Dokumente, eine eFA oder eine Telematikinfrastruktur in eine durchgängige elektronische Dokumentation generiert diagnostisches, therapeutisches und pharmokologisches Wissen als Grundlage für eine individualisierte Medizin (engl. "personalized medicine", pHealth). Das Konzept einer individualisierten Medizin besteht in der weitgehenden Berücksichtigung von patientenspezifischen Eigenschaften, u.a. auch genetischen (ererbt über Gene im Zellkern) und phänotypischen (Erscheinungsbild, Merkmale einer Person wie z.B. Größe, Gewicht). Diese Eigenschaften dienen der Suche nach einem vergleichbaren Kollektiv von Patienten, um einerseits die beste, maßgeschneiderte Behandlung zu finden und andererseits Prognosen und Empfehlungen für eine Prävention zu geben. Verbunden damit ist ein besseres Verständnis für die Ursache von Krankheiten unter Berücksichtigung einer Vielzahl von Betrachtungsdimensionen (molekular, anatomisch, physiologisch, ..., Bildgebung). Individualisierte Medizin kann sich für den Patienten als vorteilhaft erweisen, jedoch besteht auch die Gefahr, dass (i) die Informationen von Kostenträgern zum Nachteil des Patienten verwendet werden, (ii) die Empfehlungen zur Prävention nicht von allen Bevölkerungsgruppen umgesetzt werden können oder (iii) eine Diskriminierung wegen einer erkannten genetischen Prädisposition erfolgt.

Die IT-Anforderungen für eine individualisierte Medizin sind derzeit noch kaum absehbar (siehe auch 11.3.1.5). Denkbar sind Dienstleistungsangebote, die aufgrund eines bereitgestellten Patientenprofils eine Empfehlung im Sinne eines "decision support system" anbieten. Parallel dazu werden sich zudem IT-Strukturen zum Aufbau des Wissens etablieren müssen.

11.5 Zusammenfassung

Die Krankenhaus IT-Technologie profitiert in vielen Fällen von neuen IT-Technologien, die manche Anwendungen überhaupt erst ermöglichen. Dennoch bestimmen die spezifischen Rahmenbedingungen des Gesundheitswesens die Allokation von Ressourcen und steuern die Investition in neue Technologien. Weit wichtiger jedoch sind die IT-Anwendungen, die dem Anwender aufgabenangemessen mit geeigneten Benutzerschnittstellen verlässlich bereitstehen müssen. Nur so ist eine Akzeptanz und Nutzung durch Anwender zu erreichen. Gerade im Kontext einer kooperativen Leistungserbringung sind es nicht die IT-Gadgets, sondern Integration und Interoperabilität auf der Ebene der Geschäftsprozesse, die eine leistungsfähige und bezahlbare Patientenversorgung ermöglichen.

Literaturverzeichnis

[BSI 2005] Bundesamt für Sicherheit in der Informationstechnik, Technische Richtlinie Sicheres WLAN. SecuMedia Verlags GmbH 2005.

[CDA 2009] HL7, Clinical Document Architecture, verfügbar unter www.hl7.org/implement/standards/cda.cfm, 2009.

[DIN 2009] DIN 6868 Sicherung der Bildqualität in röntgendiagnostischen Betrieben- Teil 159: Abnahme- und Konstanzprüfung in der Teleradiologie nach RöV. Ausgabe 2009-03, Beuth Verlag 2009.

[EU 2007] Richtlinie 2007/47/EG des Europäischen Parlaments und des Rates vom 5. September 2007. Amtsblatt der EU, Ausgabe vom 21.9.2007, L247, S. 21-55.

[Fallakte 2009] www.fallakte.de, zuletzt geprüft am 28.7.2009.

[Fleming et al. 2008] Fleming, D.; Giehoff, C.; Hübner, U.: Entwicklung eines Standards für den elektronischen Pflegebericht auf Basis der HL7 CDA Release 2. www.egms.de/en/meetings/gmds2008/08gmds182.shtml, 2008.

[gematik 2008] gematik, Gesamtarchitektur, Version 1.5.0 vom 2.9.2008, Abschnitt 4.6.2.1, www.gematik.de, zuletzt geprüft am 29.3.2009.

[Hübner et al 2009] Hübner, U.; Sellemann, B.; Flemming, D.; Genz, M.; Frey, A.: IT-Report Gesundheitswesen. Schriftenreihe des Niedersächsischen Ministeriums für Wirtschaft, Arbeit und Verkehr 2008.

[Jha et al. 2009] Jha, A.K.; DesRoches, C.M.; Campbell, E.G.; Donelan, K.; Rao, S.R.; Ferris, T.G.; Shields, A.; Rosenbaum, S.; Blumenthal, D.: Use of Electronic Health Records in U.S. Hospitals. New England Journal of Medicine 360 (2009) 16, S. 1628-1638.

[Kassner & Naumann 2007] Kassner, A.; Naumann, J.: Der elektronische Arztbrief – Standardisierung für Interoperabilität. In: Jäckel, A. (Hrsg.): Telemedizinführer Deutschland 2007, S. 195-201.

[Neuhaus & Caumanns 2007] Neuhaus, J.; Caumanns, J.: eFA – Elektronische Fallakte als Basis für sektorübergreifende Prozesse. In: Jahrbuch Gesundheitswirtschaft 2008: Prozessoptimierung, eHealth und Vernetzung im deutschen Gesundheitswesen. Wegweiser Verlag 2007, S. 105.

[Noelle & Heitmann 2001] Noelle, G.; Heitmann, K.: SCIPHOX – elektronische Kommunikation im Gesundheitswesen: Auf dem Weg zur integrierten Versorgung. Deutsches Ärzteblatt/Praxis Computer, 6 (2001), S. 2-6.

[Reponen et al. 2008] Reponen, J.; Winblad, I.; Hämäläinen, P.: Status of eHealth Deployment and New National Laws in Finland. In: Schug, S.; Engelmann, U. (Hrsg.): Telemed 2008 Proceedings. Berlin 2008, S. 19-28.

[Rabbata 2008] Rabbata, S.: Studie: Forschung für die Telemedizin auf Rezept. Deutsches Ärzteblatt 105 (2008) 16, A-824 / B-718 / C-706.

[Reuter & Neuhaus 2008] Reuter, C.; Neuhaus, J.: Spezifikation einer Architektur zum sicheren Austausch von Patientendaten Version 1.2.004. www.fallakte.de, 2008.

[SGB V 2008] Sozialgesetzbuch V, Richtlinie der KBV für den Einsatz von IT-Systemen in der Arztpraxis, §295, Absatz 1, Satz 2 und 3, 2008.

[VHitG 2006] VHitG Initiative Intersektorale Kommunikation (Hrsg.): Arztbrief auf Basis der HL7 CDA Release 2 für das Deutsche Gesundheitswesen - Implementierungsleitfaden. Stand 12.5.2006, www.vhitg.de.

12 Virtualisierung im Rechenzentrum – treten die Einsparpotentiale ein?

Gerhard Härdter

> *„Die Betriebskosten werden die Anschaffungskosten*
> *in den nächsten fünf Jahren übertreffen."*
>
> *Dave Douglas, SUN Microsystems*

12.1 Höhere Produktivität zu geringeren Kosten

Düstere Aussichten für die Jahre 2009 und folgende sagen die Analysten des Marktforschungs- und Beratungsunternehmens Gartner Group voraus. Laut Sondergaard kommt die IT nun nicht mehr umhin, einen Beitrag zu den Kostensenkungen im Unternehmen zu leisten. Dabei brauchen sich die IT-Verantwortlichen nicht den Vorwurf machen zu lassen, mehr Geld als nötig ausgegeben zu haben. Vielmehr gehe es darum, der Business-Seite mit Prozessverbesserungen und Innovationen zu helfen. Die vorhandene Infrastruktur müsse streng überprüft und alle vertretbaren Möglichkeiten ausgenutzt werden, um die Betriebskosten zu senken - dies bei steigenden Anforderungen der Nutzer an die bereitgestellten Ressourcen [Witte 2008, S. 12].

Bei Licht betrachtet sind diese Forderungen nicht neu. Sie werden jedoch zunehmend straffer. Für die IT gerät die Erfüllung zur Gradwanderung zwischen immer höheren Anforderungen an die Servicequalität und dem verfügbaren Budget.

Mit den aktuell verfügbaren Technologien scheinen diese Forderungen nun auch erfüllbar zu werden. Als besonders erfolgversprechendes Mittel wird zunehmend die Virtualisierung angesehen.

12.2 Einsparpotentiale im Rechenzentrum

Die Analysten von IDC Europa haben in 2007 mit einer Aussage sehr viel Aufmerksamkeit erregt, demnach die Unternehmen weltweit mehr als 70 Milliarden Euro für ungenutzte Serverkapazitäten verschwenden würden.

Laut Gartner Group soll Virtualisierung die wohl wichtigste Technologie auf dem Servermarkt der kommenden Jahre sein und einen sicheren Ausweg aus der Kostenfalle eröffnen. Die Rechnerkapazitäten könnten besser genutzt, Energiekosten eingespart und dabei sogar noch die Datensicherheit erhöht werden. Soviel Lob ruft manchen Zweifler auf den Plan. Zumal oft noch nicht ganz klar ist, an welchen Stellen genau nun Kosten in welcher Höhe eingespart werden können.

Der durch die Gartner Group bereits im Jahre 1987 geprägte Begriff der *Total Cost of Ownership* (TCO) liefert ein Kostenbetrachtungsmodell, das mittlerweile als Quasi-Standard weit verbreitet ist und häufig angewandt wird. Grundidee bei der Entwicklung des Modells war es, mittels eines Best-Practice-Ansatzes versteckte Kosten und mögliche Kostentreiber bereits im Vorfeld einer Investitionsentscheidung zu identifizieren. Betrachtet werden die Kosten, die ein IT-System über seine gesamte Nutzungsdauer im Unternehmen verursacht.

Unterschieden werden zunächst direkte und indirekte Kosten. Unter die *direkten* Kosten fallen die Anschaffung, der Installations- und Verwaltungsaufwand, die Schulung der Mitarbeiter, die Wartung und der Service bzw. Support. Daneben entstehen nicht unmittelbar sichtbare Kostenblöcke, die *indirekt* zu Buche schlagen. Insbesondere zu nennen sind Produktivitätsverluste im Unternehmen aufgrund von Systemausfällen, Wartungsarbeiten und Fehlbedienung durch mangelhaft geschulte Mitarbeiter.

Bei aller Kritik, die sich das TCO-Modell im Laufe der Zeit eingehandelt hat, liefert es nach wie vor eine gute Orientierung, wo die hauptsächlichen Einsparpotentiale liegen und welches die erfolgversprechendsten Hebel sind. Eine der größten Stärken des TCO-Modells liegt darin, dass es dazu beigetragen hat, die Betrachtungsweise der IT von der reinen Technologieorientierung wegzulenken und modernes Management sowie kostenoptimales Vorgehen in den Mittelpunkt konzeptioneller Überlegungen zu rücken.

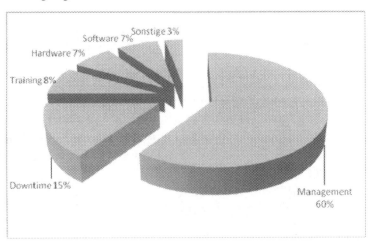

Abbildung 1: TCO-Kostenverteilung nach IDC 2007

Die Einschätzung der Analysten über die prozentuale Verteilung der einzelnen Kostenblöcke hat sich in den vergangenen Jahren immer wieder verändert bzw. an den Entwicklungstand der IT angepasst. Stellvertretend soll hier das Verteilungsschema aus dem Jahre 2007 der Analysten von IDC [www.idc.com][Hantelmann 2008, S. 89] aufgezeigt werden (siehe Abbildung 1). Es bietet eine gute Ausgangsbasis für die weiteren Überlegungen.

Demnach bilden die Kosten für Management bzw. Maintenance sowie die Ausfallzeiten mit Abstand die größten Blöcke. Die Bemühungen zur Kostensenkung sollten also zuerst hier ansetzen. Nachfolgende Konzepte sind besonders wirksam:

- Standardisierung und Vereinheitlichung der IT-Infrastruktur
- Räumliche Zusammenlegung von Servern und Rechenzentrumsstandorten
- Vereinfachung des Systemmanagements durch Standardisierung
- Beschleunigung von Systeminstallationen durch zentrale Bereitstellung
- Senkung des Energieverbrauchs durch Reduktion wenig genutzter Hardware

Der erste und letzte Punkt sollen im Folgenden näher erläutert werden:

12.2.1 Standardisierung und Vereinheitlichung

Die Anforderung, IT-Dienste möglichst unterbrechungsfrei auf hohem Qualitätsniveau anzubieten, ist gerade in Krankenhäusern eine besondere Herausforderung. Ursächlich sind Eigenheiten des Gesundheitswesens mit ihren historisch gewachsenen Infrastrukturen. Eine Vielzahl von Individual- und Spezialsystemen unterschiedlichster Hersteller, dezentral veranlasst und auf unterschiedlichsten Beschaffungswegen ins Unternehmen gekommen, haben eine Systemlandschaft entstehen lassen, wie sie heterogener nicht sein könnte.

Eine große Hebelwirkung zur Kostensenkung hat gerade hier *die Standardisierung der IT-Infrastruktur*. Dies sollte immer im Zentrum aller Überlegungen stehen. Sie wird u.a. durch Konsolidierung erreicht, was soviel bedeutet wie *„der Prozess der Vereinheitlichung und Zusammenführung oder Verschmelzung von Systemen, Applikationen, Datenbeständen"*.

Konsolidierungsprojekte entfalten nur dann ihr gesamtes Potential, wenn sämtliche IT-Prozesse mit einbezogen werden. Schon alleine durch die Homogenisierung der Hardwarelandschaft kann die Zahl der zu pflegenden Komponenten drastisch reduziert werden. Ausfallzeiten können viel kostengünstiger reduziert werden als dies mit heterogenen Systemen der Fall wäre. Die Nutzer und damit das Unternehmen profitieren unmittelbar.

Neben der reinen Hardwarestandardisierung sind weitere Konsolidierungsformen interessant, die teilweise einen noch deutlich höheren Beitrag zur Kostensenkung leisten:

- Die Reduktion der Anwendungsprogramme durch Einführung von Softwarestandards.
- Die organisatorische Standardisierung durch Konsolidierung der Betriebsmittel.
- Die technische Zusammenführung von Servern, Speichersystemen und Netzwerkkomponenten.

Die Virtualisierung gilt als eine der Schlüsseltechnologien, mit denen sich rasche Erfolge bei der technologischen Konsolidierung von Rechenzentren erzielen lassen.

12.2.2 Energieverbrauch

Neben der Reduktion von Heterogenität und Komplexität gewinnt auch der Energieverbrauch technischer Anlagen immer mehr an Bedeutung. Nicht nur aus Kostengründen. Laut Gartner trägt die Informationstechnologie im gleichen Maß zur Umweltverschmutzung bei, wie der weltweite Flugverkehr. Noch niemals zuvor hat die Menschheit soviel Kohlendioxid freigesetzt wie heute; Tendenz steigend. Um bei den Kosten zu bleiben: Noch niemals war Energie so teuer wie heute. Das Borderstep-Institut hat in einer Studie festgestellt, dass sich der Energiebedarf der Rechenzentren in Deutschland in 6 Jahren auf rund 8,7 Milliarden Kilowattstunden mehr als verdoppelt hat [Meyer 2008, S. 14].

Die IT gilt im Krankenhaus, neben der Medizin- und Gebäudetechnik, als Großverbraucher. Bitkom und BMU kommen in ihrem Leitfaden „Energieeffizienz im Rechenzentrum" zu dem Schluss, dass moderne Informationstechnik maßgeblich zur Reduktion der CO2-Emissionen beitragen kann [Meyer 2008, S. 15]. Als wesentlicher Faktor wird die Reduktion wenig ausgelasteter Rechner durch Virtualisierung gesehen.

12.3 Virtualisierung als Schlüsseltechnologie

"Man kann nicht zu neuen Ufern vordringen, wenn man nicht den Mut aufbringt, die alten zu verlassen." André Gide

Glaubt man den Herstellern, so sind moderne Virtualisierungstechniken das *„Allheilmittel"* auf dem Weg zu schlanken und kostengünstigen IT-Infrastrukturen. Wie bei vielen in der Vergangenheit als „Universalheilsbringer" gepriesenen Technologien, so gilt auch hier, dass nur die vorausschauende, umfassende Planung und der umsichtige Einsatz den erhofften Erfolg bringen.

12.3.1 Was ist Virtualisierung?

Laut *WIKIPEDIA* [de.wikipedia.org] ist eine eindeutige Definition des Begriffs nicht möglich, da er in vielen unterschiedlichen Anwendungsfällen verschieden ausgeprägt ist. Die Autoren der Internetenzyklopädie kommen zu der Ansicht, dass Virtualisierung Methoden bezeichne, die es erlauben, Ressourcen einer physikalischen Hardware (Server, Speichersystem, Netzwerk etc.) zusammenzufassen oder aufzuteilen. Der Hersteller Hewlett Packard definiert das in seinem White Paper „Virtualization delivers real benefits for business" präziser [Hewlett Packard 2009]:

> "Virtualisierung ist eine Herangehensweise der IT, die Ressourcen so zusammenfasst und verteilt, dass ihre Auslastung optimiert wird und automatisch Anforderungen zur Verfügung steht."

Ermöglicht wird dies über die Entkopplung der Hardware vom Betriebssystem und den darauf laufenden Anwendungsprogrammen über eine abstrakte Softwareebene.

Im Wesentlichen lassen sich drei Varianten oder Klassen der Virtualisierung unterscheiden.

- Die **Partitionierung** teilt eine Hardware oder physische Systeme in mehrere logische oder virtuelle Systeme auf. Zielsetzung ist es, nur gering ausgelastete Hardware besser auszulasten. Von allen Varianten wird diese aktuell am häufigsten angewandt.
- Die **Aggregation** fasst mehrere physische Systeme zu einem großen logischen System zusammen. Zielsetzung ist es, mehr Leistung durch Kopplung von mehreren Servern zu bekommen. Notwendig z.B. bei sehr ressourcenintensiven Anwendungen, wie großen Datenbanken, digitalen Archiven etc.
- Die **Emulation** oder Nachahmung bildet ein System auf einem anderen nach. Ziel ist es, nicht viele verschiedene Systemarchitekturen vorhalten zu müssen, um Dienste mit sehr unterschiedlichen Anforderungen anbieten zu können. Das abbildende System ahmt dafür das originale System nach.

Wie dies im Einzelnen bewerkstelligt werden soll und welcher Nutzen erzielbar ist, soll im Folgenden an den Anwendungsfällen für Virtualisierung deutlich gemacht werden, die derzeit am häufigsten in der Praxis anzutreffen sind.

12.3.2 Servervirtualisierung

Die traditionelle IT-Landschaft ist in der Regel so aufgebaut, dass für viele im Unternehmen eingesetzte Softwareprogramme, die von mehr als einem Mitarbeiter genutzt werden, jeweils ein eigener Server zur Verfügung steht. Man spricht hier von Dedizierung oder dedizierten Servern. In der Vergangenheit haben die Hersteller von Anwendungsprogrammen dies meist so gefordert. Insbesondere wenn ihre Softwareprodukte unter Microsoft Windows laufen und damit sehr tief in das Betriebssystem integriert sind. Konfigurationsdaten werden dort in einer gemeinsamen Datenbank, der sog. Registry abgelegt. Dies ist eine Eigenart bei Microsoft-Betriebssystemen, die viele Vorteile, aber auch einige gravierende Nachteile mit sich bringt. Hauptnachteil ist, dass sich Programme, die gleichzeitig auf einem Windowsserver installiert sind, gegenseitig negativ beeinflussen können. Für mögliche „Unverträglichkeiten" zwischen den Programmen verschiedener Hersteller, möchte (und kann) niemand die Verantwortung übernehmen. Die strikte Trennung auf einzelne Server war bisher das Mittel der Wahl, um die Betriebsrisiken zu minimieren.

Hinzu kommt, dass die Softwareprodukte oft sehr verschiedene Anforderungen an den Aufbau und die Leistungsfähigkeit des Servers stellen. Auch können nicht alle Anwendungen auf einem Betriebssystem des gleichen Herstellers, z.B. unter Microsoft Windows, ausgeführt werden. Oft sind gar unterschiedliche Versionsstände des Betriebssystems oder zusätzliche Software erforderlich.

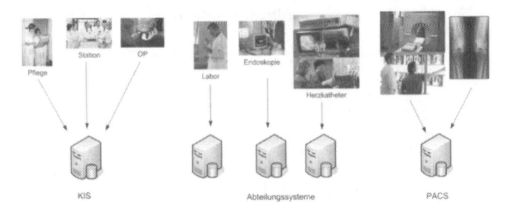

Abbildung 2: Traditionelle IT Infrastruktur im Krankenhaus – dedizierte Server und Speicher für jedes Abteilungssystem

Traditionell steht im Rechenzentrum eine große Anzahl dedizierter Server (siehe Abbildung 2), die in der Regel nur gering belastet sind. Die Auslastungsquote eines Servers ist im Mittel nur zwischen 20 und 30%. Hier liegt ein erhebliches Potential brach. Es wäre daher erstrebenswert, die Auslastung auf mindestens 60 - 70% zu erhöhen und die Anzahl der Maschinen zu reduzieren. Genau hier setzt die Servervirtualisierung an.

12.3.2.1 Aufteilung in kleinere Einheiten - Partitionierung

Ziel ist es, viele Anwendungsprogramme auf einem physikalischen Server (der gleichen Hardware, man spricht hier auch von einem sogenannten *Host* oder *Gastgeber*) zu betreiben und sie dabei so voneinander zu isolieren, dass keine gegenseitige Beeinträchtigung entsteht. Gemäß der Einteilung in Virtualisierungsklassen wird hier die Partitionierung angewendet.

Ermöglicht wird dies durch eine Software, der sogenannten Virtualisierungsschicht, welche die Hardware des Servers vom installierten Betriebssystem trennt und damit die Hardwarekomponenten (Prozessoren, Arbeitsspeicher, Festplatten, Netzwerkkarten etc.) mehreren Betriebssystemen gleichzeitig zur Verfügung stellen kann. Ohne diese Virtualisierungsschicht könnte auf einem Server nur ein Betriebssystem gleichzeitig betrieben werden. Werden mehrere Betriebssysteme gleichzeitig und virtuell auf einem Server ausgeführt, spricht man von virtuellen Maschinen (VM) oder *Gästen*. In einer VM „denkt" jedes installierte Betriebssystem, es habe den Server für sich alleine zur Verfügung. Dies hat den positiven Effekt, dass es keine Wechselwirkungen zwischen den verschiedenen VMs gibt, die auf einem Server gleichzeitig installiert sind. Die strikte Trennung der Anwendungsprogramme lässt sich auf diese Weise also ebenfalls erreichen.

Insbesondere die Hersteller von Software, die Microsoft Windows als Betriebssystem voraussetzt, haben die Vorteile der Virtualisierung erkannt und ihre Produkte für den Betrieb als VM freigegeben. Es liegt also mittlerweile eine breite Unterstützung durch die Softwareindustrie vor.

12.3.2.2 Isolation und Kapselung

Durch Isolation werden die einzelnen VM-Instanzen so geschützt, dass ungewollte Betriebszustände innerhalb der VMs nicht zum Absturz des Hostsystems führen. Auch sind die VMs gegeneinander geschützt. Fehler und Sicherheitslücken in einer Instanz beeinträchtigen die anderen Instanzen nicht.

Mittels Kapselung werden die Informationen der virtuellen Instanzen und damit der Speicherinhalt, die kompletten Festplatteninhalte sowie die Betriebszustände in Dateien, sog. Disk Images, gespeichert. Hieraus ergeben sich zahlreiche Vorteile für den Betrieb:

- Zur Datensicherung der kompletten VM müssen lediglich die Disk Images auf das Sicherungssystem kopiert werden.
- Der aktuelle Zustand einer VM kann per Snapshot-Funktion festgehalten werden; ein unschätzbarer Vorteil z.B. bei Systemupdates. Sollte das Update fehlerhaft sein, kann innerhalb von Minuten der letzte funktionsfähige Systemzustand wiederhergestellt werden. Der Betrieb im Unternehmen läuft mit minimaler Unterbrechung weiter.
- Soll eine VM auf einen anderen Host verlegt werden, etwa wegen längeren Wartungsarbeiten an der Hardware, müssen lediglich die Zustandsdaten der VM kopiert werden.
- Soll eine VM abgeschaltet werden, z.B. um Ressourcen zu sparen, weil die darin installierte Software zeitweise nicht gebraucht wird, muss sie nicht zeitaufwendig heruntergefahren, sondern kann im aktuellen Systemzustand quasi „eingefroren" werden. Sobald sie wieder gebraucht wird, lässt sie sich innerhalb weniger Minuten wieder „zum Leben" erwecken. Der zeitaufwendige Startprozess eines abgeschalteten Systems entfällt.
- Die vorhandenen Disk Images können als Basis für den Aufbau neuer Systeme verwendet werden. Die Bereitstellungszeit für neue Server reduziert sich damit je nach Komplexität von bisher Stunden oder Tagen auf wenige Minuten.

Aktuelle Virtualisierungsprodukte am Markt bieten darüber hinaus noch weitaus mehr Optimierungsmöglichkeiten:

- Einzelne VMs können gegenüber anderen bevorzugt (priorisiert) werden. Weniger wichtige Anwendungen erhalten damit weniger Rechenleistung.
- Die Serverhardware kann nach verschiedenen Kriterien, wie Speicherbedarf, Rechenleistung etc. aufgeteilt werden.
- Abhängig von der Auslastung des Basisservers (Host) können VMs auf weniger belastete Hosts verschoben werden, wenn nötig, sogar unterbrechungsfrei.
- Über Clusterfunktionen lassen sich sogar Hardwareausfälle des Hostsystems abfangen.

– Aktueller Höhepunkt der Entwicklung sind Mechanismen zur selbstständigen Skalierung, mit denen z.B. VMs von wenig ausgelasteten Hosts auf andere Systeme verlagert werden und die Hardware von Systemen mit „Leerlauf" abgeschaltet wird.

Die Prozessoren heutiger Server sind in der Regel so leistungsfähig, dass sich im Mittel bis zu fünf VMs gleichzeitig betreiben lassen. Bezogen auf eine Serverlandschaft von 100 Einzelservern bedeutet dies beispielsweise, dass mit Servervirtualisierung nur noch 20 Server gebraucht werden. Im Optimalfall sogar noch deutlich weniger. Ein erhebliches Konsolidierungspotential. Die Einsparungen z.B. für Energie, Wartung und Administration liegen auf der Hand.

12.3.3 Speichervirtualisierung

„Digitale Daten halten ewig oder fünf Jahre. Je nachdem was zuerst eintritt." Jeff Rotheberg

Die Datenflut im Krankenhaus ist in den letzten fünf Jahren expotential angestiegen. Ursächlich ist vor allem die zunehmende Digitalisierung, allen voran bei den bildgebenden Verfahren, wie Radiologie, Herzkatheter, Endoskopie etc. Moderne Medizingeräte (Modalitäten) machen Einblicke in den Organismus mit immer höherer Auflösung und einer nie dagewesenen Detailgenauigkeit möglich. Dem Patienten können zunehmend belastende operative Eingriffe erspart werden.

Mit langfristig tragfähigen Speicherkonzepten müssen vor allem folgende Herausforderungen gelöst werden:

1. Wachsende Speicherplatzanforderungen bei zunehmender Anzahl und Verbesserung der Medizingeräte
2. Verfügbarkeit der Daten über den gesamten Aufbewahrungszeitraum
3. Lebenszeit und Technologiewechsel der Speichersysteme
4. Ein sich rasch verändernder Informationswert, denn nicht alle Daten sind zu jeder Zeit gleich wichtig

Eine der großen Herausforderungen für die IT der Krankenhäuser ist die wachsende Speicherplatzanforderung bei zunehmender Anzahl und Verbesserung der Medizingeräte. Mit der Verbesserung der Modalitäten sind auch die Speicherplatzanforderungen explosionsartig gewachsen. Nachfolgend einige Beispiele, mit welchen Datenmengen im Mittel pro Untersuchung gerechnet werden muss:

– Röntgen 50 MB
– Ultraschall 100 MB
– Kardioangiographie 200 MB
– Computertomographie 500 MB
– Magnetresonanztomographie 1.000 MB

Ein Krankenhaus der Grund- und Regelversorgung muss also im Mittel bis zu 5 TB Daten aus Medizingeräten pro Jahr ablegen. Bei Maximalversorgern und Universitätskliniken kann der Zuwachs bis zu 100 TB und mehr pro Jahr betragen. Diese heute (2009) gültigen Anhaltszahlen können sich in den kommenden Jahren schlagartig ändern, eher nach oben, als nach unten. Die Innovations- und Verbesserungszyklen bei Medizingeräten werden immer kürzer, was die zunehmende Digitalisierung für die IT-Verantwortlichen schwer kalkulierbar gestaltet.

Betrachtet man die derzeitigen gesetzlichen Aufbewahrungsfristen von 10 bis 30 Jahren, dann wird klar, dass nur mit einer möglichst intelligenten Nutzung der verfügbaren Speichertechnologien ein wirtschaftlicher Betrieb sichergestellt werden kann.

Ziel der Bemühungen muss es sein, Unabhängigkeit von der physikalischen Speicherung, der Hardware und der Hersteller zu erreichen. Nur dies wird zu langfristiger Kostenersparnis bei Speichererweiterungen und Datenmigrationen von veralteten, nicht mehr unterstützten Hardwarekomponenten auf neue Systeme führen. Aufgrund der langen Aufbewahrungsfristen, wird man dieser Herausforderung mehrfach begegnen.

Auswege bieten sogenannte hierarchische Speicher-Management-Systeme (HSM). Hier liegt das Prinzip zugrunde, Daten entsprechend ihrer Nutzung, ihrer Anforderungen (z.B. Verfügbarkeit, Performance, Lebenszyklus, Häufigkeit des Zugriffs, Aufbewahrungsdauer) auf die Speicherbereiche (Pools) zu verschieben, welche die definierten Anforderungen zu den besten Preisen erfüllen. Solche Verfahren werden auch unter der Überschrift *Information Lifecycle Management* angeboten.

Diesen Verfahren liegt eine Speichervirtualisierung zugrunde. Laut Wikipedia wird sie wie folgt definiert:

> **Speichervirtualisierung** ist eine Technologie, mit der die physikalischen Eigenschaften von vorhandenem Speicherplatz gegenüber Nutzern ausgeblendet werden. Die Technik wird eingesetzt, damit Nutzer den vorhandenen Speicherplatz nicht zwingend entlang den physikalischen Grenzen, zum Beispiel pro Festplatte oder pro Speichereinheit, aufteilen müssen. Durch Speichervirtualisierung erscheint Nutzern Speicherplatz demnach virtuell: der Speicherplatz kann durchaus scheinbar in Speichersysteme oder Festplatten eingeteilt sein, nur müssen diese Dinge nicht physikalisch vorhanden sein. Ein Stück Software stellt sicher, dass die virtuelle Speichereinteilung auf geeignete Art und Weise auf den physikalisch vorhandenen Speicherplatz passt.

Die Unternehmen profitieren von Speichervirtualisierung, indem sie nicht mehr an physikalische Grenzen gebunden sind. Umstrukturieren oder Erweitern des physikalischen Speicherangebots gelingt wesentlich einfacher, wenn der Speicher virtualisiert zur Verfügung steht. Für Systembetreuer besteht der Vorteil insbesondere darin, dass das vorhandene physikalische Speicherangebot effektiver aufgeteilt werden kann. Der Auslastungsgrad der Hardware verbessert sich deutlich.

12.3.3.1 Storage Area Network

Ausgangspunkt für die Speichervirtualisierung ist normalerweise ein Speichernetzwerk (SAN = Storage Area Network). Viele Krankenhäuser haben diese Technik bereits implementiert, um ihren Servern größere Festplattenkapazitäten bereitstellen zu können. In aller Regel sind die Festplatten der Speichersysteme zu logischen Einheiten, sog. LUNs (Logical Unit) zusammengefasst, wobei eine oder mehrere LUNs einem einzelnen Server fest zugeordnet sind. Außerdem wird auf dem Speichersystem der Speicherplatz pro LUN reserviert, der zu Beginn der Serverinstallation eingestellt wurde - egal, ob der Server dort Daten ablegt oder nicht. In aller Regel ist also ein großer Teil des Speicherplatzes gar nicht mit Daten gefüllt und liegt brach.

Die Verwaltung kann sehr schnell komplex werden. Schwierigkeiten treten dann auf, wenn einzelne Server zusätzlichen Speicherplatz benötigen. Dies kann meist nur über die Bereitstellung weiterer LUNs bewerkstelligt werden, was in der Regel mit dem Kauf weiterer Festplatten oder Speicherschränken verbunden ist. Im Laufe der Zeit sind in einer solchen „gewachsenen Struktur" dann unterschiedlich leistungsfähige Geräte vorhanden, die nicht zu einer Einheit zusammengefasst werden können oder nicht entsprechend der Leistungsanforderungen den Servern flexibel zugeteilt werden können. Neuere Speichersysteme sind meist leistungsfähiger und man würde sie daher gerne den Anwendungen bereitstellen, die höhere Leistung benötigen. Die Verschiebung der Daten hätte je nach Datenmenge lange Ausfallzeiten zu Folge. Da meist nicht im laufenden Betrieb kopiert werden kann.

Wünschenswert wäre es nun, sämtliche vorhandenen Speichersysteme zu einem Gesamtsystem zusammenzufassen und sich nicht mehr darum kümmern zu müssen, wo die Daten nun genau physikalisch liegen. Langsamere und günstigere Speichersysteme könnten dann für Daten verwendet werden, die nicht ständig gebraucht werden (z.B. Langzeitarchive) und schnellere, meist teurere Speichersysteme für die Daten und Anwendungen, die ständig von vielen Mitarbeitern gebraucht werden. Ideal wäre noch, wenn der Speicherplatz bedarfsgerecht mitwachsen würde und nicht für jeden Server größtenteils ungenutzt reserviert werden müsste.

Hier setzt nun die Speichervirtualisierung an. Vergleichbar zur Servervirtualisierung werden die physikalischen Speicher (z.B. Festplattensysteme von den logischen getrennt. Die direkte Abhängigkeit zwischen Server und Speicher ist damit aufgehoben.

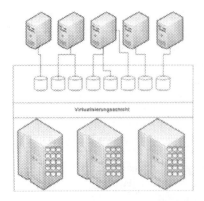

Abbildung 3: Speichernetz mit Virtualisierung

Ohne ein Speichernetzwerk (SAN) sind die wirklich interessanten Vorteile der Virtualisierung nicht realisierbar. Erst durch die Kombination von Servervirtualisierung und SAN-Technologie wird die IT-Infrastruktur zu einem flexiblen Pool aus einzelnen Ressourcen, die von der Hardware weitgehend losgelöst und vielseitig verwendbar und manipulierbar ist.

12.4 Umsetzung und Betrieb

Optimale Nutzung der Möglichkeiten der Virtualisierung erfordert Umdenken. Die meisten Anwender schaffen es zwar, Hardware zu reduzieren, jedoch sinken die Managementkosten oft nicht. Insbesondere Administratoren müssen alte Gewohnheiten aufgeben. In der virtuellen Welt haben sie seltener mit einem defekten Server zu tun. Kommt es dennoch dazu, kann der Ausfall weit größere Auswirkungen haben, da nicht nur ein System, sondern viele betroffen sein können. Die Auswirkungen auf das Unternehmen sind um ein vielfaches höher.

Virtualisierung ist nicht zwangsläufig das Mittel der Wahl für jede Anforderung. An die Umsetzung sollte man sich daher nur nach sorgfältiger Analyse und Planung machen. Nur wenn im Vorfeld die zu erreichenden Ziele vollständig und umfassend klar sind, kann Virtualisierung erfolgreich und gewinnbringend umgesetzt werden.

Wie wird nun ein Projekt sinnvoll angegangen? Jedenfalls keinesfalls vorschnell auf Basis von Marketingversprechen.

12.4.1 Ist-Analyse und Risikobewertung

Ausgangspunkt der Überlegungen sollte immer eine Ist-Analyse der vorhandenen IT-Infrastruktur sein. Je genauer der Status quo dokumentiert ist, desto eher lassen sich die Anforderungen an die Neukonzeption klar definieren. Ein kurzer Blick, sozusagen eine Momentaufnahme, reicht hier nicht aus. Die Systeme müssen über einen längeren Zeitraum beobachtet werden, um zu realistischen Aussagen zu kommen.

Die Analyse sollte mindestens folgende Faktoren umfassen:

- die Auslastung der Prozessoren und des Arbeitsspeichers auf den Servern pro Anwendung im Mittel und zu Spitzenzeiten,
- den aktuell belegten Speicherplatz auf dem Speichersystem,
- den zu erwartenden Zuwachs im Laufe der folgenden Betriebsjahre,
- die Anforderungen der Software an die Lese- und Schreibgeschwindigkeit in den Datenspeicher, sog. I/O-Performance, insbesondere bei Datenbankanwendungen ein sehr entscheidender Faktor für ein flüssiges gleichzeitiges Arbeiten vieler Anwender.

Neben diesen „Kapazitätsaspekten" sollten auch Risiken und Schwachstellen betrachtet werden, damit diese nicht in die „virtuelle Welt" übernommen, sondern im Vorfeld minimiert oder beseitigt werden können.

Eine besondere Herausforderung stellt vor allem in Krankenhäusern die Identifikation wirklich unternehmenskritischer IT-Verfahren dar. Im Krankenhausinformationssystem klassischen Zuschnitts werden die Patienten im Patientenverwaltungssystem aufgenommen. Dies ist der Lieferant von Basisdaten für die angeschlossenen medizinischen Dokumentations- und Diagnostiksysteme, sog. Subsysteme. Ohne die zeitnahe Übermittlung der Patientenstammdaten kann mit den Subsystemen in der Regel nicht sinnvoll gearbeitet werden. Daher ist meist unstrittig, dass die Patientenverwaltung mit möglichst geringen Ausfallzeiten laufen muss. Wie kritisch nun die Subsysteme für das Unternehmen Krankenhaus tatsächlich sind, ist schwieriger zu entscheiden. Ohne objektive Bewertung des jeweiligen Verfahrens und seiner ökonomischen Bedeutung bzw. der Risiken für den Patienten wird man sich in „politischen" Interessenkonflikten verstricken statt zu einem tragfähigen Konsens zu finden. Immer wieder bemerkenswert ist die Tatsache, dass die IT-Verantwortlichen häufig dann in solche Diskussionen geraten, wenn an der IT-Infrastruktur etwas verändert werden muss. Sollte man doch unterstellen können, dass die Risikobewertung bereits vor Einführung eines neuen Verfahrens durchgeführt wurde und die Fakten klar sind.

Ohne Kenntnis darüber, wie kritisch eine Anwendung für die Betriebsfähigkeit des Unternehmens ist, wird man keine sinnvolle Planung vornehmen können. Wenn nicht klar ist, welche Ausfall- bzw. Wiederherstellungszeiten gefordert sind, wird auch die Virtualisierung zu Überkapazitäten führen.

12.4.2 Planung und Konzeption

Auf Basis der Ist-Analyse und Risikobewertung können nun sinnvolle Umsetzungskonzepte entwickelt werden.

Ausgangspunkt ist dabei die Frage, ob sich die Virtualisierung überhaupt lohnt. Besteht die Infrastruktur nur aus wenigen Systemen, dann ist die Konsolidierung von Servern und deren Peripherie nicht besonders interessant. Hat ein Krankenhaus hingegen Dutzende oder gar Hunderte Server, lassen sich lohnende Konsolidierungsraten erzielen. Je geringer die durchschnittliche Auslastung vorhandener physikalischer Server ist, desto höher wird der Einspareffekt am Ende sein.

Soweit die Theorie. In der Praxis sind die erzielbaren Effekte aber sehr stark davon abhängig, ob die jeweilige Anwendung überhaupt virtualisierungstauglich ist, bzw. welcher Aufwand betrieben werden muss, um die Software anzupassen. Dies muss im Einzelfall mit dem Hersteller geprüft werden.

Positiv zu verzeichnen ist, dass die Hersteller von Software für das Gesundheitswesen mittlerweile die Vorteile erkannt haben und ihre Systeme zunehmend für den Betrieb in virtuellen Umgebungen freigeben. Zu beachten ist jedoch, dass längst nicht alle Hersteller jedes Virtualisierungsprodukt unterstützen. Während SAP seine Software für den Betrieb auf nahezu allen gängigen Virtualisierungsplattformen freigegeben hat, unterstützen andere, meist kleinere Hersteller nur die Marktführer unter den Virtualisierungsprodukten, allen voran VMWare.

Steht fest, dass sich die Virtualisierung lohnt, dann kann ein geeignetes Konzept entwickelt werden, das Grundlage für die Auswahl eines geeigneten Virtualisierungsproduktes ist. Wichtig ist hierbei, dass ausgehend von der Risikobewertung der Anwendungen die Ausfallszenarien, Abdeckung von Katastrophenfällen und Sicherungs- bzw. Wiederherstellungszeiten eingehend betrachtet werden. Diese Szenarien legen unter anderem fest, ob die virtuelle Infrastruktur über gespiegelte Speichersysteme mehrere Standorte benötigt, wenige große Server ausreichen oder die Verteilung auf eine größere Anzahl Server zur Reduktion des Ausfallrisikos erforderlich ist.

Darüber hinaus leiten sich aus den Szenarien auch die Anforderungen an die Virtualisierungssoftware ab. Ob z.B. Anwendungen im Falle von Hardwarestörungen ohne Betriebsunterbrechung auf andere Server verschoben werden müssen, Datenspeicher flexibel erweiterbar sein sollen oder Anwendungen flexibel mehr Rechenleistung zugeteilt werden soll, wirkt sich sehr wesentlich auf die Auswahl eines geeigneten Virtualisierungsproduktes aus.

12.4.3 Umsetzung

Hat man sich für ein geeignetes Konzept und Produkt entschieden, geht es an die Umsetzung. Hierzu sollte unbedingt geprüft werden, ob es sich lohnt, auf die Unterstützung spezialisierter Systemhäuser zurückzugreifen, deren erfahrene Fachleute mit der Umsetzung zu beauftragen und die eigenen Mitarbeiter im Projekt am eigenen System, sozusagen „on the job", trainieren zu lassen.

Gemäß dem Grundsatz „Start small, think big" empfiehlt es sich, die Systeme schrittweise in die virtuelle Welt zu übertragen. Keinesfalls sollte man mit den unternehmenskritischen Verfahren starten, sondern zunächst mit den weniger kritischen Anwendungen beginnen. Sehr geeignet sind Test- und Entwicklungssysteme oder Anwendungen, die nur von wenigen Anwendern und eher selten genutzt werden. Laufen diese zur Zufriedenheit und stellen sich die Vorteile ein, kann man sich an die kritischeren Anwendungen wagen.

Virtualisierungsprojekte sollten als langfristige Strategie gesehen werden. Mit einem einmaligen „Kraftakt" wird man wenig Erfolg haben.

12.4.4 Betrieb

Im Betrieb ist eine zentrale Überwachungsmöglichkeit aller Komponenten im Gesamtsystem entscheidend. Zum momentanen Stand der Softwareentwicklung reicht hierfür die von den Virtualisierungsprodukten bereitgestellte Managementsoftware meist nicht aus. Die Lücken müssen (derzeit noch) über Zusatzprodukte geschlossen werden. Wichtig ist, dass alle Überwachungswerkzeuge an zentraler Stelle einseh- und bedienbar sind. Dies wird meist dadurch erreicht, dass sogenannte Managementkonsolen aufgebaut werden oder die Überwachung der virtuellen Umgebung in die bereits vorhandenen Rechenzentrumsleitstände integriert wird.

In die Alarmierungssysteme müssen weitere Parameter integriert werden, die der Überwachung der Gastsysteme und der Hostserver dienen. Insbesondere Kapazität und Auslastung müssen sorgfältig überwacht und analysiert werden. Die Definition von praxisgerechten Schwellwerten erlaubt eine automatisierte Benachrichtigung der Administratoren, wenn sich die Systemzustände der Leistungs- und Kapazitätsgrenze nähern.

Darüber hinaus ergeben sich weitere Anforderungen an die IT-Mitarbeiter, die oft nicht betriebliche Übung sind:

- Sämtliche Änderungen am System müssen wohlüberlegt durchgeführt werden,
- Bedienungsfehler haben Auswirkungen auf viele Systeme, unter Umständen sogar auf das Gesamtsystem,
- Wissen über Betriebssysteme und Virtualisierungssoftware alleine reicht nicht aus; der Administrator muss die Gesamtzusammenhänge kennen und beherrschen.

Die bisherige, eher plattformorientierte Sicht der Dinge, bei der die einzelnen Bestandteile, wie Serverhardware, Netzwerk, Speicher, Betriebssysteme etc., eher isoliert im Mittelpunkt des Interesses standen, muss einer übergreifenden Sicht über alle Bestandteile hinweg weichen, die Prozesse in den Mittelpunkt rückt. Konkret zu nennen sind hier:

Kapazitätsplanung, Management von Verfügbarkeit, Veränderungen, Konfigurationen und Störungen. Mit anderen Worten, ein gut strukturiertes Servicemanagement, das sich an gängigen Standards wie ITIL® orientiert, ist unerlässlich.

Besonders wichtig ist eine vollständige und zeitnahe Dokumentation der virtuellen Umgebung, der Zusammenhänge, der Abhängigkeiten zwischen den Systemen und Generationen sowie sämtlicher Veränderungen.

12.5 Risiken und Nebenwirkungen

„Virtualisierung wird, wie jede andere aufkommende Technik auch, zum Ziel neuartiger Bedrohungen." Neil MacDonald, Vice-President Gartner Group

12.5.1 Der Faktor Mensch

Konsolidierungs- und Virtualisierungsprojekte führen zu großen Umwälzungen in der gewohnten IT-Landschaft. Die Vorteile müssen vor Projektbeginn von allen Beteiligten verstanden und die Notwendigkeit der Veränderungen akzeptiert werden. Mit der Infrastruktur wandeln sich insbesondere die Anforderungen an die Administratoren. Erfahrungen mit Serverbedienung und Betriebssystemen reichen nicht mehr aus. Zusätzlich sind Kenntnisse über Netzwerke und Speichersysteme erforderlich, um die Zusammenhänge zu verstehen und zielgerichtet entstören zu können. Den IT-Mitarbeitern wird ein hohes Maß an Lernbereitschaft abgefordert. Eine Einzelperson kann die Anforderungen nicht umfänglich abdecken. Die Zusammenarbeit im Team gewinnt stark an Bedeutung. Klassische Einzelkämpfer, wie sie unter IT-Spezialisten häufig anzutreffen sind, sind in solchen Projekten deplatziert. Kompetenzgerangel wäre vorprogrammiert. Es ist daher wichtig, zeitgleich mit der Konsolidierung die Betriebskonzepte zu überarbeiten und an die neuen Anforderungen anzupassen.

Haben sich die Vorteile in der Praxis eingestellt, so kann es ohne strukturierte Prozesse zu unerwünschten Effekten kommen. Da die Bereitstellung von Systemen in virtuellen Infrastrukturen relativ einfach ist, kann z.B. fehlendes Change Management bzw. Kapazitätsplanung zu einer ungebremsten Zunahme von virtuellen Maschinen führen. Im „Handumdrehen" sind Systemkopien bereitgestellt, wird „mal eben" eine neue Software in einer VM ausprobiert, Entwickler setzen per Mausklick Testmaschinen auf. Eine Flut neuer virtueller Server entsteht, welche die Anzahl vormals vorhandener physischer Server weit übersteigen kann und die Konsolidierungseffekte wieder zunichte macht. Hier bedarf es detaillierter Richtlinien, Disziplin und bedarfsgerechter Berechtigungskonzepte, um Wildwuchs zu verhindern.

12.5.2 Sicherheit

Die Sicherheitsstrategie wird durch Virtualisierung per se nicht wesentlich schwieriger. Es sei denn, man hatte bisher keine ausreichenden Sicherheitskonzepte. Fatal wäre zu glauben, dass mit Einführung von Virtualisierung quasi automatisch ein höherer Sicherheitsstandard in der IT-Infrastruktur Einzug halten würde und man fortan besser gegen Angriffe geschützt wäre. Dies ist sicherlich nicht der Fall. Vielmehr gilt es die Virtualisierungsschichten in das Sicherheitskonzept mit einzubeziehen, die Risiken objektiv und ohne Panikmache zu bewerten und daraus klar definierte Serviceabläufe zu entwickeln.

Ein häufiges Sicherheitsrisiko ist, dass sich zu Beginn eines Virtualisierungsprojektes die veränderten Zuständigkeiten und Administrationsabläufe noch nicht ausreichend eingespielt haben. Störungen werden nicht schnell genug erkannt und auf Probleme wird zu langsam reagiert. Die Administratoren müssen die Serviceabläufe möglichst schnell erlernen und zum festen Bestandteil ihres täglichen Arbeitsablaufs machen.

12.5.3 Lizenzen

Risikoreich sind wenig transparente Lizenzierungsmodelle für Software, die auf virtuellen Systemen betrieben wird. Die Berechnungsmodelle gehen meist von traditioneller IT-Infrastruktur mit dedizierter Hardware aus und lassen sich nicht ohne weiteres auf die virtuelle Welt übertragen. Im Vorfeld muss daher mit den jeweiligen Herstellern das Lizenzmodell erörtert und ggfs. angepasst werden. Sollten keine passenden Lizenzmodelle gefunden werden, verzichtet man besser auf die Installation der Anwendung in virtuellen Systemen.

Auch bereiten Softwareprodukte, die hardwaregestützt z.B. über Dongles lizenziert bzw. freigeschaltet werden, Probleme bei der Virtualisierung. Sollte der Hersteller weder bereit noch in der Lage sein, die Lizenzierung über andere Mechanismen, wie z.B. Lizenzserver, Netzwerkdongles per USB-over-IP durchzuführen und wird die Software für das Krankenhaus zwingend benötigt, so bleibt meist nur, auf die Virtualisierung im Einzelfall zu verzichten und die Software auf herkömmliche Art bereitzustellen.

12.5.4 Fehlplanung

Oberflächliche Ist-Analysen und mangelhafte Bewertung der Leistungsanforderungen der vorhandenen Systeme, führen in der virtuellen Welt zu Leistungsengpässen, die aufwendige Änderungen am Konzept notwendig machen. Leider fallen diese Probleme oft erst auf, wenn die Systeme bereits in den Vollbetrieb gegangen sind. Die Probleme wirken sich dann unmittelbar auf die betroffenen Abteilungen aus, deren System z.B. zu langsam läuft.

Denn Virtualisierung ist kein „Allheilmittel", sondern hat Grenzen. Für hochperformante Server-Cluster, sehr große Speichervolumen, Applikationen die sehr große Datenmengen aus den Speichersystemen lesen bzw. in diese schreiben oder bei einer sehr großen Zahl von Anwendern auf einem System, sollte man Virtualisierung vorsichtig angehen. Im Krankenhaus sind dies insbesondere Bilddatenmanagementsysteme wie z.B. PACS in der Radiologie oder große Mailsysteme mit bis zu mehreren tausend Postfächern. Hier kann es notwendig sein, dass diese Systeme auch weiterhin direkt auf der „physikalischen Hardware" laufen und keine Servervirtualisierungsschicht dazwischen liegt.

Dieser Fall kann auch eintreten, wenn Systeme Spezialhardware benötigen, wie z.B. Steuerkarten zum Anschluss von Peripheriegeräten, die von der Virtualisierungssoftware nicht unterstützt werden. Da in Krankenhäusern meist eine Vielzahl von Spezialsystemen, insbesondere in der Diagnostik, im Einsatz ist, muss besonders sorgfältig analysiert und geplant werden.

12.5.5 Systemausfälle

Vor allem in Krankenhäusern ist noch die Sorge verbreitet, dass Systemausfälle in einer konsolidierten virtuellen Umgebung weitaus problematischer sind als in der klassischen, verteilten Infrastruktur. Mit dem Argument schwer zu beherrschender „Flächenbrände" mit kritischen Störungen der Patientenversorgung werden Konsolidierungsprojekte oft nicht konsequent angegangen.

Bei näherer Betrachtung stellt man fest, dass in den klassischen Umgebungen aus Kostengründen eine hohe Zahl von Servern niederer Qualität im Einsatz ist, die vergleichsweise wenig ausfallsicher sind.

Auch Dienste, die für den Gesamtbetrieb von existentieller Bedeutung sind, werden auf solcher Hardware betrieben. Bei Kommunikationsservern wiegt dies besonders schwer. Der Kommunikationsserver verteilt z.B. die Patientenstammdaten des Krankenhausinformationssystems an alle angeschlossenen Systeme in den Fachabteilungen. Fällt er aus, laufen diese Systeme zwar noch, jedoch kann dort nur sehr eingeschränkt oder gar nicht gearbeitet werden, da grundlegende Daten fehlen. Die Kette ist eben nur so stark wie ihr schwächstes Glied.

Bei konsequenter Konsolidierung mittels Virtualisierung können die Risiken massiv reduziert werden. Die vielen Einzelserver werden durch wenige, sehr hochwertige, ausfallsichere und leistungsfähige Server ersetzt. Unternehmenskritische Dienste, wie z.B. Kommunikationsserver, werden virtualisiert und profitieren unmittelbar von den zahlreichen Möglichkeiten der Ausfallsicherheit.

Konsolidiert man nicht konsequent, stellen sich die Vorteile nicht ein. Die Komplexität erhöht sich durch den Parallelbetrieb alter und neuer Umgebungen. Zudem steigen die Ausfallrisiken erheblich.

12.6 Erzielbare Einsparungen

Anhand einer groben Kostenanalyse sollen die Einsparpotentiale mit einer Beispielrechnung konkret aufgezeigt werden. Der Fokus liegt auf Energie- und Servicekosten. Dabei wird von folgenden Basisparametern und Mittelwerten ausgegangen:

- Anzahl vorhandener Server   150
- Auslastung pro Server   30%
- Angestrebte Serverauslastung   60%
- Alter pro Server   3 Jahre
- Wartungskosten pro Server p.a.   1000 €
- Servicepersonal   5 Mitarbeiter
- Aufwand pro Person und Tag   2,00 Stunden
- Energiekosten   0,14 Euro/KWh

Tabelle 1: Beispielrechnung

Kosten pro Jahr	ohne Virtualisierung	mit Virtualisierung	Einsparung
Energiekosten	67.000€	37.000€	30.000€
Klimatisierung	20.000€	11.000€	9.000€
Personalaufwand	61.000€	30.000€	31.000€
Hardwareservice	150.000€	75.000€	75.000€
Summe p.a.	298.000€	153.000€	145.000€

Diese recht einfache und überschlägige Berechnung zeigt bereits, dass die Effekte recht attraktiv sein können. Betrachtet man lediglich die Energiekosten, so sind die Einsparungsmöglichkeiten bei Arbeitsplatzrechnern durch den Skaleneffekt allerdings deutlich höher als im reinen Rechenzentrum. Insbesondere dann, wenn Thinclient-Konzepte und Desktop-Virtualisierung umgesetzt werden.

Das Beispiel zeigt auch, dass Energieeinsparungen nicht die alleinige Motivation für Virtualisierung sein können.

Die Konsolidierung mittels Virtualisierung bringt weitere Effekte, die für die Krankenhäuser mindestens genauso interessant sind. Nachfolgend werden die wesentlichen Effekte zusammengefasst und gemäß ihrer relativen Einsparungsmöglichkeiten bewertet. Die Zahlen wurden in einer im Frühjahr 2008 am Klinikum Stuttgart durchgeführten TCO-Studie verifiziert. Demnach sind folgende Quoten erzielbar:

1.) Effekte durch Hardwarekonsolidierung:
   a. Reduzierung der physikalischen Server um 50%
   b. Erhöhung der Ressourcenausnutzung von durchschnittlich 5–15% auf 70% oder höher
   c. Senkung der Wartungskosten für Server um 40%
   d. Einsparungen für Energie und Klimatisierung um bis zu 45%
   e. Reduktion jährlicher Hardwarekosten für Speichersysteme um 25%
   f. Senkung des Platzbedarfs im Rechenzentrum um 30%
2.) Reduktion der Kosten für Administration und Betrieb um 28%, insbesondere durch:
   a. Schnellere Sicherungs- und Wiederherstellungszeiten
   b. Effizienteres System- und Sicherheitsmanagement durch Standardisierung und Automatisierung
   c. Unabhängigkeit von Hardware und spezifischen Treibern
   d. Bedarfsgerechte Skalierung im laufenden Betrieb
   e. Einfacher und schneller Aufbau von Testsystemen beschleunigt Projekte
3.) Effekte durch geringere Ausfallzeiten: Reduktion der Kosten um bis zu 50%

12.7 Zusammenfassung

Die Auseinandersetzung mit Virtualisierung lohnt sich. Bei konsequentem Einsatz der verfügbaren Technologien kann eine spürbare Senkung der Rechenzentrumskosten erreicht werden. In Abhängigkeit von der jeweiligen Ausgangslage kann sogar im Einzelfall eine Einsparung von annähernd 50% erzielt werden.

Damit sich der gewünschte Erfolg einstellt, sollte man einige wenige Grundprinzipien beachten:

Für einen erfolgreichen Betrieb sind einfache Managementwerkzeuge nötig, welche die Komplexität der Überwachung und Verwaltung verringern. Daher sollte kein Virtualisierungsprojekt ohne Managementkonzept zur Überwachung des Gesamtsystems angegangen werden. Denn wenn Service Level Agreements nicht eingehalten werden können, interessiert die Energieeinsparung am Ende niemanden mehr.

Es bedarf einer weitsichtigen Strategie, das Rechenzentrum in einen Pool von Verarbeitungs-, Speicher- und Netzwerkleistung umzubauen. Die besprochenen Technologien verändern die Anforderungen an Planung, Administration und Betrieb der IT-Umgebung grundlegend.

Lohn der Mühe ist eine hohe Flexibilität und Effizienz des Rechenzentrums mit völlig neuen Möglichkeiten zur Ressourcenauslastung und zur Gewährleistung der geforderten Verfügbarkeit.

Literaturverzeichnis

[BITKOM 2009] BITKOM (Hrsg.): Server-Virtualisierung – Leitfaden und Glossar, Bundesverband Informationswirtschaft, Telekommunikation und neue Medien e.V., Berlin 2009.

[Hantelmann 2008] Hantelmann, F.: Kostenfall. In: iX 12 (2008).

[Hewlett Packard 2009] Hewlett Packard (Hrsg.): Virtualization delivers real benefits for business, White Paper 2009. http://h20195.www2.hp.com/v2/GetPDF.aspx-/4AA1-0040ENW.pdf.

[Meyer 2008] Meyer, J.: Der Druck auf die IT wächst. In: Computerwoche 43 (2008).

[Witte 2008] Witte, C.: Gartner singt den Blues. In: Computerwoche 46 (2008).

13 IT zur Prozessgestaltung im Krankenhaus – Wie bekommt man die optimale Kombination von IT-Anwendungen?

Franz Jobst

13.1 Einleitung

Unter dem Kostendruck im Gesundheitswesen gilt es den Workflow der Leistungsprozesse ständig zu verbessern und effizient unter den sich verändernden Rahmenbedingungen zu entwickeln. Die IT wird als äußerst effizientes Werkzeug für die Unterstützung dabei angesehen. Die Kardinalfragen bei deren Gestaltung für unsere Krankenhäuser waren seit jeher: Wird ein homogener Anbieter als Integrator allen Anforderungen gerecht, bereitet die für Teillösungen spezialisierte Software bei der Integration zu viele Probleme und welcher Weg der Softwaregestaltung zwischen Parametrierung und umfassender Programmierung ist optimal? In den letzten Jahren hat die Industrie für diese Fragen das SOA-Konzept als Allheilmittel verkündet (SOA = Serviceorientierte Architektur). Wie bei vielen Hypes kam es nach der Phase der Euphorie zur Ernüchterung. Waren die Versprechungen in diese Architektur zu hoch und die damit verbundenen Hoffnungen unrealistisch? Oder existiert eine begriffliche Vermischung zwischen Konzept, käuflichen Produkten und Projekten und rührt daher eine pauschale Verurteilung der Technologie?

SOA ist ein Konzept: das wird jede Definition bestätigen. Im Folgenden soll aufgezeigt werden, dass sich darin sehr viele wichtige Entwicklungsschritte der Wirtschaftsinformatik der vergangenen 25 Jahre wiederfinden und zu einem Ganzen integriert weiterentwickeln. Wenn in vielen Artikeln oder Äußerungen SOA „schlecht gemacht" wird, ist damit nicht per se das Konzept gemeint. Es betrifft entweder eine spezielle Konzeptrealisierung (also die sogenannte Middleware) oder – und das zu allermeist - ein spezielles Projekt bzw. die Methode, die dabei angewandt wurde. Die Ernüchterung in der Anwendung von SOA und die Enttäuschung über viele Projekte haben die gleichen Ursachen wie beim E-Business-Hype am Anfang unseres Jahrtausends. Damals wie heute hatten die Marketingstrategen erkannt, welches enorme Potenzial in der neuen Technologie steckt. Das Thema SOA wird zu einem „Shareholder Value"-Thema: bis zum nächsten Geschäftsbericht des Softwareanbieters oder Beratungshauses muss es Wirkung zeigen. SOA-Projekte brauchen aber Zeit, um das Geschäft neu so zu modellieren, dass die Bausteine generisch durch komponentenweises Ersetzen und alternativen Workflow einen kontinuierlichen Verbesserungsprozess ermöglichen. Die Wirkung zeigt sich nicht kurzfristig, und wenn, dann allenfalls punktuell. Der volle Nutzen entfaltet sich erst, wenn die meisten bestehenden Komponenten der bisherigen IT-Anwendungsarchitektur umstrukturiert sind.

Um diese Divergenz von „State-of-the-Art"-Architektur SOA und Geschäftserfolg von SOA-Projekten für eine solide Diskussion aufzubereiten, soll im ersten Teil dieses Beitrags die Herausforderung beleuchtet werden, der sich die Weiterentwicklung unserer betrieblichen Anwendungslandschaft gegenübersieht. In einem zweiten Teil werden die Technologien, die Voraussetzung für die Ausschöpfung einer SOA-Architektur sind, kurz erläutert und bewertet. Die verschiedenen Sichtweisen auf SOA, die das SOA-Konzept ausmachen, sind Gegenstand des dritten Teils: die Geschäftsprozessorientierung, die entsprechende Programmierung, der Aufbau eines „Service-Buses", die Schnittstellenbeherrschung und die erhoffte Software-Rationalisierung. Im vierten Teil werden schließlich aktuelle Konzepte wie Web 2.0 dargestellt, die unabhängig von SOA entstanden sind, sich von den Ideen her aber hervorragend ergänzen und in Realisierungen zu einem integrierten Einsatz kommen.

13.2 Die Herausforderung, die verfügbare Informatik optimal für das Kerngeschäft einzusetzen

Besinnen wir uns kurz, welche Rolle die Informationstechnologie und Informationssysteme für uns im Gesundheitswesen spielen: sie sollen in erster Linie das Kerngeschäft unterstützen.

Was uns an der Informationstechnologie jedoch fasziniert, sind meist die technischen Eigenschaften, exemplarisch sei hier RFID (Radio Frequency Identification) genannt.

> RFID ermöglicht die *automatische Identifizierung* und *Lokalisierung* von Gegenständen und Lebewesen und erleichtert damit erheblich die Erfassung und Speicherung von Daten.

Mit RFID soll man zum Beispiel alle Produkte im Einkaufswagen, die mit einem kleinen Chip (dem sogenannten *Tag*) markiert sind, beim Durchfahren der Kasse in Sekundenbruchteilen registrieren und verrechnen können. Vielleicht könnte man die Kreditkarte des Kunden auch noch mit einem solchen RFID Tag versehen und dann gleich die Kaufsumme abbuchen. Nicht mal ersteres ist meines Wissens irgendwo in der Praxis eingesetzt. Aber für RFID gibt es zahllose Angebote von einschlägigen Technologiefirmen, die z.B. unsere beweglichen Geräte für funktionsdiagnostische oder andere Zwecke mit solchen RFID Tags ausstatten möchten und uns die Technologie zur Lokalisierung, Bestandsführung und vielem Anderen einrichten würden. Das ist Informationstechnologie, die von sich reden macht.

Eine andere technologische Kleinigkeit wende ich selber gelegentlich an, um Nichtfachleute bei Vorträgen in unserem Konferenzraum in Erstaunen zu versetzen: Mit einem mobilen PC, der eine Verbindung zu einer unserer Web-Anwendungen aufnehmen darf, klicke ich auf einer Intranetseite „Licht an / Licht aus". Unser

LAN ist mit dem Bussystem unserer Gebäudetechnik verbunden (nach dem Elektrotechnikstandard EIB der EU).

Warum beeindruckt uns so etwas viel mehr, als ein komplexes Krankenhausinformationssystem, das mit allen Patientendaten für Behandlung, Abrechnung und Forschung umfassend die tägliche Arbeit unterstützt? Wahrscheinlich ist die Antwort ganz einfach: Weil wir in diesen Systemen immer noch Defizite erkennen. Und genau das ist die spannende Aufgabe: dieses Optimierungspotenzial zu nutzen.

Konzentrieren wir uns dazu auf die Krankenhausinformationssysteme (KIS) und bewegen uns von der Technologiefaszination zur Prozessebene, unserer Kernkompetenz im Klinikum. Ohne hier die vielen Definitionsvarianten aus der Medizin-Informatik zu diskutieren, wollen wir ein Merkmal besonders hervorheben: das KIS umfasst alle EDV-Programme, die uns direkt oder indirekt im Behandlungsprozess des Klinikums unterstützen. Die Erstellungsvarianten für diese Programme bieten ein betrieblich höchst wertvolles Potenzial. Wie kommt es denn zu einem neuen Programm? Es gibt Software-Erstellungstechnologien, die nur von hoch spezialisierten Informatikern beherrscht werden, es gibt aber auch Werkzeuge für reine EDV-Anwender, die man in diese Kategorie rechnen kann. Diese Bandbreite von Werkzeugen wirtschaftlich sinnvoll für sich zu nutzen, ist den meisten Betrieben in der Vergangenheit nicht gelungen: vielleicht, weil die Werkzeuge sehr viel Fachwissen verlangten, zum Teil aber auch, weil die methodische Professionalität fehlte. Im Abschnitt 13.3 soll aufgezeigt werden, welches „professionelle Herangehen an die Programmproduktion" zur Verfügung steht und wie dies in die Methodik Serviceorientierte Architektur mündet.

13.2.1 Make-or-Buy oder Make-and-Buy?

13.2.1.1 Wie unterstützt die IT die Arbeitsabläufe?

Die IT ist so stark in unsere Arbeitsprozesse integriert, dass sie zum Teil schon gar nicht mehr als eigenständige Disziplin wahrgenommen wird. Wenn ein Sachbearbeiter das für seine Aufgabe konzipierte Programm bedient, bezeichnet er dies als „mit EDV arbeiten". Die Verwendung von IT als Hilfsmittel für die Arbeit einerseits und die Schaffung von solchen Hilfsmitteln durch die IT andererseits gehen fließend ineinander über. Dies soll an einer Kategorisierung nach der Art der „Programmproduktion" verdeutlicht werden:

- **Kauf von Standardsoftware oder Beauftragung der Software-Entwicklung**
- **Anpassung von Systemen (Parametrierung bzw. Customizing)**
  Beim Kauf von Klinikinformationssystemen oder von ERP-Software, wie z.B. SAP, ist bekannt, dass die Lizenzgebühren manchmal geringer sind als die Kosten für die Einführungsdienstleistung. Dabei handelt es sich bei der Einführungsdienstleistung hauptsächlich um Parametrierung, die in der Regel sogar menügeführt ist. Man wird meist externe Dienstleister oder den Hersteller selbst beauftragen, da es sich größtenteils nicht lohnt, das Know-how intern aufzubauen.

Aber schon wenn ein Benutzer in einem Textverarbeitungsprogramm eine Einstellung verändert und sich das Programm künftig bei einigen Aktionen anders verhält, ist dies eine Parametrierungstätigkeit. Das Know-how für solche Programmanpassungen wird man sicher inhouse halten, wenn sich nicht sogar der Endanwender selber darum kümmern muss oder darf. Die Steuerung des Programms wurde verändert – eine Funktion, die man ohne Programmierung erreicht, die aber auch mit Programmierung möglich gewesen wäre.

– **Anwendungsprogramme mit Werkzeugcharakter**
  Wenn ein Anwender ein Datenbankmanagementsystem (wie z.B. MS-Access) installiert hat und damit eigene Informationsbestände aufbaut und Abfrageoberflächen generiert, ist er eigentlich schon in der Welt der Softwareentwicklung. Access bietet zwar sehr viel Komfort, d.h. gebündelte, menügeführte Funktionen für die Programmerstellung, aber es handelt sich schon um ein Werkzeug, mit dem man Anwendungen erzeugen kann. Die Ablaufsteuerungselemente, die den Kern von „echten" Programmiersprachen ausmachen, werden meist nicht verwendet, obwohl diese vorhanden wären (z.B. Makros in der VBA-Umgebung). Dies ist aber eine Möglichkeit, graduell in ein solches Programm echte Programmierelemente einzubauen, ohne umfassend programmieren zu müssen.
  Die Web-Entwicklung hat eine weitere Kategorie dieser Anwender-Werkzeuge geschaffen. Die Generierung einer Web-Seite kann man einem Anwender auch ohne spezielle Anwendungssysteme überlassen. HTML-Kodierung muss zwar erlernt werden, stellt aber keine speziellen Programmieransprüche an den Anwender. Aber selbst für das bequemere Erstellen von Web-Seiten gibt es inzwischen zahlreiche Tools. Hier seien vor allem die Content-Managementsysteme genannt, die wie Typo3 oder Joomla sogar als Open-Source-Produkte zur Verfügung stehen.

– **Spezialisierte Anwendungsgeneratoren**
  Neben den neueren Tools, auf die im Rahmen der SOA-Technologie eingegangen wird, gibt es schon länger Oberflächengeneratoren oder Auswertungsgeneratoren, vor allem in ERP-Systemen. Für das ERP-System SAP gibt es zu Letzterem z.B. ABAP-Generatoren. Die Data Warehouses als Informationssammler von Datenbanken sind in der Regel auch mit leistungsfähigen Auswertungsgeneratoren, meist mit Web-Integration, versehen. Und gerade in der Web-Technik gibt es heutzutage Anwendungsgeneratoren, auf die im Abschnitt 13.3 noch eingegangen wird.

– **Vollwertige Entwicklungsumgebungen**
  Hiermit sind die klassischen Programmiersprachen wie JAVA, C++ und viele andere gemeint, die mit weiteren Zusatztools – wie z.B. der Arbeitsoberfläche Eclipse – zum Einsatz kommen.

13.2.1.2 Standardsoftware oder Individualentwicklung

Nicht wenige IT-Strategien von Kliniken enthalten als Grundsatz „keine Eigenentwicklung". Wie aber die obigen „Programm-Produktionsvarianten" aufzeigen, wird trotzdem selten auf jegliche Programmierung verzichtet. Sie findet in solchen Häusern zumindest als „anwendernahe" Technik oder aber als Beauftragung bei externen Dienstleistern statt. Hintergrund für Letzteres ist oft, dass im eigenen Haus das Know-how gar nicht vorhanden ist. Eigenentwicklung wird häufig als unwirtschaftlich und/oder riskant eingestuft. Deshalb wird dafür auch kein Personal im eigenen Haus aufgebaut. Es wird befürchtet, dass dadurch nur Funktionalitäten geschaffen würden, die es doch analog in sehr vielen anderen Häusern auch geben müsse.

Diese Entwicklerabhängigkeit (auch bei externer Beauftragung) kann eigentlich nur durch standardisierte Dokumentationsauflagen vermieden werden: Die von einem fachkundigen Dritten nachvollziehbare Dokumentation braucht man nicht nur für die Codierung, sondern vor allem für das Konzept, das Pflichtenheft und die Detailspezifikation.

13.2.1.3 Software-Engineering- oder Kaufentscheidungs-Prozess

Die professionelle Software-Entwicklung wird trotz der verschiedenen Werkzeuge und Theorien ingenieurmäßig mit in den Grundzügen vergleichbaren Vorgehensmodellen durchgeführt. Mindestens folgende Phasen müssen aufeinander aufbauen:

– Anforderungsspezifikation / Pflichtenheft
– Technische Spezifikation / Variantenauswahl
– Realisierung / Evaluation
– Systemtest / Integration
– Betriebskonzept

Dieses Grundschema kann auch beim Kauf einer kompletten Anwendung als Produkt benutzt werden - nicht selten aber wird dafür eine nachträgliche von der fertigen Software ausgehende Anforderungsspezifikation praktiziert. Ausgangspunkt ist das marketingorientierte Angebot:

– in Frage kommende Softwareprodukte werden vom Verkäufer präsentiert
– durch spontane Fragen wird der Einsatz in den eigenen Bereich projiziert
– bei Referenzkunden versucht man die Bewährung in der Praxis in Erfahrung zu bringen
– in einer Entscheidungsmatrix werden schließlich unter dem Versuch der Objektivität die Eindrücke von verschiedenen Produkten vergleichend bewertet. Nicht selten entsteht das Ergebnis als Abstimmung oder Mittelwert von vergebenen Punktzahlen.

Dieses Vorgehen birgt mehrere Gefahren in sich: Zum einen wird ein Referenzkunde in der Regel die eigenen Einführungsleistungen positiv darstellen. Zum anderen werden die vom Hersteller geforderten Musterfälle immer funktionieren. Andererseits erfordert die Formulierung von Pflichtenheften sehr viel Erfahrung.

Diese Erfahrung sollte aber in jedem größeren Betrieb konsequent durch spezialisiertes Personal aufgebaut werden. Die Fachabteilung braucht einen Partner, der Anforderungsspezifikation als professionelle Aufgabe betreibt, weil er die Expertise dafür erworben hat.

Dann kann bei ausgereiften Produkten dieses „reverse" Vorgehen positiv sein: Mit einem IT-System erwirbt man vielleicht zugleich eine „Best Practice", die sich nur sehr aufwändig vollständig in einem Pflichtenheft hätte formulieren lassen.

> Best practices sind "vorbildliche und nachahmenswerte Verfahrensweisen: Lösungen oder Verfahrensweisen, die zu Spitzenleistungen führen und als Modell für ein Übernahme in Betracht kommen". Zitat aus: www.olev.de (vom 23.3.09)

Wenn man eine komplexe Verfahrensweise in einem größeren IT-System mit einkauft, ist die Frage nur: Kann man sie wirklich komplett beherrschen? Erst wenn sie voll beherrscht werden, kann man an die erstrebenswerten Wettbewerbsvorteile denken. Wo solche erzielt werden können, lohnt es sich Kernkompetenz für die Prozesse aufzubauen. Diese Kernkompetenz nennt man auch „management of process excellence", kurz MPE. [Kirchmer 2009, S. vii]

13.2.2 Best-of-Breed oder Best integrierbar

> Die Best-of-Breed-Strategie empfiehlt für jeden der Teilbereiche die jeweils beste Anwendung zu wählen, weil das spezifische Know-how ihres Anbieters in der Regel erheblich tiefer ist als das eines generalistischen Unternehmens.

Dieses Zitat stammt aus de.wikipedia.org/wiki/Unternehmenssoftware (10.2.09). Der Abschnitt „Best-of-Breed" trägt wegen der Argumentation für und wider „generalistische Unternehmen" den Vermerk: „Die Neutralität ... ist umstritten." Das zeigt wie kontrovers das Thema generell ist.

Integrierte Standardsoftware hatte in den letzten 20 Jahren einen riesigen Erfolg. Das gilt vor allem für ERP-Systeme, wie der Boom der Firma SAP beispielhaft zeigt. SAP hat in den zurückliegenden Jahren das Paradigma der „integrierten Gesamtlösung" als seine größte Stärke bezeichnet und die sogenannten Modifikationen verbrämt; obwohl der große Erfolg in der Anfangszeit davon herrührt, dass die bis dahin selbst entwickelnden Kunden die gekauften Programme ergänzen und ändern konnten. Aus Sicht der reinen Change-Management-Kosten war das Integrationsparadigma richtig, aufgrund des entgangenen Nutzens ohne die individuelle Adaption wäre es aber wirtschaftlich nicht sinnvoll gewesen.

Best-of-Breed-Konzepte bringen hingegen das Schnittstellenproblem mit sich. Schnittstellenmanagement erzeugt einen immensen Aufwand, den man durch homogene Systeme verringern möchte. Vor allem die zahlreichen Zugeständnisse an die semantischen Inkompatibilitäten bei unterschiedlichen Systemen führen zu ineffizienten Gesamtprozessen. Aus Sicht des Fachbereichs werden verständlicherweise die Produkte bevorzugt, in denen Teilfunktionalitäten optimal gelöst sind. Hier eine für alle Seiten zufriedenstellende Lösung zu finden ist eine Herausforderung.

Bei den Anbietern für Krankenhausinformationssysteme (KIS) ist es verständlich, wenn sie versuchen, durch weitgehende Funktionsabdeckung und fest vorgegebene Zusatzsoftware eine gute Marktposition zu bekommen. In wissenschaftlichen Evaluationen von Medizin-Informatikern konnte aufgezeigt werden, dass die ganzheitliche IT-Unterstützung einer klinikumsweiten Prozessgestaltung bisher optimal nur mit homogenen Ansätzen lösbar war. Das liegt an den massiven Problemen der Integration von heterogenen Systemen über Schnittstellen, um durchgängige Datenflüsse und Prozessketten zu generieren. Andererseits haben spezialisierte Produkte einen hohen Marktanteil: Sie sorgen für eine zügige Weiterentwicklung von Funktionalität und Technologie. Allerdings gelingt es KIS-Komplettansätzen oft nicht, die Komplexität aller klinikumsweiten Prozesse hinreichend zu integrieren. Spezialprodukte aus der Intensivmedizin, dem Labor, zur Strahlentherapie und vielen anderen klar abgrenzbaren Bereichen müssen in das KIS eingebunden werden. Hier war die Medizin-Informatik der Wirtschaftsinformatik in der Pragmatisierung der Konzepte mit HL7 einen Schritt voraus:

> Health Level 7 (HL7) ist seit 1987 (damals in den USA) ein (Industrie-)Standard zum Austausch von Daten im Gesundheitswesen.

Mit Kommunikationsservern wurden allerorts die unterschiedlichen Medizinsysteme (vorwiegend über das HL7-Protokoll) zumindest syntaktisch miteinander verknüpft. Erst Jahre später setzte sich das EAI-Konzept (Enterprise Application Integration) auch in der Wirtschaftsinformatik durch.

> "EAI umfasst die *Planung*, die *Methoden* und die *Software*, um heterogene, autonome *Anwendungssysteme* – ggfs. unter Einbeziehung von externen Anwendungssystemen – prozessorientiert zu integrieren."
>
> Zitat aus de.wikipedia.org/wiki/Enterprise_Application_Integration vom 6.5.09

Da häufig SOA und EAI als Begriffe vermengt werden, soll hier gleich deutlich gemacht werden: SOA ist eine Nachfolgetechnologie, ja – übertrieben formuliert – sogar das Gegenteil von EAI. Man akzeptiert nicht mehr die isolierten Produkte rein nach ihrer Funktionalität und versucht dann mit EAI Brücken zwischen ihnen zu schlagen, sondern verlangt von den Produkten die Spezifikation als „Service" mit eindeutig definierten Schnittstellen. Das ist die große Chance für uns Anwender, die Hersteller dazu zu bewegen, ihre klinische Software als Service auszugestalten.

Wir erleben heute im Krankenhaus immer noch die reine Enterprise Application Integration von in IT gegossenen Prozessen über die HL7-Kommunikation. Hier geht es fast nie um Abläufe, sondern lediglich darum, dass die Informationen, die in einem System schon erhoben wurden, dem anderen System als Kopie zur Verfügung gestellt werden. Diese Art der Kommunikation wurde ursprünglich nur für die überbetriebliche Kommunikation benutzt (z.B. das normierte Datenaustauschverfahren EDIFACT). Voneinander unabhängige Firmen benutzen in aller Regel keine gemeinsamen IT-Systeme, also müssen sie sich die Informationen zur elektronischen Kommunikation in strukturierter Form schicken, wenn sie automatisiert auf Inhalte zugreifen wollen.

Warum wir im Krankenhaus diese überbetriebliche Kommunikation betreiben, liegt daran, dass die Produkte auf dem Markt nicht auf Existenz anderer Anbieter ausgerichtet sind. Sie nehmen allenfalls Datenformate entgegen, die ihren Anwendern teilweise die Doppelerfassung mit den entsprechenden Fehlerquellen ersparen (mittels EAI-Technologien wie einem Kommunikationsserver). Der direkte Zugriff auf die Informationen eines anderen Systems, der schon weit über ein Jahrzehnt über den „Remote Procedure Call" möglich war, wurde von den meisten Softwareanbietern abgelehnt.

13.2.3 Ergonomie oder Funktionalität

Zur Illustrierung dieses Aspekts nehmen wir als Beispiel eine MS Excel-Mappe, die nach bestimmten Regeln gefüllt werden soll, damit später eine einheitlich definierte Tabelle entsteht. Für den Autor dieser Tabellenstruktur ist das kein Problem. Einem anderen Bearbeiter erschließt sich die Struktur nicht ohne Weiteres, so dass entweder Erklärungen oder eine nähere Analyse erforderlich sind.

Eine ergonomischere Variante ist die Trennung von Anwendung und Erfassungsoberfläche: Der Entwickler stellt eine Eingabemaske bereit, in der die Daten schon bei der Eingabe auf inhaltliche Konsistenz geprüft werden.

Dieselbe Symptomatik finden wir bei umfassenden ERP- oder KIS-Systemen. Sie decken meist so viele Varianten für unterschiedliche Kundenbedürfnisse ab, dass die Erfassungsdialoge sehr aufwändig und für den Einzelfall überfrachtet sein können. Auch hier ist die Trennung zwischen Anwendung (oder Informationen als objektorientierte Schnittstellenelemente) und dem Benutzerdialog in modernen Systemen möglich. Man entwickelt also eine dem speziellen Anwendungsfall „auf den Leib geschneiderte" Eingabeoberfläche und nutzt trotzdem die Programme des Standardsystems im Hintergrund. Gleichzeitig können andere Anwender, die die volle Funktionalität brauchen, den Standardanwendungsdialog unmodifiziert nutzen. Bei dem auch im KIS-Markt sehr verbreiteten SAP- bzw. auf SAP basierenden System ist dies z.B. mit sehr vielen Werkzeugen möglich, wenn auch nicht hinreichend zum Anwendervorteil genutzt. Viele Dienstleister haben dieses Knowhow und bieten es ihren Kunden erfolgreich an, sind aber bestrebt, die Ergebnisse selbst weiter zu pflegen und nicht offen zu legen.

13.2.4 Change Management

Nach der Bekleidungsindustrie dürfte die IT-Industrie die größte Änderungsrate bei Ihren Produkten aufweisen. Dabei sind die Voraussetzungen ganz andere: kein Wirtschaftsbetrieb würde ein neues Produkt kaufen, weil das andere aus der Mode ist. Der Wechsel wird mit der technologischen Weiterentwicklung begründet oder es ist ein äußerer Zwang vorhanden, wenn es z.B. eine neue Version eines Textverarbeitungsprogramms gibt, muss der Anwender sicherstellen, dass er Dateien, die man ihm in diesem neuen Format schickt, auch lesen oder sogar weiterverarbeiten kann.

Und hier beginnt das Change Management: Es ist nicht damit getan, einfach ein Update zu installieren: das Mindeste ist, dass die neuen Versionen einer Umgewöhnung bzw. Einarbeitung bedürfen. Das Zusammenspiel mit allen anderen Systemen wird selten ohne Anpassungen weiter fehlerfrei funktionieren.

Die erforderlichen Anpassungen lassen sich umfassend nur durch ein professionelles Change-Management beherrschen: systematische Testfälle, Protokollierung der Ergebnisse, abgestimmte Evaluations- und Produktivsysteme sowie Übernahmeverfahren dazwischen. Hier finden also die gleichen Methoden Anwendung wie bei einer Programmentwicklung.

„Changes" zu reduzieren ist oft keine Lösung, denn sie sind ein Schlüssel für die Verbesserung des Kerngeschäfts. Trotzdem sind sie in der IT mit ursächlich für fast 99% aller Fehler. Systeme, die in ihrer Konfiguration über längere Zeit nicht verändert werden, sinken fast gegen Null in ihrer Fehlerwahrscheinlichkeit. Das Dilemma ist, dass in unserer mittelfristig immer noch wachsenden Marktwirtschaft die fehlende Weiterentwicklung meist zum wirtschaftlichen Niedergang führt. Also muss das Risiko der IT Changes professionell gesteuert und beherrscht werden.

13.2.5 Total Cost of Ownership

Der Begriff TCO (Total Cost of Ownership) kam bei der Betrachtung des gesamten PC-Lebenszyklus auf: Man wies durch eine Kostenberechnung über den Lebenszyklus eines PCs nach, dass es günstiger sein kann, einen „teuren" PC zu kaufen als einen PC vom Discounter, weil unter anderem die auflaufenden Reparaturkosten und die Abwicklung der Ersatzteilbeschaffung bei Letzteren viel unwirtschaftlicher ist. Noch drastischer ist das Verhältnis zwischen PCs und den sogenannten Thin Clients: Es wurde nachgewiesen, dass der Investitionspreis eine völlig untergeordnete Rolle spielt gegenüber dem Aufwand für Installationen, Softwareverteilung, Benutzerbetreuung, Administrationsarbeiten und Sicherheitsdefiziten.

Für Eigenentwicklungen im Softwarebereich wird eine analoge Rechnung selten aufgestellt. Die schnelle Einführung einer Anwendung und zeitige produktive Nutzung stehen im Vordergrund.

Dabei können bei entsprechender Organisation die Betreuungs-, Änderungs- und Prozessintegrationskosten geringer sein als die Kosten für den entsprechenden Wartungsvertrag einer Standardsoftware. Voraussetzung dafür ist vor allem eine ordnungsmäßige Dokumentation, d.h. eine, die für einen fachkundigen Dritten in vertretbarer Zeit nachvollziehbar ist.

Folgende Defizite können bei Eigenentwicklungen zu überhöhten Lebenszyklus-Kosten führen:

- fehlende Anforderungsspezifikation
- fehlende Modularisierung
- fehlende Entwicklungsvorgaben

– nicht mehr zuordenbare Quellcodes und unterschiedliche Versionen

Bei einer Individualentwicklung mit dem Datenbanksystem Access (und vielleicht noch mit zusätzlichem VBA-Code) wird dies viel häufiger vorkommen, als es die Verursacher bereit sind zuzugeben. Bei einer professionellen Systementwicklung, z.B. mit JAVA in einer ERP-Entwicklungsumgebung, ist die Berücksichtigung der oben genannten Punkte in der Regel bereits systemimmanent. Ein Arzt muss eine Approbation haben, bevor er Patienten behandeln darf: programmieren darf jeder – dies ermöglicht in der Abstufung der Professionalität ein hohes Beteiligungspotenzial, kann aber aus vorgenannten Gründen auch große Risiken bergen.

13.2.6 Wirtschaftlichkeit von neuen IT-Anwendungen

Der Einspareffekt, der über eine IT-Einführung erzielt werden kann, war von jeher der Motor zum EDV-Einsatz: Was *kostet* die Anwendung, die nötige Hard- und Software sowie der Betrieb und welcher *Nutzen* entsteht gegenüber der bisherigen Abwicklung? Diese scheinbar einfachen Rechungen sind bei der Beurteilung der heutigen vielfältigen technologischen Alternativen häufig extrem aufwändig. Die Simulation einer Prozesskostenrechnung wäre ein aussagekräftiger Ansatz. Bei den Prozessvarianten ist die IT als Hilfsmittel mit anteiligen Kosten vertreten. Der Nutzen wird aber nach der Devise „A Fool with a Tool" von der Art des Einsatzes dieser Hilfsmittel abhängen, also von der optimalen Nutzung der Möglichkeiten der IT-Anwendung.

Einfacher wäre die klassische lineare Vorgehensweise „Ist-Analyse → Soll-Konzept → Umsetzung" zu kalkulieren. Stellt man dagegen alle in Frage kommenden Realisierungsvarianten bis zu einem gewissen Detaillierungsgrad einander gegenüber und bewertet diese dann systematisch mittels quantitativer und qualitativer Kriterien, steigt der Aufwand schnell an. Auch wenn vieles nicht rein quantitativ erhoben wird, lässt sich die Entscheidungsfindung durch eine intuitive Bewertung von detaillierten Kriterien recht plausibel machen.

Was ist der Nutzen eines Prozesses? Die Prozesskostenrechnung sollte zumindest die Kostenseite plausibel beantworten. Allerdings ist es sehr aufwändig, Ertrags- und Aufwandsbuchungen auf Prozesse herunterzubrechen, zumal dieses Vorgehen in der Planungsphase, also bei noch nicht praktizierten Prozessen, nur zu ungenauen Ergebnissen führt. Für die Nutzenseite gibt es inzwischen viele Simulationsprogramme für Prozesse, in die man zahlreiche Annahmen einfließen lassen und dann den Output verschiedener Modelle vergleichen kann. Das sind aber Annahmen, die im Detail aus dem Pflichtenheft hervorgehen müssen. Pragmatischer ist meist ein Benchmarking: Das Laborexperiment, im eigenen Betrieb alternative Prozesse zuzulassen, wird sich kaum ein Anwender außerhalb der Forschung leisten. Er wird eher versuchen, Optimierungsmöglichkeiten der eigenen Prozessgestaltung durch die Information bei kooperierenden Häuser zu erkennen: dort kann er die Prozessabwicklung mit unterschiedlichen Softwareprodukten kennenlernen und ein entsprechendes Benchmarking mit hinreichend plausiblen Kennzahlen probieren. Selbst wenn die Vergleichbarkeit der Zahlen angezweifelt und mit Unterschieden argumentiert wird, ist der Herausforderung zur Verbesserung der Weg bereitet. Die Prozesskennzahlen sollte jedes Unternehmen haben, das sich ISO-zertifizieren lässt, zumal in der Systematik von ISO 9000 enthalten ist, dass aus diesen Kennzahlen Prozessverbesserungen abgeleitet werden sollen.

13.3 Methoden und Technologien die dem SOA-Paradigma den Weg bereitet haben

13.3.1 Der Gap zwischen Business und IT: Geschäftsprozesse und Software-Engineering

Das Schlagwort „Gap between Business and IT" bringt marketingorientiert den Konflikt zwischen IT-Abteilungen und Fachabteilungen ins Rampenlicht. Die Realisierung oder Implementierung von Programmen zur Arbeitsunterstützung erfordert penible Detailspezifikation durch die Informatik, der Anwender in der Fachabteilung hingegen hat eine eher intuitive Vorstellung von der Anwendung dieser IT-Werkzeuge. Erst wenn sich beide Seiten aufeinander zu bewegen, kann es zu einer effizienten Kommunikation kommen, d.h. der Informatiker muss die inhaltliche Systematik des zu unterstützenden Bereiches kennenlernen, damit er die fachliche Aufgabe konkret für ein Programm formalisieren kann, und der Fachbereich tut gut daran, solche Formalisierungen vorgeben oder zumindest nachvollziehen zu können, um die damit verbundenen semantischen Unterschiede korrekt auszudrücken. Zudem wird auch die hausinterne Zusammenarbeit zwischen Fachbereich und Informatik als Auftrag gesehen, und da in der Regel zwischen Spezifikation und Realisierung einige Zeit vergeht, bedarf es einer Fixierung dieses Auftrags. Dadurch kann auch hausintern leicht dieser Konflikt entstehen, der für (externe) Auftragsprogrammierung nicht untypisch ist: Nach der Fertigstellung kommt die Erkenntnis, dass man sich einiges ganz anders vorgestellt hat und manches nicht so praxistauglich ist, wie es die Systemspezifikation erhoffen ließ. Die ausführende Firma wird aber fast immer nachweisen, dass sie die Spezifikation (nach ihrem Verständnis) erfüllt hat und gerne einen Folgeauftrag zur Nachbesserung des Systems entgegennehmen. Die Lösung in der Praxis in der hausinternen Zusammenarbeit ergibt sich mit der Zeit meist von selbst: Erfahrung, d.h. der Informatiker lernt mit der Zeit die Prozesse der Anwender so gut kennen, dass er für die Spezifikation die richtigen Fragen stellt; und umgekehrt: der Anwender lernt zunehmend so zu formulieren, dass seine Angaben möglichst direkt in semantisch und syntaktisch korrekte Daten-, Objekt-, Workflow-, Funktions- oder andere Modelle des Software-Engineerings umsetzbar sind.

Geschäftsprozessmodellierung und Systemanalyse sind in einem Betrieb eigentlich inhaltsgleiche Begriffe, aber je nach Etablierung suggeriert Geschäftsprozessmodellierung viel mehr: Wenn sämtliche mit IT unterstützte Abläufe als Geschäftsprozessmodell dokumentiert sind, besteht eine hervorragende Basis für die Erstellung von neuen Applikationen oder deren Änderung. Vor allem aber existiert damit eine automatisierungsfreundliche Sprache zwischen Fachbereich und IT.

13.3.2 Der „Scheer-Kreislauf"

In diesem Abschnitt soll erläutert werden, warum die Entscheidungssituation für den Softwareeinsatz nur im Einzelfall Make-or-Buy? heißt, übergreifender aber immer ein Make-and-Buy sein sollte: Insbesondere die Leistung der Anwendungs-entwicklung kann gewinnbringend zur Integration und Ergänzung von Kaufpro-dukten eingesetzt werden.

Obwohl die „Buy-Phase" für kaufmännische betriebliche Software schon Anfang der 80er Jahre begann, war die Software der großen Anbieter anfangs von allen größeren Betrieben modifiziert worden. Mit der Abdeckung einer hinreichenden Funktionsvielfalt Ende der 80er Jahre wurde sie als integrierte Software ohne Mo-difikationsbedarf beworben.

Der Entwicklungsstand der integrierten kaufmännischen Software wurde auch von der wissenschaftlichen Wirtschaftsinformatik unterfüttert: A.W. Scheer hatte schon Ende der 80er Jahre in der ersten Auflage seines Buches „Wirtschaftsinfor-matik" die Software von SAP als mehr als nur ein Programm für kaufmännische Abläufe dargestellt. Er hat das Konzept des „Best Business Process" bewusst ge-macht: man kauft nicht nur ein Programm, sondern damit auch die optimale Um-setzung der jeweiligen Einzelabläufe für eine bestimmte betriebswirtschaftliche Aufgabe. Das betraf für standardisierte Abläufe wie eine Finanzbuchhaltung schon 80% der Geschäftsprozesse. Was ist aber mit den 20%, die nicht so in der Software abgebildet waren, dass sie für den eigenen Betrieb optimal (oder sogar nur hinrei-chend) gepasst haben? Dazu wurde die SAP-Lösung damals einfach vom Käufer umprogrammiert. In Marktanalysen wurde nachgewiesen, dass dies das Erfolgs-geheimnis, für den weltweit ungebrochenen Erfolg dieser Firma war. Es war durchaus nicht selbstverständlich, dass man mit einem Programm auch dessen Code bekam und geduldet wurde, dass dieser verändert wird. Aber – auch wenn es wie eine Geschichtsstunde klingt – das ist das heute noch gültige Symptom der angewandten Informatik: es wird zwar immer mehr Fertiges gekauft, aber in ei-nem komplexeren Betrieb reicht das Fertige bei Weitem nicht aus. Bleiben wir bei der Firma SAP als Beispiel, weil diese auch im Gesundheitsbereich stark verbreitet ist: SAP gestaltete ihre Programme so variabel, dass durch Parametrisierung bzw. Customizing sehr viele Ablaufvarianten erzeugt werden können. Dadurch folgte dem Softwarekauf der Einkauf der Customizing-Dienstleistung und diese Kosten überstiegen die Lizenzkosten häufig deutlich.

Warum wird überhaupt versucht, diese Programmierung zu vermeiden? Für klei-nere Betriebe kann es schon zutreffen, dass sie den komplexen Prozess von der Geschäftsprozessmodellierung über die technische Spezifikation, die Realisierung des Codings, das Evaluieren und den Abnahmeprozess sowie den Produktivbe-trieb und das Change Management nicht hinreichend kompetent personell versor-gen können. Für größere Betriebe hingegen sollte das kein Problem darstellen. Der Programmierer sollte allerdings beachten – was leider aus Bequemlichkeit oft nicht geschieht –, die „Fertigungstiefe" gezielt zu reduzieren, d.h. die Verwendung von bereits vorhandenen Komponenten zu prüfen.

Scheer verwendet in seinem Lehrbuch „Wirtschaftsinformatik" die Software der Firma SAP auch deshalb als durchgängiges Beispiel, weil sie so viel Konzepte zur kontinuierlichen Verbesserung aus der Einsatzerfahrung heraus bietet: nicht nur die Varianten im Einführungsleitfaden können zur Optimierung der Abläufe eingesetzt werden, es sind z.B. auch sehr einfache Programmerweiterungen ohne Modifikation des Standardcodes vorgesehen: über sogenannte BADIs (Business Add Ins). Diese sind zu unterscheiden von den BAPIs (Business Application Programming Interfaces), die eine Verbindung (Schnittstelle) zu ergänzenden (z.B. auch gekauften Nicht-SAP-Programmen) herstellen können.

Der Scheer-Kreislauf (vgl. die Grafik in [Scheer 1998, S. 12]) beschreibt diesen Prozess: Einsatz der besten bekannten Komponenten und dann kontinuierliche Verbesserung der Integration und der einzelnen Komponenten mit den Vorgaben der im Praxiseinsatz gesammelten Erfahrungen.

13.3.3 Objektorientierung

Objektorientierung ist ein weiteres wichtiges Prinzip der Software-Erstellung, das man analog in der ingenieurmäßigen Teileentwicklung findet. Die Modularisierung des Software-Engineerings wurde dadurch konkretisiert. Ein „Objekt" hat nicht nur eine eindeutige Funktionalität (Verarbeitung) mit formalisierter Ein- und Ausgabeschnittstelle als sogenannte Kapsel, sondern es muss auch in verallgemeinerten oder spezialisierten Funktionalitäten durch die sogenannten Vererbungseigenschaften wiederverwendet werden können. Die methodischen Ausführungen würden hier zu weit führen, wichtig ist die Idee der Wiederverwendbarkeit.

13.3.4 Komponentenarchitektur

Die Komponenten-Orientierung der Software ist der eigentliche Vorläufer der Serviceorientierung: Die Erstellung von „Komponenten" hat nicht nur die bekannten Vorteile des Software-Engineerings (Wiederverwendbarkeit, Stabilitätsgewinn durch Reife, Produktivität durch Zeitersparnis, bessere Wartbarkeit, Reduzierung der Komplexität durch Kapselung), sondern diese könnten – sobald entsprechende Werkzeuge auch für den Nicht-Techniker handhabbar sind – zu einer Entlastung der klassischen Eigenentwicklung mit ihren oft zeitaufwändigen Programmiermethoden führen. Eine Komponentenarchitektur bezieht sich in der Regel auf Programmteile, die in einer homogenen Entwicklungsumgebung erstellt sind. Die bisherige Diskussion hat aber schon eindeutig die Stärke von einzelnen käuflich erwerbbaren Komponenten aufgezeigt. Damit geht man in das weiter unten erläuterte Konzept der Services über.

13.3.5 Von der Datenbank zum Enterprise Content Management – XML

13.3.5.1 Wie sich Informationsdarstellung verändert hat

Warum wird das Konzept der Services erst jetzt, 50 Jahre nach den Anfängen der Datenverarbeitung, diskutiert?

- Anfangs gab es nur das **EVA-Prinzip** (Eingabe – Verarbeitung – Ausgabe). Die Verknüpfung zwischen den Programmen erforderte oft einen hohen Organisationsaufwand.
- Das EVA-Prinzip wurde durch das revolutionierende **Datenbank-Prinzip** ergänzt: Alle Informationen können in ihrer logischen Abhängigkeit miteinander verknüpft werden.
- Mit dem **Web** kam die Rückbesinnung auf **Texte**. Das Web war von vorneherein textorientiert und wurde so zu einer weltweiten Wissensverteilungsrevolution ohne die Abhängigkeit von einer Datenbank.
- Eine parallele Entwicklung machten die die **Bilder** einbeziehenden Dokumentenmanagementsysteme durch: Es gab zunehmend mehr digitale Dokumente (Textverarbeitung, Mail, Grafiken u.a.) und diese sollten als Informationen auch erschlossen werden: es entwickelten sich die Enterprise-Content-Managementsysteme.

13.3.5.2 Die Verknüpfung von strukturierter und unstrukturierter Information

Der Bedarf, nicht nur Texte und statische grafische Elemente im Web darzustellen, sondern auch Informationen aus Datenbanken, führte zu XML (Extensible Markup Language). Damit können auch strukturierte Inhalte dargestellt, aber vor allem die Inhalte mit Struktur nach außen (für Schnittstellen) weitergegeben werden. Bei einer Datenbank muss man immer die Beschreibung separat kennen und außerdem das spezifische Datenbankmanagementsystem bedienen. Bei XML wird die Struktur im Dokument mitgeliefert oder eindeutig verlinkt.

13.3.6 Workflowmanagement – Composition Environment: Geschäftsprozesse und Informationstechnologie

So wurde zusätzlich zur faszinierenden Idee, dass sich die integrierte Standardsoftware zu einer allumfassenden betrieblichen Lösung entwickelt, auch das eigentlich konkurrierende Modell des „Zusammenfügens von gekaufter Software" für den eigenen betrieblichen Arbeitsfluss nachgefragt. Workflowmanagementsysteme erlebten einen Boom, also wörtlich genommen Systeme, die den Arbeitsfluss und damit letztlich nichts anderes als die internen Prozesse unterstützen sollten. Unter diesem Begriff gab es dann einige singulär erfolgreiche Lösungen. Der übliche Ansatz für so ein Workflowmanagementsystem ist im Grunde ein Generator für die Ablaufsteuerung über Personengrenzen hinweg. Eine Person arbeitet einen Vorgang mit Programmen ab und der Workflowmanager hat vorher eingestellt, wie und an welcher Stelle diese Arbeit fortgesetzt werden muss. Dort landet der Vorgang mit den erforderlichen Informationen im Posteingangskorb und wird in der Regel mit der Unterstützung von anderen Programmen weiterbearbeitet. Ein umfassendes Workflowmanagement stellt dann auch sicher, dass die Ablaufsteuerung konsistent und vollständig ist. Die praxisrelevante Umsetzung dieses Workflowmanager-Konzepts ist leider immer noch bescheiden.

Das analoge Prinzip des Composition Environments verallgemeinert die ursprünglichen Ideen: der manuell kontrollierte Workflow wird ergänzt durch eine Systemumgebung, in welcher die zur Verfügung stehende Software komponiert, also arrangiert und zusammengesetzt werden kann. Wie wir weiter unten sehen, bestehen bestimmte Anforderungen an die Komponenten, damit sie als Services in das Composition Environment eingehen können.

13.3.7 Globalisierung mit Web

Die neuen Techniken für die Integration von Anwendungen wurden nachhaltig durch die Webtechnologie geprägt. Das Web ist per se eine Verknüpfungstechnik, aber zunächst nur eine von Seiten, d.h. von Dokumenten (sogenannten Hypertexts). Diese Webseiten wurden aber (als Java Server Pages oder andere Programmierelemente) zunehmend zu mehr als nur einer Seitendarstellung, sondern zum Teil zu richtigen Anwendungen. Die New Economy zu Beginn unseres Jahrtausends griff die Technologie mit der Revolution zu Business-to-Business (B2B-) Anwendungen auf. Auch wenn die New Economy zu einer großen Pleitewelle führte und dem Namen B2B sehr geschadet hat, ist die zugrundeliegende Technik der Anwendungsverknüpfung über Firmengrenzen hinweg zu einer soliden Basis für eine globalisierte Anwendungsumgebung geworden. Die Techniken haben auch stark in unsere firmeninterne Architektur Eingang gefunden: Nicht nur der Webbrowser ist als graphische Oberfläche immer mehr verbreitet, sondern auch die Verknüpfung von Anwendungen, z.B. über Web Services, erfolgt mit solchen Techniken, die geeignet wären, weltweite Verknüpfungen zu ermöglichen. Diese Techniken sind meist sehr schlank und geradlinig und es hat sich ein gewisser Standard herausgebildet: die faktischen Standardisierung ist das eigentliches Erfolgsgeheimnis des Open-Source-Trends, nicht die offensichtliche Tatsache, dass Open Source kostenlos ist. Früher scheuten sich viele Betriebe, Software einzusetzen, für die die Weiterentwicklung und Wartung nicht vertraglich mit angeboten wurde: Aber inzwischen gibt es viele Drittanbieter, die auch für Open-Source-Produkte solche Services übernehmen.

13.4 Die Aspekte der SOA

13.4.1 Was ist SOA?

Folgen wir an dieser Stelle der Definition von Tilkov und Starke, die zwar mit der Relativierung „Es gibt sie nicht, die *eine Wahrheit* über SOA." [Tilkov, Starke 2007, S. 9] sich aber dann doch zu einer Begriffsbestimmung hinreißen lassen:

> „Eine serviceorientierte Architektur (SOA) ist eine Unternehmensarchitektur, deren zentrales Konstruktionsprinzip Services (Dienste) sind. Dienste sind klar gegeneinander abgegrenzte und aus betriebswirtschaftlicher Sicht sinnvolle Funktionen. Sie werden entweder von einer Unternehmenseinheit oder durch externe Partner erbracht." [Tilkov & Starke 2007, S. 12]

Auf Seite 17 wird noch eine Definition aus technischer Sicht ergänzt, die erst den wesentlichen Unterschied gegenüber der etablierten Modularisierungstechnik deutlich macht: „... Services realisieren Geschäftsfunktionen, die sie über eine realisierungsunabhängige Schnittstelle kapseln. ..." Der Sinn von SOA erschließt sich einem nur, wenn man von dem betrieblichen Bedürfnis nach einer kontinuierlichen Verbesserung der Prozesse ausgeht. Wenn die Services als Bausteine bereits so existieren, dass sie zu neuen Prozessen kombiniert werden können, ist ein Optimum an Flexibilität und Geschwindigkeit erreicht.

13.4.2 SOA als optimale IT-Anwendungsarchitektur?

SOA ist im Grunde die Antwort auf das Dogma der unternehmensweit integrierten Software. Für dieses Prinzip des komplett integrierten Systems gab es im Grunde nur zwei Möglichkeiten: Standardsoftware von einem Anbieter oder Individualentwicklung. Da beides in der reinen Form große Nachteile hat, siegten die Ansätze, die beides kombinierten, d.h. Programmierung von individuellen Erweiterungen in der Standardsoftware-Umgebung. Bei der Integration heterogener Applikationen hingegen blieben recht unbefriedigende Schnittstellen zwischen den Teilen der Prozesskette. SOA bietet hierfür eine Lösung.

13.4.3 Warum sind so viele SOA-Projekte gescheitert?

Die Antwort lautet: weil SOA kein Projekt, sondern ein Konzept ist. Viele Anbieter sind mit dem Angebot von SOA-Projekten aufgetreten und erzeugten damit die Projektidee: Wir führen SOA ein und wenn die Einführung beendet ist, ziehen wir den vollen Nutzen daraus. Dass jedoch der Umbau der betrieblichen Softwarearchitektur, damit diese SOA-fähig wird, höchst selten ein kompletter Ablöseprozess ist, wurde nicht immer vermittelt. Es ist nicht wirtschaftlich, einfach alles in eine SOA umzubauen, wenn die Services anschließend nicht in einem kontinuierlichen Verbesserungsprozess ergänzt und optimiert werden. Nur für Letzteres lässt sich ein nachhaltiger Nutzen aus der Neustrukturierung der Geschäftsfunktionen erzielen.

Um den abgestimmten Einsatz und die funktionale Bandbreite von SOA-Unterstützungs-Werkzeugen möglichst konkret illustrieren zu können, soll eine durchgängige Produktsuite als Beispiel herangezogen werden: die WebSphere-Komponenten der Firma IBM. Das bedeutet keine Wertung dieses Produkts, sondern nimmt eher Bezug auf dessen starke Verbreitung und folglich Erfahrung, die damit in der Praxis gesammelt werden konnte. Hinter WebSphere steckt das Konzept für eine durchgängige SOA-Orientierung und diese Werkzeuge unterstützen fast alle Aspekte der SOA-Architektur. Sie unterstützen nicht nur das „SOA-Projekt", sondern auch die fertige Architektur: Die betrieblichen Prozesse werden qualitativ durch die Weiterentwicklung der serviceorientierten Teile optimiert.

13.4.4 Die Business-Process-Orientierung von SOA

Am Anfang der Erläuterungen zu SOA steht in der Literatur häufig die Business-Process-Orientierung dieses Konzeptes. Da fragt sich natürlich jeder Organisator, was daran neu sein soll: schon immer war die Geschäftsprozessmodellierung die Ausgangsbasis für ein zu beauftragendes Programm. Aber hier ist ein gewichtiger Unterschied bei der seriösen SOA-Anwendung, den zwar Scheer schon in seinem

Buch Wirtschaftsinformatik 1988 hervorgehoben hat, ihn aber nur auf integrierte Software anwendete: hier werden die Services nicht am grünen Tisch modelliert, sondern unter Rückgriff auf alles Verfügbare und dazu gehören insbesondere bereits modellierte und realisierte Komponenten, also fertige Programme. Dass man bei der Modellierung auf möglichst weitgehende Anwendung und Wiederverwendbarkeit achten sollte, ist nicht neu. Bereits in der Objektorientierung wurde das Prinzip beachtet. Allerdings war das Konzept der Objektorientierung meist auf eine Programmierumgebung festgelegt und folglich konnten nur die Klassenbibliotheken für die spezifische Sprache eingesetzt werden.

Nunmehr profitieren wir von den Globalisierungsideen, wonach wir nicht nur unseren eigenen Betrieb modellieren, sondern Software miteinander verbinden können, die von verschiedenen Geschäftspartnern betrieben wird.

Auf der Webseite zu WebSphere – Business Process Management von IBM liest man: *„Die Kontrolle der Geschäftsprozesse geht wieder von den IT-Mitarbeitern an die Mitarbeiter aus den verschiedenen Geschäftsbereichen über. Das bedeutet, dass Geschäftsbereichsleiter ihre Geschäftsprozesse selbst ändern und diese kurzfristig an sich verändernde Marktbedingungen anpassen können. Diese BPM-Lösungen versetzen Entscheidungsträger zudem in die Lage, unmittelbare und fundiertere Entscheidungen auf der Grundlage aktueller Geschäftsinformationen zu treffen."* [IBM 2009](zitiert 16.10.09)

Diese Zielrichtung ist ein wichtiger Treiber, nicht zuletzt für das Produktmarketing. Der im Abschnitt 13.3.1 erläuterte Gap zwischen Business und IT soll dadurch vermieden werden, dass alles auf die Seite der Geschäftsbereiche gezogen wird. Eine SOA-Architektur mit diesem Leistungsmerkmal setzt voraus, dass hinter den Modellen fertig kodierte Bausteine stecken, die nach der Modellierung gleich generiert werden können. Im Unterschied zu den recht technisch detaillierten Informatiker-Modellen wie UML (Universal Modelling Language) sollen es hingegen bereits umfassende betriebswirtschaftlich bzw. fachlogisch sinnvolle Dienste sein, die in Form eines Workflows zu einer neuen Prozesslogik kombiniert werden können.

Klickt man auf der Webseite zu WebSphere auf *Software-Onlinekatalog - Business Process Management: alle Produkte anzeigen* bekommt man eine Aufstellung mit 33 Produkten unter dem Titel „Integration von Geschäftsprozessen". Diese Produkte lassen sich vereinfacht in zwei Kategorien einteilen:

– Produkte zur methodischen Unterstützung des Anwendungsdesign-Prozesses (z.B. Business Modeller oder Business Services Fabric. Letztere dient zum Deployment von Services, d.h. man muss den Service nicht mehr entwickeln, sondern gemäß der wörtlichen Übersetzung von deploy nur entfalten)
– Produkte zur Integration vorhandener Anwendungen (z.B. Alloy by SAP and IBM)

Ein interessantes Potenzial beim serviceorientierten Ansatz bietet die Verwirklichung einer umfassenden Prozesskostenrechnung: Auch bei WebSphere heißt dieses Modul Business Monitor. Wenn man die einzelnen Prozessschritte auch in der

Software 1:1 als Services findet, kann man Zeit- und andere Outputparameter zur Messung heranziehen.

Natürlich nutzt der Hersteller von WebSphere sein Konzept auch, um eine integrierte Laufzeitumgebung dafür anzubieten: den sogenannten Process Server. Damit ist man zwar den firmenspezifischen Abhängigkeiten ausgeliefert, dafür erhält man eine umfassende, alle Ergebnisse der anderen Werkzeuge integrierende Plattform mit weitgehenden Schnittstellen zu Fremdprodukten.

13.4.5 Die Realisierung des Services

In der Theorie der Serviceorientierung wird immer betont, dass die Technik der Realisierung keine Rolle spielt. Tatsächlich können z.B. die WebSphere-Produkte auch etliche Techniken miteinander kombinieren. Bei einer konkreten Realisierung allerdings ist die Festlegung auf eine Technik erforderlich.

Entscheidend für die Durchsetzung von serviceorientierten Techniken war die Web-Orientierung, die als revolutionierende Technik der Globalisierung nun auch auf den Aufruf von Services angewandt werden kann: Webservices sind zwar kein zwingendes Element der serviceorientierten Architektur, aber ohne sie wäre nicht nur die technisch aufwändige Integration unterschiedlichster Techniken eine Last, sondern es gäbe auch keine hersteller-unspezifische Standardisierung. Vor allem die semantische Angleichung der Interfaces wird zu einem unentbehrlichen Wirtschaftsfaktor für uns Anwender. Die Basis für die Standardisierung der Informationsebene ist dabei auch eine schon länger bekannte Technik, nämlich XML, also jene Fortentwicklung des rein darstellerisch orientierten HTML, die Strukturen ermöglicht.

Die Technik, die sich am stärksten durchsetzt, ist die Web-Service-Technik. Wie der Name suggeriert kommt sie aus der Open-Source-Welt der Web-Entwickler. Der Aufruf, den man in der Programmierung als API (Application Programming Interface) bezeichnet, geschieht über die Webadressen-Technik: man gibt einen URI (Uniform Resource Identifier) an. Was die Web-Service-Technik vor allem von klassischen APIs unterscheidet, ist, dass die Beschreibung und Registrierung von Web Services im Standard mitgeliefert werden müssen. WSDL (Web Service Description Language) ist die Beschreibungssprache für Web Services, die in einem festen XML-Format abgelegt wird und somit wieder über eigene Web Services gelesen werden kann. UDDI (Universal Description, Discovery and Integration) ist gewissermaßen ein Repository für Web Services, in dem man letztere also finden und deren Beschreibung mit WSDL auslesen kann. Noch ein weiterer Begriff wird fast immer mit Web Services auftauchen, nämlich SOAP (Simple Object Access Protocol), eine Zugriffsmethode auf Web Services. Es ginge zwar einfacher, diese Webadresse eines Web Services aufzurufen, den sogenannten RPC (Remote Procedure Call), der auch schon vor der Webtechnik bei der rechnerübergreifenden Programmkommunikation benutzt wurde. Ein derartiger Zugriff bringt beim firmenübergreifenden Einsatz jedoch große Sicherheitsprobleme mit sich, daher werden solche RPCs auch von den meisten Firewalls blockiert. Aus diesem Grund setzte sich für die firmeninterne Interprozesskommunikation bei Web Services SOAP durch.

Damit ist der Web Service aber eine reine Schnittstellentechnik und zwar ein API, d.h. es wird in der Regel online kommuniziert und es werden nicht Nachrichten ohne direkte Reaktionsmöglichkeit verschickt. Die neueren Versionen des SAP ERP unterstützen diese Methode technisch umfassend. Ohne auf Einzelheiten einzugehen, sei für die technisch Interessierten nur kurz erwähnt, dass die Kommunikation über SOAP unterstützt wird, und die WSDL-Beschreibung im SAP-eigenen Enterprise Services Repository abgelegt werden muss. Für den Schnittstellen-Administrator hat die SAP-Implementierung noch einen ganz eigenen Charme: Alles, was bisher an proprietären Schnittstellen in der SAP-Software vorhanden ist (also die den RPCs ähnlichen RFCs und die objektorientierten BAPIs) kann als Web Service „verpackt" werden (engl. Wrapping), ein einfacher Generierungsprozess.

Was hat nun der Anwender davon, wenn er die bereits bestehenden Schnittstellen als Web Service generiert? Zwar ist der Web Service an sich auch nur ein Application Programming Interface wie der SAP-spezifische BAPI, aber von der Syntax her eben keine proprietäre Schnittstelle mehr. Und auch wenn der Web Service nur ein syntaktischer Standard ist, die Ausrede all jener Software-Anbieter, die keine proprietären Schnittstellen unterstützen wollen, gilt nun nicht mehr.

Kann der Aufruf von Web Services unsere althergebrachte HL7-Kommunikation in der Medizin ersetzen? Die Kritiker - vor allem aus den Firmen, die auf HL7 als alleinige Schnittstellentechnik setzen,- werden antworten, dass HL7 viel mehr ist als eine Syntax und dass mit dem Nachrichtenformat auch eine Semantik mitgegeben wird. Das ist richtig: Die Semantik kann man zwar auch für die Web Services verwenden, aber sie ist eine Leistung von HL7. Die Ergänzung von neuen Nachrichten in sogenannten Z-Nachrichten bei HL7 ist analog möglich wie die Definition von Services über eine WSDL. Die Stärke von WSDL ist dabei, dass die Beschreibung automatisiert abrufbar ist und dynamisch zum Web Service dazu gebunden werden kann. Wo soll aber der Vorteil eines Web-Service-Aufrufs gegenüber einer HL7-Kommunikation liegen? Der Vorzug liegt im direkten Online-Aufruf, der manchmal als Risiko gesehen wird, weil etliche Systeme nicht mit hinreichender Verfügbarkeit online erreichbar und die eigene Verarbeitung durch den gerade nicht erreichbaren Service behindert sein könnte. Deshalb wird bei der HL7-Kommunikation in der Regel der gesamte relevante Datenbankbestand in eine eigene Datenbank kopiert und über eingehende Änderungsnachrichten laufend aktualisiert. Diese beiden kontrovers diskutierten Vorgehensweisen sollen hier nicht vertieft werden, sonst würde bei der Kürze des hier vorgesehenen Beitrags möglicherweise nur ein einseitiges Bild der Problematik vermittelt. Fakt ist, dass die Web-Service-Kommunikation ein interessanter zusätzlicher Standard ist, gleich ob er nur für die synchrone (Online-) Kommunikation oder auch für die Message-ersetzende Anfrage zur Aktualisierung des eigenen Datenbankbestandes verwendet wird.

13.4.6 Der Enterprise Service Bus: Komposition als zentrales Paradigma

Die methodische Basis ausgehend vom Business Process Management ist sicher eine schlagkräftige Technologie zur Erstellung neuer Services, aber ist es wirklich ein Fortschritt gegenüber der seit jeher praktizierten Systemanalyse und Geschäftsprozessorientierung? Müssen die Services, die geschäftskonform spezifiziert werden, erst aufwändig programmiert werden oder kann man wirklich auf Komponenten zurückgreifen, die schon existieren? Hier treffen zwei Philosophien aufeinander, die in der Praxis gar nicht so weit voneinander entfernt sind. Die pragmatische ist die, die wir bereits vom Scheer-Kreislauf kennengelernt haben: Wir berücksichtigen bei der Kombination der Services jene besonders, die bereits zur fertigen Anwendung zur Verfügung stehen. Die flexiblere Philosophie ist, dass der Service, der zu einer wirklichen Verbesserung der Prozesse oder sogar der gesamten Wertschöpfungskette führt, auch erst produziert werden kann. Es gibt auch die Kombination aus beidem: bestehende bereits realisierte Anwendungsmodule brauchen nur geeignet gekapselt zu werden, um die Funktionalität entsprechend zu kombinieren und die gewünschte Schnittstelle nach außen zu bieten.

Denn das eigentliche Ziel einer SOA ist nicht die laufende Programmierung neuer Services, sondern die Verwendung und geeignete Kombination dieser für die neu zu entwickelnden Workflows. Von daher ist es elementar für die Weiterentwicklung der eigenen SOA-konformen Anwendungslandschaft, alle bereits bestehenden Services bestens zu kennen und sie nur bei Bedarf erweitern zu müssen. Die Gesamtheit aller betriebsintern verwendeten Services nennt man dann den Enterprise Service Bus. Vorteilhaft ist es dabei, wenn man diesen Service Bus im Enterprise nicht in allen Teilen entwickeln muss, sondern in der Standardsoftware bereits auf Funktionen mit einer serviceorientierten Schnittstelle zurückgreifen kann. Das gilt tatsächlich für zunehmend mehr Funktionalitäten der großen ERP-Systeme. SAP beispielsweise verfolgt dabei nicht nur den proprietären Weg, mit dem es aufgrund seiner Verbreitung das Aussehen und Verhalten eines Services gemäß der bestehenden Software vorgeben kann. SAP stellt auf Eigeninitiative oder Initiative (resp. Antrag) von Anwendern „Enterprise Service Definition Groups" aus Anwendern und Entwicklungspartnern zusammen. Hier wird in konkreten Fragestellungen erarbeitet, für welche Prozessmodelle ein Konsens unter den Teilnehmern besteht und welche Services man für die Teilprozesse bräuchte. Anschließend werden von der SAP-Entwicklung (in der Regel ohne Beteiligung der Partner) diese Services programmiert und standardmäßig als sogenannte Enhancements im Rahmen des Wartungsvertrages bereitgestellt.

Das ist aber nur die technische Seite: Die Anwendung des syntaktischen Standards allein reicht nicht. Wenn keine semantische Kompatibilität besteht, verstehen sich die Anwendungen nicht oder müssen aufwändig und mitunter mit inhaltlichen Kompromissen übersetzt werden.

13.4.7 IHE: auf dem Weg zum semantischen Standard

Bei der Kompilierung eines Enterprise Service Buses sind semantisch kompatible Services unabdingbar. Bei vielen SOA-Angeboten, die auf eine nachfragerorientierte Servicestrukturierung eingehen, wird folgendes unter den Tisch gekehrt: Man kann nur Services (letztlich Softwarekomponenten) einkaufen, die zur betriebsindividuellen SOA passen. Dies bedeutet, dass selbstentwickelte Services ohne Rücksicht auf De-facto-Standards eine unerfreuliche Reduzierung des Anbietermarktes bedingen. Diesbezüglich haben wir glücklicherweise in der Gesundheitsbranche einen fortgeschrittenen Entwicklungsstand.

Um inhaltlich vergleichbare Informationsmodelle zu bekommen, wurde mit der Version 3 von HL7 das Reference Information Model geschaffen. Wir haben damit ein Basisnetz an Datenstrukturen, das sich zumindest als rudimentäre Übersetzungshilfe für unterschiedliche semantische Systeme eignet. Und da es nur rudimentär ist, kam es zu einer weiteren Initiative: IHE (Integrating the Healthcare Environment). So wie es DICOM als der Standard im PACS-Bereich trotz mehrerer hundert Seiten Spezifikation nicht geschafft hat, die Inkompatibilitäten zwischen den Systemen zu beheben, erging es auch HL7 und vielen anderen Standards. Den Ideen der Serviceorientierung bereits anhängig, betrachteten die IHE-Initiatoren nicht mehr statische Datenmodelle sondern Prozesse, an denen unterschiedlichste IT-Systeme beteiligt sein können. Die IHE verfolgt im Gegensatz zu den am grünen Tisch der Normierungsorganisationen entstehenden Spezifikationen einen sehr pragmatischen Ansatz: Im Laboreinsatz (sogenannten Connectathons) muss die Interoperabilität von Anwendungen verschiedener Hersteller erfolgreich demonstriert werden.

Hat ein Anbieter in einem Connectathon bewiesen, dass die eigene Anwendung kompatibel mit Anwendungen mehrerer anderer Hersteller ist, ist ein erster Schritt zu einer Service-Auswahl bei unterschiedlichen Anbietern gegeben. Damit ist ein hervorragender Entwicklungsweg zu einer Standardisierung der Services vorgezeichnet. Ein IHE-Konformitäts-Statement sagt zwar nur, dass die Prozessintegration mit ausgesuchten Partnern funktioniert hat, es ist jedoch ein Arbeitsablauf aus der realen Welt, dessen Durchgängigkeit über mehrere Hersteller hinweg unter Beweis gestellt werden musste.

Große KIS-Anbieter organisieren mit ihren Partnern und Kunden Definition Groups, in denen die Services geplant werden. Dabei sind die IHE-Profile immer Ausgangspunkt für die Modellierung, sofern diese hinreichend praktikabel vorhanden sind. Die Realisierung erfolgt dann in der Regel über Web Services. Die auf diese Weise realisierten konkreten Services sind bereits erstaunlich vielfältig (vgl. http://www.ihe.net/Profiles/).

13.4.8 Softwarekomposition als Automatisierung der Software-Entwicklung

Gehen wir von diesem sehr zuversichtlich stimmenden Aspekt des SOA-Hypes zu einem, den man wesentlich differenzierter betrachten muss:

Inwieweit kann man die Komponentenorientierung bereits heute mit Werkzeugen unterstützen, die dem Geschäftsprozess-Modellierer eine Steigerung der Produktivität bei der Umsetzung einer Anwendung respektive Software ermöglichen?

SAP preist hierzu eine Reihe von interessant klingenden Techniken an, z.B. den Visual Composer, ein Werkzeug, das in Richtung grafischer Programmierung eingestuft werden könnte. Die vorhandenen Services werden als Komponentenkästchen mit Input und Output dargestellt, und grafisch kann – vereinfacht dargestellt - von diesen Ausgängen aus auch die Verbindung zum Eingang eines anderen Kästchens hergestellt werden. Das Ergebnis der grafischen Komposition ist dann ein Prozessmodell, das durch den Schritt „compose" in eine lauffähige Anwendung umgesetzt werden kann. Die Person, die diese Komposition vornimmt, bezeichnet SAP in ihren Marketingunterlagen auch Business Expert.

Wie sieht es damit in der Praxis aus? Zum einen dürfen die Anforderungen, die an den Business Expert gestellt werden, nicht unterschätzt werden. Er muss zwar keine Programmiersprache kennen und sich mit deren technischem Ballast belasten, aber er muss sehr wohl analytische Fähigkeiten im Umgang mit der Komposition von Services vorweisen. Wir haben speziell mit Anwendern, die das sogenannte SOA Discovery System der SAP einsetzen, diesbezüglich Erfahrungen ausgetauscht. In diesem sind verschiedene SOA-Werkzeuge, als welches wir auch den Visual Composer bezeichnen wollen, für die beispielhafte Komposition von Services vorbereitet. Die zweifellos noch begrenzte Erfahrung in diesem Bereich lässt sich in folgenden Prognosen zusammenfassen:

- Die Einarbeitungszeit in das Werkzeug darf nicht unterschätzt werden.
- Die souveräne Beherrschung der Strukturen hinter den Services, die man im klassischen Softwaredesign Daten-, Funktions- und Prozessmodell nannte, gewinnt eine größere Bedeutung als bisher.

Die Komposition der Services ermöglicht zwar eine große Bandbreite von unterschiedlichen Arbeitsabläufen, aber manche Gestaltungsvorstellungen sind nur sehr kompliziert oder gar nicht erreichbar. Das mag an der momentan beschränkten Verfügbarkeit von Services liegen. Wenn diese Beschränkung behoben werden soll, stellt es aber hohe Ansprüche an die Konstruktion von Services: Gut beherrschbar wären wenige überschaubare Bausteine, die aber zu klobigen „Lego-Bauwerken" führen können. Optimale Ergebnisse würde das Googeln nach Services liefern: aber dann bekommt man bei der Suche mit einem Stichwort auch Hunderte von Antworten. Wie sieht der effiziente Mittelweg aus?

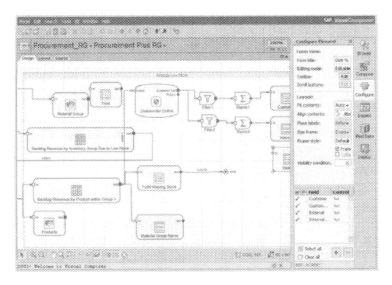

Abbildung 1: Visual Composer Design-Prozess: „Datenquellen und Komponenten"
(© SAP)

13.5 Andere aktuelle Architektur-Trends

13.5.1 Web 2.0 – AJAX

Der Wikipedia-Artikel zu Web 2.0 beginnt mit „Web 2.0 ist ein Schlagwort, ...".
Das ist sehr zutreffend und bezeichnend. Die konkreten Definitionen, die man
dann zu Web 2.0 findet, geben nämlich ganz unterschiedliche Aspekte zur Weiterentwicklung des Webs wieder. Während die häufigste Deutung Richtung Social
Web geht (mit Blogs, Wiki und Ähnlichem), führt uns die andere Blickrichtung
Semantic Web zu unserem Thema. Ein Buch von Shu-Wai Chow in der deutschen
Übersetzung (2008) „Web 2.0 – Webseiten intelligent verknüpfen" heißt in der
englischen Ausgabe von 2007 „PHP Web 2.0 Mashup Projects". Mashups ermöglichen den Zugriff auf Inhalte anderer Webseiten. Dabei liegt die Betonung auf Inhalte, d.h. es wird nicht der Text der Webseite angezeigt oder exzerpiert, sondern
eine Struktur, die die Webseite zur Verfügung stellt. Für den Zugriff werden verschiedene Programmier-Interfaces benutzt, was sich aber am stärksten durchsetzt
sind die Web Services.

Zwei Anwendungsbeispiele aus dem Buch von Chow sollen illustrieren, wie diese
Web-2.0-Technologien auch auf die Ideen der Anwendungsintegration unserer
Betriebe, und damit letztlich auf die SOA-Konzepte Einfluss nehmen können: „Für
das Mashup in Kapitel 4 nutzen wir die API des Videoportals YouTube und den
XML-Output der Musikplattform Last.fm." „In Kapitel 5 werden Daten von der
Website der Californian Highway Patrol ausgelesen. Die CHP stellt eine Website
mit Verkehrsinformationen bereit." [Chow 2008, S. 12].

Vormals nebeneinander stehende Internetinformationen können mit Web 2.0 (analog zu SOA) zu einem optimierenden Ganzen integriert werden. Eine Abart dieser Verknüpfungstechniken ist AJAX (Asynchronous Java Script and XML): Web-Oberflächen lassen sich damit als Dialogoberflächen gestalten, die von den Servern, deren Applikationen und Daten entkoppelt sind. Angesichts der viel beklagten Benutzerfreundlichkeit von sonst unbestritten leistungsfähigen zentralen Anwendungen ist dies eine große Chance zur Ergänzung der Funktionalität mit Ergonomie.

13.5.2 Entwurfsmuster

Für die produktive Anwendungsentwicklung reicht aber nicht ein Programmiertool wie AJAX, die Methode der Programmierung ist entscheidend:

Entwurfsmuster (Design Patterns) sind bewährte Lösungsschablonen für wiederkehrende Entwurfsprobleme in Softwarearchitektur und Softwareentwicklung. Sie stellen damit eine wiederverwendbare Vorlage zur Problemlösung dar, die in einem spezifischen Kontext einsetzbar ist. In den letzten Jahren hat der Ansatz der Entwurfsmuster auch zunehmendes Interesse im Bereich der Mensch-Computer-Interaktion gefunden." (de.wikipedia.org/wiki/Entwurfsmuster 5.6.09)

Wie der Wikipedia-Artikel weiter ausführt, gibt es Entwurfsmuster schon lange, aber sie konnten sich nicht durchsetzen: sie sind in ihrer Konkretisierung letztlich immer sprachabhängig auszuführen und in den letzten Jahrzehnten entstanden sehr viele neue Programmiersprachen. Trotzdem bestand in größeren Software-Entwicklungs-Kooperationen natürlich die Notwendigkeit, Programmierstandards festzulegen, um die Weiterentwicklung und gegenseitige Vertretung für die Code-Bestandteile mit geringerem Aufwand zu ermöglichen. Mit der Verbreitung von Web-Script-Sprachen stieg auch das Interesse für Entwurfsmuster enorm. Parallel dazu kamen entsprechende Frameworks auf den Markt, die als Generatoren fungieren, so dass nicht nach dem Entwurfsmuster kodiert werden muss, sondern dieses gleich erzeugt wird. In diesem Bereich gibt es auch sehr viele Open-Source-Produkte, die aus der Web-Entwickler-Community entstanden sind und die ein wesentlicher Motor für auf diese Produkte aufbauende kommerzielle Angebote sind.

13.6 Können die Herausforderungen der betrieblichen Informatik durch die aktuellen Konzepte wie SOA gelöst werden?

Zusammenfassend werden die Lösungsansätze mit SOA zur Bewältigung der im Abschnitt 13.2 genannten Gestaltungsentscheidungen dargestellt:

- **Make-or-Buy oder Make-and-Buy**
  SOA integriert diese Strategien, nach dem Motto „alles kaufen, was funktional gut und serviceorientiert ist". Das Best-of-Breed-Problem war, dass die für die einzelnen Funktionen hervorragend geeigneten Programme den Workflow hemmten, Integration unterbanden und zu einer unwirtschaft-

lichen technologischen Vielfalt führten. Ein serviceorientiertes System muss die Schnittstellen mitbringen, die einen abgestimmten Einsatz der gekauften Produkte ermöglichen. Das ist die Top-Down-Sicht. Aber die auf dem Markt erhältlichen Programme passen trotz serviceorientierter Schnittstellen nicht immer 100%ig zueinander, z.B. wenn die Datenmodelle sich syntaktisch oder semantisch unterscheiden und für den Datenfluss erst transformiert werden müssen. Diese Lücken kann man mit Individualentwicklung ergänzen. Auch für diese Bottom-up-Sicht bietet SOA die Technologie: Die nach Bedarf entwickelten Brückenprogramme sind Übersetzungsservices und somit lassen sich die a priori unabgestimmten Komponenten im Sinne von SOA zu einem Ganzen komponieren.

- **Standardsoftware oder Individualentwicklung**
Die renommierten Produkte, die man als Standardsoftware bezeichnen kann, haben heute praktisch alle serviceorientierte Schnittstellen. Da sie manchmal auch leistungsfähige Entwicklungswerkzeuge mitliefern (als Beispiel seien die Tools von Microsoft und die ERP-Anwendungen von SAP genannt), ist die individuelle Komposition dieser Produkte als Kern mit leistungsfähigen Spezial- oder Nischenprodukten fast immer möglich.

- **Best-of-Breed oder Best integrierbar**
Aus den im vorangehenden Absatz genannten Gründen fällt die Entscheidung für Best-of-Breed-Produkte künftig leichter, wenn diese die Serviceorientierung unterstützen. Dabei besteht aber noch ein großer Nachholbedarf, gerade bei Software, die medizinnahe Abläufe unterstützt. Die großen Hersteller, die zum Teil ihren Markt auch außerhalb der Klinik-Informationssysteme sehen, z.B. für niedergelassene Ärzte oder spezialisierte Einrichtungen, sind sehr zurückhaltend gegenüber synchronen Schnittstellen. Aber nur synchrone Schnittstellen ermöglichen einer Anwendung einen Datenbestand gemeinsam bzw. kooperativ zu nutzen. Die asynchronen Schnittstellen hingegen kopieren die gesamten relevanten Datenbestände hin und her und haben oft einen unterschiedlichen Stand. Durch die neue EU-Norm für Medizinprodukte könnte sich diese gegenseitige Abgrenzung sogar temporär wieder verschärfen. Langfristig wird die Vernunft siegen: Die synchronen Web Services, die im Web-Business schon selbstverständlich sind, werden sich auch in den Klinik-Informationssystemen durchsetzen.

- **Ergonomie und Funktionalität**
Leistungsfähige Oberflächentechnologien wie AJAX in dem ohnehin offenen und entsprechend verbreiteten Web-Standard benutzen Web Services als Zugriffsmethode auf Daten und Dokumente. Aber Web Services sind eben mehr als der Abruf von XML-Formularen, die Services können auch umfangreiche Anwendungen sein. Über diese Integration von Services in ergonomische Oberflächentechnologien erübrigt sich der Kompromiss bezüglich der Anforderungen.

- **Herausforderung Change Management**
Dieser Punkt Change Management könnte dem SOA-Konzept geradezu zur Revolution verhelfen. Change Management ist bei stark verwobenen Konfi-

gurationen, die durch gewachsene Systemelemente zu einer komplexen Infrastruktur geworden sind, immer ein sehr sorgfältig anzuwendender Informatikprozess. Häufig ist dieser mit großem Aufwand verbunden, damit das Fehlerrisiko hinreichend niedrig gehalten werden kann. Die Aufwandsreduzierung im Change Management beim Einsatz von SOA hat mindestens drei Ursachen:

Erstens sind die eingesetzten Services als gekapselte Komponenten, die an vielen Stellen eingesetzt werden können, in der Regel bereits in sich soweit ausgetestet, dass hier das Fehlerrisiko gering ist. Zweitens sind diese Services darauf angelegt über Schnittstellen miteinander zu kommunizieren und deshalb schon bei ihrer Konstruktion umfassend bezüglich ihres Integrationsverhaltens optimiert. Und drittens ist eine neue Komposition algorithmisch meist weniger komplex als ein System, bei welchem die Workflowrealisierung sehr eng verwoben mit der fachlichen Spezifikation ist.

- **Herausforderung Total Cost of Ownership**

  Nicht nur der Testaufwand von Änderungen wird geringer, sondern die „time-to-market" insgesamt, also die Möglichkeit, schnell einen neuen Workflow aus den vorhandenen Services zu erzeugen, verbessert sich enorm. Unter Umständen ist auch der bereits angesprochene Graben (gap) zwischen Business und Informatik kleiner, d.h. bestimmte Workflows können Anwender oder Fachabteilungsspezialisten selbst erstellen, andere, die an die Informatiker übergeben werden, haben dann bereits eine starke semantische Annäherung zwischen Systemanalyse und Programmbeschreibung. Bei geeigneten Werkzeugen kann die fachliche Beschreibung sogar schon die Programmspezifikation enthalten.

- **Herausforderung Kosten-/Nutzen-Vorhersage**

  Klassische Individualprogrammierung ist oft schwer kalkulierbar. Trotz eines wohlüberlegten Pflichtenhefts ergeben sich Unzulänglichkeiten, die man erst bei der Verwendung erkennt. Das sollte bei fertigen Services weniger passieren. Und selbst wenn die erstmalige Erstellung oder Anpassung eines Services diesen Zusatzaufwand erzeugte, der Service ist ja darauf angelegt wieder verwendet zu werden und als Baustein in eine individuelle Ablaufsteuerung für die kontinuierliche Verbesserung der Prozesse einzugehen. Des Weiteren sind Services darauf angelegt in vielfacher Kombination miteinander zu kommunizieren. Deshalb gibt es häufig auch konkurrierende Services, d.h. vergleichbare Services, die von verschiedenen Anbietern kommen. Und Konkurrenz belebt natürlich das Geschäft sowohl bzgl. qualitativer Verbesserungen als auch bzgl. des Preises.

Die einzelnen Vorteile einer serviceorientierten Vorgehensweise sind damit geschildert worden. Insgesamt kann man daher folgende Aussage für SOA und sogenannte digitale Ökosysteme konstatieren:

„Können wir Systeme bilden, welche sich automatisch koordinieren und zu größeren zusammenfügen; dabei ihre Funktionalitäten kombinieren und neue emergente Eigenschaften zeigen? Ja, wir können es." [Masak 2009, S. 245]. Mit der professionellen Umsetzung der SOA-Konzepte erhält der Beitrag der IT zur optimalen Prozessgestaltung im Krankenhaus eine neue Dimension.

Literaturverzeichnis

[Beckert 2007] Beckert, Th.: Web 2.0 und Ajax. Saarbrücken 2007.

[Behrendt & Zeppenfeld 2008] Behrendt, J.; Zeppenfeld, K.: Web 2.0. Berlin/Heidelberg 2008.

[Burbiel 2007] Burbiel, H.: SOA & Webservices in der Praxis. Poing 2007.

[Chow 2008] Chow, Sh.: Web 2.0 – Webseiten intelligent verknüpfen. Poing 2008.

[Dostal et al. 2005] Dostal, W.; Jeckle, M.; Melzer, I.; Zengler, B.: Service-orientierte Architekturen mit Web Services. München 2005.

[Hack & Lindemann 2007] Hack, St.; Lindemann, M.: Enterprise SOA einführen. Bonn 2007.

[IBM 2009] http://www-01.ibm.com/software/de/websphere/businessint/ (zuletzt geprüft am 16.10.09).

[Kirchmer 2009] Kirchmer, M.: High Performance Through Process Excellence. Berlin/Heidelberg 2009.

[Krafzig et al. 2005] Krafzig, D.; Banke, K.; Slama, D.: Enterprise SOA. New Jersey 2005.

[Liebhart 2007] Liebhart, D.: SOA goes real. München/Wien 2007.

[Masak 2007] Masak, D.: SOA? – Serviceorientierung in Business und Software. Berlin/Heidelberg 2007.

[Masak 2009] Masak, D.: Digitale Ökosysteme. Berlin/Heidelberg 2009.

[Scheer 1988] Scheer, A.: Wirtschaftsinformatik: Informationssysteme im Industriebetrieb. Berlin 1988.

[Scheer 1998] Scheer, A.: Wirtschaftsinformatik. Studienausgabe, Berlin 1998.

[Snabe et al. 2009] Snabe, J.; Rosenberg, A.; Møller, Ch.; Scavillo, M.: Business Process Management – the SAP® Roadmap. Boston (MA) 2009.

[Tilkov & Starke 2007] Tilkov, St.; Starke, G.: Einmaleins der serviceorientierten Architekturen; in: Tilkov, St.; Starke, G. (Hrsg.): SOA-Expertenwissen. Heidelberg 2007.

14 Effizienzsteigerung im Krankenhaus – Ist der IT-Einsatz ein wesentliches Mittel zu mehr Wirtschaftlichkeit im OP?

Udo Bräu, Juliane Dannert

14.1 Bedeutung des OP im Krankenhaus

Operationssäle sind der Brennpunkt medizinischer Leistung. Hier wird ein wertvoller und in jeder Hinsicht teurer Teil der Patientenbetreuung erbracht. Neben der medizinischen Leistung, die über das Wohl des Patienten entscheidet, fallen im OP etwa ein Drittel der Gesamtkosten während eines stationären Aufenthaltes an [Kugelart et al. 2009, S. 167]. Aus den hohen Kosten und dem intensiven Personaleinsatz in einem Operationssaal ergibt sich ein immanenter Zwang, einen nicht nur effektiven, sondern auch effizienten Betriebsablauf anzustreben. Ein komplexes Unterfangen, denn an keinem anderen Punkt in der Gesundheitsversorgung müssen so viele beteiligte Berufsgruppen, Fachbereiche sowie Räume und Geräte, Medikamente und Materialien zeitgleich mit dem Patienten zusammengeführt werden.

„Ein Operationssaal, eine Betriebseinheit, die umgerechnet pro Jahr locker drei Millionen Euro Umsatz macht, wird oft schlechter verwaltet als ein Tennisplatz." [Trend 2003]

Derartige Aussagen klingen plakativ und polemisch, entsprechen aber in manchen Kliniken auch heute noch der Realität.

Wirtschaftlich ausgerichtete Krankenhäuser haben erkannt, dass eine Prozessoptimierung in diesem kostenintensivsten Bereich erhebliches Potenzial birgt. Dass durch die Etablierung eines OP-Managements Kosten reduziert, Arbeitsabläufe verbessert und so die Stimmung bei Personal und Patienten deutlich verbessert werden kann, ist in der Literatur bereits mehrfach belegt.

Welche Rolle die IT in diesem Zusammenhang spielt, wie mit Hilfe der elektronischen Planung und Dokumentation eine echte Arbeitserleichterung, aber auch ein höheres Maß an Patientensicherheit sowie eine effizientere Materialwirtschaft möglich ist, beschreibt nachfolgender Beitrag.

14.2 Das OP-Geschehen

An keinem anderen Punkt in der Gesundheitsversorgung treffen so viele beteiligte Berufsgruppen und Fachbereiche zusammen wie im OP. Damit Operateure, Anästhesie und OP-Pflege ihrer Arbeit nachkommen können, müssen zudem Räume und Geräte, Medikamente und Materialien sowie der vorbereitete Patient zeitgleich zur Verfügung stehen. Das hohe Maß an Interdisziplinarität und das Zusammentreffen partikularer Interessen machen die OP-Organisation zu einer sehr komplexen Thematik. Da der OP als Nadelöhr im Versorgungsprozess den Erfolg und den Ruf eines Krankenhauses wesentlich prägt, empfiehlt es sich, in diesem Bereich Prozesse und Strukturen zu definieren, die einen reibungslosen Betrieb gewährleisten. Um diese Prozesse und Strukturen zu leben und zu steuern, sind Informationstechnologien unerlässlich.

14.2.1 Situation ohne etabliertes OP-Management

Bekannte Probleme im Bereich der Organisation von zentralen OP-Einheiten sind lange Wartezeiten für den Patienten, doppelte Erhebungen oder das Fehlen von Befunden sowie das Gerangel um Ressourcen zwischen den einzelnen Fachbereichen. Die ungleichmäßige Auslastung operativer Kapazitäten ist Folge mangelhafter OP-Planung. Die Probleme resultieren aus den unterschiedlichen, aufeinander folgenden, ineinander greifenden und teilweise parallel laufenden Prozessen verschiedener Funktionseinheiten, Berufsgruppen und Arbeitsteams, die oftmals unter suboptimalen Rahmenbedingungen aufeinander abgestimmt werden müssen. Zudem stellen der hohe Spezialisierungsgrad und der permanent stattfindende medizinische Fortschritt kontinuierliche Herausforderungen an den OP-Betrieb, die mit meist knappen Personalressourcen unter teilweise strengen Hierarchiestrukturen bewältigt werden müssen [vgl. Kainsner 2006, S. 23]. Dass diese Situation nicht als gegeben hingenommen werden kann, haben viele Krankenhäuser erkannt und ein IT-gestütztes OP-Management eingeführt.

14.2.2 Gründe für die Einführung eines OP-Managements

14.2.2.1 Optimierung der Kosten

Als Reaktion auf die DRG-Einführung und den daraus resultierenden wirtschaftlichen Anforderungen an ein Krankenhaus, gilt es, die Erlöse gezielt zu optimieren. Transparenz im OP ist dabei eine wesentliche Voraussetzung für ein optimiertes Kostenmanagement. Durch die Definition von Prozessen und Handlungsrichtlinien für den OP-Alltag in Form eines OP-Management-Konzeptes kann Optimierungspotenzial im Hinblick auf Überbuchungen, Verschiebungen, Überstunden des Personals und Leerstände erschlossen werden.

Ein funktionierendes OP-Berichtswesen und Auswertungen der dokumentierten Daten dienen als Controlling-Instrument für die Geschäftsführung. Sie bilden die Basis für Change-Management-Konzepte.

14.2.2.2 Optimierung der OP-Saal-Auslastung

Die Fallzahlen im Krankenhaus zu erhöhen ist das vorwiegende Interesse der Krankenhausleitung. Deshalb ist die optimale Auslastung der OP-Kapazitäten das primäre Ziel, damit der OP möglichst effizient genutzt wird. Der jeweilige Operateur hingegen möchte möglichst unbegrenzt über die vorhandenen Kapazitäten verfügen, um all seine Patienten operieren zu können. Im Gegensatz dazu legen Anästhesie und Funktionsbereiche (Anästhesie-, und OP-Pflege) bedeutend mehr Wert auf eine gleichmäßige Auslastung und die Einhaltung der vereinbarten Arbeitszeiten. Wo unterschiedliche Interessen aufeinander treffen, sind Konflikte vorprogrammiert. Diese haben Auswirkungen auf die Zufriedenheit der Mitarbeiter, aber auch auf die der Patienten.

> Die Kapazitäten im Sinne aller Beteiligten optimal zu nutzen und so die Mitarbeiterzufriedenheit zu erhöhen, ist die zentrale Herausforderung innerhalb des OP-Managements.

14.2.2.3 Optimierung der Operationsleistung

Ein weiteres Problem im OP ist der Konflikt der Fachbereiche nicht nur um Saalkapazität, sondern auch um Personal. Die Konsequenzen dieser Auseinandersetzungen sind nicht nur suboptimale Prozesse und somit geringere Erlöse. Aufgrund der Tatsache, dass die einzelnen Fachbereiche die notwendigen OPs nur aus ihrer Sicht planen, kommt es oftmals zu teilweise emotionalen Abstimmungsprozessen für alle Beteiligten; ein regelrechter Wettkampf entbrennt. Dass diese Situation nicht zum Wohle des Patienten sein kann und die Arbeit des unterstützenden Personals unnötig erschwert, ist naheliegend. Neben diesen internen Abstimmungsproblemen und dem Anspruch immer besser und schneller zu operieren, ist das Personal auch mit neuen Operationstechniken, technologischen Herausforderungen und mit Spezialisierungen, resultierend aus medizinischem Fortschritt, konfrontiert.

> Um dieser Belastung bei guter Arbeitsleistung standhalten zu können, müssen im Rahmen des OP-Managements Regeln definiert werden, die die Komplexität greifbar machen und den Beteiligten Handeln ohne zeitraubende Diskussionen ermöglichen.

14.2.2.4 Optimierung der Abstimmungsprozesse

Auch wenn die Organisationsstrukturen bzw. disziplinarischen Zuständigkeiten in den Kliniken es oft nicht so definieren, so wird der OP-Bereich in vielen Veröffentlichungen als Dienstleistungszentrum betrachtet. Nach diesem Verständnis sind die operierenden Fachbereiche die Kunden und die Berufsgruppen, welche den OP-Betrieb ermöglichen, die Lieferanten. Diese stehen in einem klassischen Käufer-Verkäufer-Verhältnis zueinander.

Zwischen den operierenden Fachbereichen (Kunden) und beteiligten Berufsgruppen (Lieferanten) muss ein Service Level Agreement, also ein Vertrag für wiederkehrende Dienstleistungen, definiert werden. Dies erfolgt üblicherweise im Rahmen eines OP-Statuts. Der Nutzer fordert die Ressource nach definierten Regeln an; der Anbieter ist dafür verantwortlich, dass Raum, Personal, Medikamente und Materialien zur Verfügung stehen. Die Richtlinien werden gemeinsam vereinbart.

Hält sich der Nutzer, also die operative Fachdisziplin, an diese Regeln, garantiert der Anbieter, die OP-Kapazitäten in der notwendigen Form zur Verfügung zu stellen und das definierte OP-Programm in den festgelegten Zeiten abzuarbeiten.

> Richtlinien, gemeinsam formuliert und durch eine zentrale Stelle, den OP-Manager, kontrolliert, gewährleisten den reibungslosen OP-Betrieb. Das OP-Management übernimmt die Durchführungsverantwortung des geplanten OP-Programms.

14.2.2.5 Erfüllung von Qualitätsanforderungen

Oberstes Ziel eines effizienten und effektiven OP-Betriebes ist es, eine hohe Qualität in der Patientenversorgung zu gewährleisten. Zusätzlich müssen medizinische aber auch technische Innovationen, die in immer schnellerem Tempo in den OP Einzug halten, umgesetzt werden. Auch der Gesetzgeber übt hier einen Einfluss aus: Vorgegebene Qualitätsmerkmale oder medizinische Leitlinien fordern die genaue Dokumentation der Behandlung und legen bestimmte Handlungsschritte fest.

> Prozessorientiertes Denken und Handeln, optimierter Materialeinsatz, Fehlerreduktion und verstärkte Patientenorientierung sind hohe Anforderungen an Mediziner und Pflegekräfte. Aufgabe des OP-Managements ist es, Umsetzungsrichtlinien festzulegen und diese gemeinschaftlich zu definieren [vgl. Busse 2005].

Betrachtet man die angeführten Gründe, so werden zum einen die Herausforderungen im OP und zum anderen der Bedarf an Regeln und Richtlinien deutlich.

Deshalb ist die Einführung eines OP-Managements logische Konsequenz bzw. ein „Muss" in jeder erfolgsorientierten Einrichtung. Doch nur, weil ein Haus „OP-Management macht", heißt es nicht, dass es damit effizienter und effektiver arbeitet als vorher. Die Voraussetzung eines erfolgreichen OP-Managements ist, dass die aus den Gründen abgeleiteten Konsequenzen berücksichtigt werden. Wie das passieren sollte, ist im nachfolgenden Kapitel dargestellt.

14.3 Voraussetzungen der Einführung eines IT-gestützten OP-Managements

14.3.1 Begriffsabgrenzung OP-Management

„Ziel des OP-Managements ist der optimale Einsatz der vorhandenen Ressourcen zur Erbringung einer größtmöglichen Produktivität in Verbindung mit der Optimierung der Leistungsqualität bzw. der Patientenakzeptanz."[vgl. Busse 2005, S. 3] Dabei darf nicht das Interesse der einzelnen Berufsgruppen im Vordergrund stehen, sondern das übergeordnete Bewusstsein, eine optimierte medizinische Versorgung trotz knapper finanzieller Ressourcen zu ermöglichen [vgl. Diemer et al. 2006, S. XV].

Die Kunst, ökonomisches Denken mit medizinischen Wertvorstellungen zu vereinen, ist im Kontext gegensätzlicher Interessen nicht einfach. Einen Konsens im

Sinne eines effektiven OP-Managements herbeizuführen, ist Aufgabe des OP-Managers. Seine Aufgabe ist es, den OP-Betrieb nach zuvor definierten Regeln, ausgerichtet an den „Unternehmenszielen", zu planen, zu organisieren und zu kontrollieren. Zudem trifft er die zentralen Entscheidungen und ist gegenüber allen Berufsgruppen weisungsbefugt. Eine Voraussetzung auf struktureller Ebene ist deshalb die Unterstützung durch die Geschäftsführung. „Ein Kernproblem beim Aufbau eines effektiven OP-Managements liegt darin, dass OP-Leitung oder OP-Manager oft nicht in der Lage sind, Aufgabenstellungen klar zu definieren, diese strukturiert beziehungsweise konsequent zu delegieren und zu erkennen, wann sie aufgrund mangelnder Zielerreichungsgrade mit der erforderlichen Sachkompetenz eingreifen müssen." [Vgl. Busse 2005, S. 5] Aus diesem Grund ist das OP-Management strategisch zu verankern. Der OP-Manager muss Kompetenzen übertragen bekommen, wie zum Beispiel die Weisungsbefugnis auch gegenüber den Chefärzten. Neben der Instanz des OP-Managers ist das OP-Statut die zweite unabdingbare Voraussetzung für die erfolgreiche Einführung eines IT-gestützten OP-Managements.

14.3.2 Das OP-Statut

Zur Vorbereitung eines OP-Managements ist die Akzeptanz aller Beteiligten eine unabdingbare Voraussetzung. Das bedeutet für das Projekt „Einführung eines IT-gestützten OP-Managements", dass gemeinsam ein Regelwerk erstellt werden muss, das die Prozesse sowie die Rechte und Pflichten aller definiert: das OP-Statut.

„Das OP-Statut, auch bekannt als OP-Geschäftsordnung oder OP-Satzung, legt verbindlich die Regeln der täglichen Zusammenarbeit zwischen den am Prozess des Operierens beteiligten Berufsgruppen im OP fest." [Sievert 2006, S. 312]

> Ziel eines OP-Statuts ist es:
>
> Verantwortlichkeiten und Verbindlichkeiten festzulegen
>
> Aufbau und Ablauforganisation zu definieren
>
> Kompetenzen zu definieren
>
> Rahmenbedingungen für die OP-Organisation festzulegen
>
> Betriebszeiten zu nennen
>
> Kontingente zu definieren
>
> Planungskriterien für die OP-Planung zu bestimmen
>
> Schnittstellen zu beschreiben
>
> Anreize und Sanktionen bei Zielerreichung bzw. Verfehlung festzulegen

Wichtig bei der Definition der Inhalte des OP-Statuts ist der Grundgedanke, dass die dort formulierten Vorgaben gelebt werden können und müssen. Das OP-Statut ist auf die Unternehmensziele auszurichten, die – herunter gebrochen in Teilziele – Grundlage des Regelwerkes darstellen.

Wichtig ist auch, dass das OP-Statut ein wachsendes, veränderbares Konstrukt darstellt, das einem kontinuierlichen Verbesserungsprozess unterliegt [Ansorg et al. 2006, S. 313 ff.]. Dieser Veränderungsprozess muss fixer Bestandteil des OP-Statuts sein.

14.3.3 Softwareauswahl

Problematisch und vor allem kostenintensiv gestaltet sich für manche Krankenhäuser die Suche nach einem geeigneten IT-System, das das Personal weiter entlastet, die vollständige Abrechnung gewährleistet und geeignete Zahlen im Hinblick auf Qualitätskriterien und Auswertungen zur Prozesseffizienz liefert. Zudem ist die Einführung eines Systems mit einem nicht zu unterschätzenden organisatorischen Aufwand verbunden. Zunächst muss ein Team definiert werden, das die Einführung im Haus vorantreibt und für den Erfolg des Projektes verantwortlich ist.

Mitglieder des Projektteams sollten sein:

– mindestens ein Arzt pro Fachbereich

– mindestens ein Mitarbeiter pro Berufsgruppe

– OP-Pflege

– OP-Koordination (wenn vorhanden)

– Anästhesie

– IT

– Verwaltung bzw. Schreibbereich

Die Mitarbeiter des Projektteams sollten sowohl IT-interessiert als auch entscheidungsfähig sein.

Folgende Fragen sind vor der Einführung einer OP-Managementsoftware zur Vorbereitung des Projektes zu beantworten:

– Soll ein allgemeines System, das Bestandteil des KIS (Krankenhaus-Informationssystems) ist, oder eine spezielle Lösung für das OP-Management angeschafft werden?

– Welche Daten sollen mit dem System erfasst werden?

– Wer arbeitet mit dem System?

– Welche Berufsgruppe gibt welche Daten ein?

– Wie viele Arbeitsplätze sind zu lizensieren?

– In welchen Arbeitsbereichen müssen Daten erhoben werden? D.h. an welchen Stellen sind Arbeitsplätze zu installieren?

– Wie werden die Daten eingegeben (z.B. mit Barcodelesern)?

– Gibt es Daten, die als Pflichtfelder definiert werden müssen, um die Datenbasis sicherzustellen? Wenn ja, welche?

– Welche Schnittstellen existieren zu bereits bestehenden Systemen und Geräten, die für die OP-Dokumentation relevante Daten liefern?

- Wie ist der Ausbildungsstand der Anwender? Sind diese die Dokumentation und Arbeit am PC gewöhnt oder betreten sie Neuland?

- Welche Auswertungen sollen später durchgeführt werden? Welche Daten bilden die Grundlage für diese Auswertungen?

- Welche Berechtigungskonzepte unterstützt das System und welche Berechtigungen müssen vergeben werden, um die definierten Prozesse sicher zu stellen?

- ...

Sind die Fragen beantwortet, ist im nächsten Schritt ein geeignetes Produkt auszuwählen. Folgende Kriterien sollten bei der Auswahl einer Software berücksichtigt werden:

- Ist die Oberfläche intuitiv bedienbar (Usability)?

- Welche Möglichkeiten der Prozessunterstützung und Workflowdefinition bestehen?

- Ist eine Anpassung an individuelle Bedürfnisse möglich (Customizing), ohne dabei die Releasesicherheit zu verlieren?

- Gibt es Hilfe- und Suchfunktionen, die dem Anwender die Arbeit erleichtern?

- Wie differenziert sind die Rechtekonzepte?

- Gibt es Plausibilitätskontrollen?

- Ist das Produkt einfach in die bestehende IT- & Gerätelandschaft integrierbar?

- ...

Die Evaluation möglicher Systeme erfolgt in Abhängigkeit von der bestehenden IT-Infrastruktur, den an die Software definierten Anforderungen und vor allem den durch die Geschäftsführung legitimierten Projektzielen.

Ein wichtiger Grundsatz bei der Einführung einer OP-Managementsoftware ist: Die Anwender sollen sich nicht an die IT anpassen, sondern umgekehrt.

14.3.4 Räumliche und technische Infrastruktur

Im Zuge der Implementierung einer OP-Managementsoftware sind eventuell Anschaffungen im Bereich der Hardware, Netz- und Energieinfrastrukturen sowie die Verfügbarkeit von Räumen zu berücksichtigen. Die Einführung eines IT-gestützten OP-Managements wird scheitern, wenn die Beteiligten die Arbeit mit dem System nicht analog der definierten Prozesse in ihren Arbeitsalltag einbetten können. So ist es beispielsweise wichtig, dass bereits während der OP die zugehörige Dokumentation erfolgt. Die Dokumentation im Nachgang ist zu aufwändig und fehleranfällig. Um die Akzeptanz der Beteiligten zu erhöhen, empfiehlt es sich, möglichst viele Daten aus vorhandenen Systemen zu übernehmen und gegebenenfalls Materialen per Barcode zu erfassen. Deshalb muss die Anschaffung von Barcodelesegeräten ebenso berücksichtigt werden wie die Definition der Schnittstellen zu anderen Systemen.

Wichtig aus organisatorischer Sicht ist auch die Verfügbarkeit eines zentralen, in OP-Nähe gelegenen Raumes für den OP-Manager.

14.4 Nutzen eines IT-gestützten OP-Managements

Professionelles OP-Management ist ohne IT-technische Unterstützung praktisch nicht zu bewältigen. Der Umkehrschluss gilt jedoch keinesfalls; durch den Einsatz eines IT-Systems erreicht man nicht automatisch professionelles OP-Management. Das „Aufpfropfen" eines IT-Systems auf mangelnde Organisationsstrukturen bewirkt eher das Gegenteil, nämlich, dass sich der Aufwand für die Routinearbeit erhöht. Ein Beispiel: Wenn der OP-Plan am Vortag der OP um 14:00 Uhr ausgedruckt werden soll, die Informationen aus einem Fachbereich jedoch erst am Tag der OP dokumentiert werden, wird der OP-Plan immer unvollständig sein. Die im obigen Kapitel beschriebenen Voraussetzungen für ein IT-gestütztes OP-Management, müssen deshalb zwingend umgesetzt sein. Erst dann ist eine zielgerichtete Kosten-Nutzen-Analyse sinnvoll.

Die Nutzenermittlung von IT-Systemen konzentriert sich in der Regel auf den Aspekt der Wirtschaftlichkeit. Diese ist jedoch in diesem Zusammenhang teilweise nur schwer in Vergleichswerten auszudrücken und wird dem Mehrwert, den IT bringen kann, nicht gerecht. Antweiler schlägt deshalb vor, eine Differenzierung in direkten und indirekten Nutzen vorzunehmen. Der direkte Nutzen beschreibt jenen Nutzen, welcher direkt durch den Einsatz einer Software entsteht, wobei sich der indirekte Nutzen mehr über Synergie-Effekte zeigt [vgl. Antweiler 1995, S. 114].

So kann als direkter Nutzen beispielsweise die bessere Auslastung der OP-Kapazitäten, als indirekter Nutzen die daraus resultierende langfristige Planungssicherheit oder etwa eine geringere Rate an abgesetzten Patienten genannt werden. Diese Faktoren führen wiederum zu einer höheren Personal- und auch Patientenzufriedenheit und tragen so indirekt zur Verbesserung der Gesamtsituation bei.

14.4.1 Ablaufsteuerung für reibungslose Prozesse

Einen direkten Nutzen bringt die IT-gestützte OP-Planung. Durch sie kann der Tagesablauf im OP einfach gesteuert werden. Abgeleitet aus dem OP-Statut buchen die befugten Ärzte der einzelnen Fachbereiche nur innerhalb ihrer Kontingente OP-Termine. Die im System festgelegten Kontingente begrenzen die OP-Zeiten und gewährleisten, dass eine Doppelbelegung nicht mehr möglich ist. Notfälle werden nach den definierten Regeln kurzfristig zentral über den OP-Manager eingeplant.

Um die Notfallplanung zu vereinfachen, sollte ein OP-Managementsystem die Möglichkeit bieten, verpflichtend Dringlichkeitsstufen bei den Plan-OPs anzugeben, um für Notfälle eine Reihenfolge der OPs ableiten zu können.

Moderne IT-Systeme bieten vielfältige Möglichkeiten, Einbestelllisten oder Planungslisten etc. darzustellen und diese nach verschiedenen Aspekten zu filtern, zu sortieren und zu gruppieren. So kann das System Hilfestellungen bieten, indem es z.B. beim Absetzen einer Operation schnell einen anderen geeigneten Patienten findet. Attribute, nach denen dafür im System gefiltert werden sollte, sind die kurzfristige Verfügbarkeit von Patienten und die Voraussetzungen, die für eine OP erfüllt sein müssen.

14.4.2 Personaleinsatz ohne Konflikte

Aus der gezielten Ablaufsteuerung resultiert eine erhöhte Planungssicherheit, die wiederum zu einem verbesserten Einsatz der Personalressourcen führt. Die Mitarbeiter können sich darauf verlassen, dass der Patient zum geplanten Zeitpunkt operiert wird. Wartezeiten werden sowohl für das Personal als auch für den Patienten verringert. Zudem kann die Software die Personalplanung vereinfachen: Verbunden mit der Planung der OPs kann, abgeleitet aus der Art des OP-Typs, bereits ein Standard-Team hinterlegt werden, was automatisch gebucht wird und das durch den dokumentierenden Arzt erweitert werden kann.

14.4.3 Qualitätssicherung zum Wohle des Patienten

Daten, die in strukturierten und standardisierten Dokumentationsfeldern unmittelbar nach der Operation erfasst werden, liefern wertvolle Basisinformationen für ein nachgelagertes Qualitätssicherungsverfahren. Kombiniert mit den dokumentierten Leistungen und Materialien können diese Informationen vor allem in hochspezialisierten Fachbereichen, wie etwa in der Herzchirurgie, auch die Basis für die Erstellung von OP-Befunden, Verlegungsberichten sowie für die gesetzlich vorgeschriebenen Qualitätssicherungsverfahren liefern. So entstehen wertvolle Synergieeffekte, welche nicht nur Zeit und damit Kosten sparen, sondern auch die Datenqualität erhöhen. Die IT-gestützte OP-Dokumentation gewährleistet zudem die Rechtssicherheit und die Einhaltung verbindlicher gesetzlicher Vorgaben.

Des Weiteren erhöhen im System hinterlegte Checklisten die Behandlungsqualität, indem sie das Personal auf zu erledigende Aufgaben hinweisen. Wenn vor einer OP beispielsweise Laborwerte nicht erhoben wurden, warnt das System zu einem definierten Zeitpunkt und erinnert so den zuständigen Arzt. So wird außerdem gewährleistet, dass weniger Patienten von einer geplanten OP abgesetzt werden müssen. Eine simple aber enorm wichtige Funktion von Checklisten ist außerdem, dass das operierende Personal über den Patienten gut informiert ist und alle Risikofaktoren abgefragt hat. Eine im „New England Journal of Medicine" veröffentlichte Studie [vgl. Haynes et al. 2009] hat herausgearbeitet, dass das Risiko, infolge einer Operation zu sterben, durch den Einsatz von Checklisten halbiert werden kann.

Um Behandlungs- und Medikationsfehlern vorzubeugen, können zudem Plausibilitätsprüfungen im System hinterlegt werden. Diese unterstützen den Arzt bei der Entscheidungsfindung.

14.4.4 Ressourceneinsatz effizient gestalten

Mit dem Einsatz einer OP-Managementsoftware ist es möglich, den Ressourcenverbrauch darzustellen und zu optimieren. Durch die digitale Erfassung des Materialverbrauches im OP werden wichtige Daten für eine umfassende Kostenträgerrechnung ermittelt, die eine Zuordnung des Verbrauches auf einzelne Fachbereiche oder auch OP-Typen zulässt.

Die daraus entstehenden Möglichkeiten zur Optimierung des Bestellwesens und damit zur Verringerung des Lagerbestandes, tragen zu einer Kostenreduktion bei. Des Weiteren können anhand der Daten Aussagen über die Wirtschaftlichkeit einzelner Fachbereiche oder auch einzelner OP-Typen getroffen werden. Diese Informationen gewinnen im Rahmen der strategischen Ausrichtung von Krankenhäusern an Bedeutung, wenn es darum geht, Kernkompetenzen zu definieren. Die daraus abgeleitete Spezialisierung kann die Wettbewerbsfähigkeit einer Einrichtung erhöhen.

14.4.5 Transparenz als Basis für Restrukturierung

Ein direkter Nutzen der Einführung eines IT-gestützten OP-Managements sind die standardisierten Daten, die zur Auswertung herangezogen werden können. Daten bilden die Basis für das OP-Controlling und die Optimierung des OP-Statuts. Sie erhöhen die Transparenz der Arbeitsabläufe und der OP-Planung und liefern so Kennzahlen, durch die die Planungssicherheit erhöht werden kann. Darüber hinaus visualisieren die Auswertungen Schwachstellen in der Organisation, die zur weiteren Verbesserung der Prozesse beitragen können.

Der IT-gestützte OP-Plan liefert die Basis für die tägliche OP-Besprechung und das Tagesmanagement. Dadurch, dass das System die Dauer der OPs und den Stand der laufenden Eingriffe permanent anzeigt, können Notfälle einfacher eingeschoben werden. In der Praxis hat sich herausgestellt, dass die Planungstreue wesentlich erhöht wird, wenn die geplante OP-Dauer nicht geschätzt, sondern die durchschnittliche Dauer des jeweiligen Eingriffs aus den historischen Daten ermittelt wird. Die daraus abgeleitete OP-Dauer sollte idealerweise noch um eine, vom jeweiligen Narkoseverfahren abhängige, Wechselzeit ergänzt werden. Moderne OP-Managementsysteme bieten Möglichkeiten, diese Daten nach Definition der geplanten Operation automatisch mittels retrospektiver Auswertung zur Verfügung zu stellen.

Grafisch visualisierte Planung ermöglicht die Darstellung der geplanten Operationstermine, überlagert mit den definierten OP-Kontingenten der einzelnen Fachbereiche. Je nach Buchungslage der einzelnen Fachkontingente kann so ein Kapazitätsaustausch zwischen den Fächern erfolgen. Die Kontingentänderungen werden im System festgehalten, um später eine Darstellung der Abweichungen zu ermöglichen. Basis ist dabei das Jahreskontingent für die Fachbereiche, dieses wird den kurzfristig geänderten Kontingenten gegenübergestellt und schließlich noch mit den tatsächlich durchgeführten Operationszeiten verglichen. Die Gesamtauswertung ist wiederum Anhaltspunkt für die Planungskontingente der Fachbereiche für die Folgejahre.

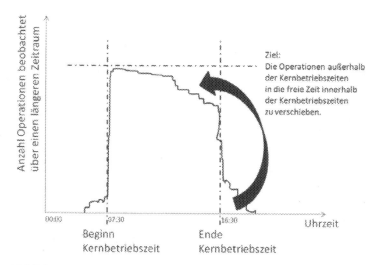

Abbildung 1: Kapazitätsverschiebung

Ein Beispiel für die Visualisierung der OP-Auslastung ist die in Abbildung 1 dargestellte Kapazitätsverschiebung. Im Verlauf der horizontalen Achse ist die Zeit von 00:00 bis 24:00 Uhr, in der vertikalen Achse die Anzahl der zum jeweiligen Zeitpunkt durchgeführten Operationen eingetragen. Die Zahlen werden in einem definierten Zeitraum betrachtet, z.B. über ein Monat. Die Betrachtung erfolgt pro OP-Saal, im dargestellten OP wird planmäßig von 07:30 bis 16:30 Uhr operiert.

Ziel ist es, durch Erhöhung der Planungstreue die gestrichelte, eingegrenzte Fläche optimal auszufüllen, und gleichzeitig möglichst wenige Operationen außerhalb der Betriebszeiten durchzuführen.

Beobachtet wird die Differenz zwischen Soll- und Ist-Auslastung über einen definierten Zeitraum. Durch den Vergleich der Auslastungshöhe können die Auswirkungen von Prozessänderungen direkt beobachtet werden. So liefert IT auf Knopfdruck Kennzahlen, die die Basis für den Veränderungsprozess sind und sorgt so für die notwendige Transparenz.

14.4.6 Prozessqualität als Benefit

Ein rechtegesteuertes OP-Managementsystem stellt in vielfältiger Weise die (im Rahmen eines OP-Statutes) definierten Prozesse sicher. Ein einfaches Beispiel ist der OP-Anmelde- bzw. Planungsvorgang. Die OP-Anmeldung wird unterschieden in lang-, mittel- und kurzfristige Planung. Die lang- und mittelfristige Planung erfolgt üblicherweise direkt durch den operierenden Fachbereich. Die kurzfristige Planung geschieht in Abstimmung mit dem OP-Manager.

Werden die OP-Jahreskontingente, die den jeweiligen Fachbereichen zugeteilt wurden, im System hinterlegt, so kann die Planung aus den Fachbereichen rechtegesteuert direkt in den zugewiesenen Kapazitäten der Säle erfolgen. Andere Fachbereiche haben keinen Zugriff auf diese Kontingente. Der OP-Manager registriert und bearbeitet nur im System angemeldete Operationen und sorgt für das Notfallmanagement. Zeitaufwendige Absprachen per Telefon werden so vermieden.

Wird im Rahmen der OP-Besprechung der OP-Plan geschlossen, ist dieser im System fixiert. Eine Veränderung der Planung kann jetzt nur noch mit den Berechtigungen des OP-Managers erfolgen. Auch der Fachbereich, der die Operationen durchführt, kann die Planung jetzt nur noch in Absprache mit dem OP-Manager bearbeiten, die Termineinträge sind auch für ihn ab sofort gesperrt. So wird sichergestellt, dass die Informationen über kurzfristige Änderungen immer über den OP-Manager laufen, und dass alle Beteiligten die Informationen über die zentrale Stelle zeitgerecht erhalten.

14.4.7 Mitarbeiterzufriedenheit für ein gutes Betriebsklima

Mit Hilfe eines IT-gestützten OP-Managements kann die Mitarbeiterzufriedenheit erhöht werden. Der OP-Plan und die strukturierte Ablaufplanung verbessern die Abstimmungsprozesse und erhöhen so die Verlässlichkeit. Das reduziert den Stressfaktor und auch die Zahl der Überstunden bei den Betroffenen. Durch die digitale OP-Dokumentation verringert sich zudem generell der Arbeitsaufwand, da nach Abschluss der OP, der OP-Bericht, die Leistungserfassung und die Qualitätssicherungsbögen bereits befüllt sind. Auf Wunsch können die Inhalte der Dokumentation auch in den Arztbrief übernommen werden, so dass der Arzt nur noch individuelle Ergänzungen vornehmen muss. Dieser indirekte Nutzen eines digitalen OP-Managements ist neben der erhöhten Planungssicherheit und der Prozesseffizienz ein wesentlicher Aspekt, in dem sich der Mehrwert von IT zeigt.

14.5 Wertsteigerung durch IT-gestütztes OP-Management

IT kann im OP wesentlichen Mehrwert in verschiedensten Ausprägungen bieten: Kürzere Wechselzeiten, weniger Überstunden, höhere OP-Auslastung, verbesserte Ressourcenplanung, gesteigerte Mitarbeiterzufriedenheit sind der Beleg dafür. Die digitale OP-Dokumentation führt zu Standardisierung und sichert so die Einhaltung von Qualitätsrichtlinien, vermeidet Fehler und liefert Daten, die zu mehr Transparenz der Arbeitsabläufe beitragen [vgl. Kainsner 2006, S. 65 ff.]

Erst durch eine längerfristige Evaluation wird jedoch der eigentliche Mehrwert deutlich. Die durch die IT gelieferten Daten, lassen sich darstellen und auswerten. Mit Hilfe dieser Auswertungen können Prozesse im OP Schritt für Schritt weiterentwickelt und optimiert werden.

Ein klarer Vorteil des Einsatzes eines IT-gestützten OP-Managements ist die Sicherstellung der im OP-Statut definierten Prozesse. Berechtigungskonzepte und Workflowdefinitionen in der Software machen dies möglich. Ein weiterer wichtiger Aspekt ist die Verfügbarkeit von Zahlen und Fakten zu den laufenden Prozessen, um etwa die durchschnittlich übliche Zeit einer Operation aus der Historie als Vorschlag für eine optimierte Planung zu liefern und so die Planungsstabilität zu erhöhen.

Betrachtet eine Klinik den OP-Betrieb als Service Level Agreement, wird dieser weitgehend reibungslos verlaufen. Die IT hilft dabei, die definierten Regeln einzuhalten.

Gerade vor dem Hintergrund der Wirtschaftlichkeit, ist die Transparenz, die ein IT-System über die erfassten Daten liefert, von großer Bedeutung. Erst durch die kontinuierliche Datenerfassung kann gezielt, im Sinne eines Change Management, Optimierungspotenzial ermittelt und umgesetzt werden. Die Zahlen liefern die Basis für quartalsmäßige OP-Management-Besprechungen, in denen der Veränderungsprozess definiert und kontrolliert wird.

Die Vorteile eines IT-gestützten OP-Managements exakt zu quantifizieren, ist schwierig, da die Software eng mit den Prozessen verwoben ist. So könnte man fragen: „Sind die erreichten Veränderungen, etwa in der OP-Auslastung, Ergebnis der neuen IT oder der neuen Prozesse?" Die Wahrheit liegt in der Mitte - moderne zahlengestützte, über Berechtigungen gesicherte Prozesse sind ohne IT de facto nicht durchführbar. Doch erst die Kombination bewirkt die positive Entwicklung einer Organisation.

Bei aller Optimierung der Wechselzeiten, Planungstreue, OP-Auslastung, Einhaltung der Regelbetriebszeiten etc. sei jedoch gewarnt, die oberste Prämisse, nämlich die Patientenorientierung, nicht aus den Augen zu verlieren. Wird die Optimierung auf die Spitze getrieben, kann es passieren, dass die Behandlungsprozesse zwar sowohl aus medizinischer als auch ökonomischer Sicht optimal verlaufen, dem Faktor „Mensch" jedoch nur noch bedingt Rechnung getragen wird. Deshalb muss sichergestellt sein, dass die Emotionen, die unweigerlich mit dem Erhalt unserer Gesundheit, eventuell sogar unseres Lebens, einhergehen, ihren Raum behalten.

Literaturverzeichnis

[Ansorg et al. 2006] Sievert, B.: Erstellen eines OP-Statuts. In: OP-Management, Berlin 2006.

[Ansorg et al. 2006] Diemer, M.: Ökonomisches Denken und medizinische Verantwortung. In: OP-Management, Berlin 2006.

[Antweiler 1995] Antweiler, J.: Wirtschaftlichkeitsanalyse von Informations- und Kommunikationssystemen (IKS) - Wirtschaftlichkeitsprofile als Entscheidungsgrundlage. Köln 1995.

[Busse 2005] Busse, T.: OP-Management – Grundlagen. Heidelberg 2005.

[Busse 2004] Busse, T.: OP-Management – Praxisberichte. Heidelberg 2004.

[Haynes et al. 2009] Haynes, A.B. et al.: A Surgical Safety Checklist to Reduce Morbidity and Mortality in a Global Population. In: New England Journal of Medicine 360 (2009) 5, S. 491-499.

[Kainsner 2006] Kainsner, M.: Effektivität und Nutzen von IT-gestütztem OP-Management in österreichischen Krankenhäusern der Akutversorgung aus der Kategorie 200 bis 500 Betten. Bachelor-Arbeit an der Privaten Universität für Gesundheitswissenschaften, Medizinische Informatik und Technik, Hall in Tirol 2006.

[Kugelart et al. 2009] Kugelart, D.: Schmuker, A.; Rübenstahl, T.: Mit OP-Regeln zum Erfolg – Das Leopoldina Krankenhaus steigert seine Wirschaftlichkeit mit einem OP-Management. In: f&w (2009) 2, S. 167–170.

[Trend 2003] Trend – Das österreichische Wirtschaftmagazin, online: Das Goldene Kalb der Götter in Weiß, 13.10.2003. http://www.trend.at/index.html?/articles/0340/583/65697.shtml.

15 Die dritte Generation von Krankenhaus-informationssystemen
– Workflowunterstützung und Prozessmanagement

Thomas Kleemann

Warum ein Kapitel über Krankenhausinformationssysteme (KIS) in einem Buch zum Thema „Steuerung der IT"? Die Antwort ist einfach: Ein KIS ist IT und Prozess zugleich. Der erfolgreiche und nachhaltige Betrieb solcher Systeme setzt eine genaue Kenntnis der notwendigen IT-Prozesse voraus. Gleichzeitig wird aber in der intensiven Beschäftigung mit diesen Systemen die Frage nach den eigentlichen Prozessdefinitionen in der Medizin aufgeworfen. KIS-Systeme sind nicht der Selbstzweck oder die Daseinsgrundlage für IT-Abteilungen in Krankenhäusern. Bei optimaler Auslegung können sie das „Gehirn und Herz" des gesamten Systems „Krankenhaus" sein. Glaubt man neueren Studien zu diesem Thema und verfolgt die Diskussion zur IT im Gesundheitswesen, so liegt die Zukunft der Gesundheitssysteme in der Vernetzung aller Beteiligten über die Sektorengrenzen hinweg. Sowohl im Geiste, wie auch in der IT. Aus Chaos wird Prozess.

15.1 Die Stunde Null

Der Gesundheitsmarkt verändert sich, ein Krankenhaus lebt und ein KIS entwickelt sich weiter. Zum 01.01.2003, wurde im sog. Optionsjahr, in Deutschland mit den Fallpauschalen (DRGs) ein neues Entgeltsystem im Krankenhaus eingeführt. Spätestens ab dem 01.01.2004 mussten alle Krankenhäuser nach DRGs abrechnen. Aufwand und Kosten der Krankenhausbehandlung orientieren sich ab diesem Zeitpunkt an den durch die Fallpauschale vorgegeben Erlösen. Spätestens dann begann in der Krankenhaus-IT die Diskussion über Wertbeitrag und Prozessunterstützung. Doch waren die bestehenden Systeme dazu in der Lage?

15.2 Krankenhausinformationssysteme – Versuch einer Definition

Krankenhausinformationssysteme der *ersten Generation* dienten einem rein administrativen Zweck. Ihre primäre Aufgabe war die Verwaltung der Patientenstammdaten und Abrechnung der tagesgleichen Pflegesätze. Diese administrativen Wurzeln erkennt man an der Strukturierung der Eingabemaske zur Erfassung eines Aufenthaltes im Krankenhaus. Die Mehrzahl der zu erfassenden Daten leitet sich aus den Anforderungen des §301 SGB V ab, der in seiner ersten Fassung zur elektronischen Datenübertragung bis in das Jahr 1994 zurückreicht.

Systeme der *zweiten Generation* erweitern nun diese Funktionalität um die Erfassung medizinischer sowie pflegerischer Daten. Insbesondere die Einführung der DRGs hat diese Generation deutlich beeinflusst. Die Integration anderer Subsysteme im Krankenhaus wie Labor und Röntgen findet auf Ebene der Leistungsanforderung und Befundrückübermittlung statt. Meist sind diese Subsysteme über den Austausch von HL7-Nachrichten lose mit dem KIS gekoppelt. Oft arbeiten diese Systeme nach einem stark tayloristischen Ansatz. Es gibt ein Modul für die Administration, ein Modul für die Pflege und eines für die Medizin. Alle Aufgaben und Daten sind weitgehend getrennt und orientieren sich immer noch sehr wenig am eigentlichen Gesamtprozess der Behandlung. Zusätzlich werden diese Module häufig von verschiedenen Personen bedient, ohne dass sich jedoch dem einzelnen Mitarbeiter die Bedeutung im Kontext erschließt. Automatismen sind im Programm fest „verdrahtet" und können selten durch den Anwender selbst geändert werden.

Seit einiger Zeit befinden sich Systeme der *dritten Generation* auf dem Markt, die mit dem Einsatz von Workflows versuchen, die Prozesse im Krankenhaus zu unterstützen oder im Idealfall sogar zu steuern. Der eigentliche Behandlungsprozess tritt hier wieder in den Vordergrund und der einzelne Mitarbeiter wird aktiv in den Ablauf einbezogen bzw. aufgefordert Aktionen auszuführen und Entscheidungen zu treffen. Ein wichtiger Katalysator in dieser Entwicklung ist die laufende Diskussion um klinische Pfade und deren Umsetzung in den Krankenhausinformationssystemen.

Fassen wir nun die drei Generationen zusammen, ergibt sich folgende Liste der Aufgaben eines KIS:

Erste Generation:

- Patientenstammdaten erfassen und verwalten
- Erbrachte Leistungen abrechnen
- Umfangreiches Berichtswesen nach gesetzlichen Vorgaben

Zweite Generation:

- Dokumentation medizinischer und pflegerischer Leistung (ICD, OPS, DRG)
- OP-Dokumentation
- Verbrauchsmaterialien und medizinischen Sachbedarf erfassen
- Kostenträgerrechnung
- Krankheitsdaten erfassen
- Daten aus Fremdsystemen (Labor, Röntgen) bereitstellen
- Arztbriefschreibung und Archivierung
- Unterstützung bei der Leistungsanforderung
- OP-Planung
- Elektronische Patientenakte

Dritte Generation:

- Planungsunterstützung, Umsetzung klinischer Pfade und allgemeiner Workflows in Medizin und Pflege

- Optimierung der Leistungsanforderung in Abhängigkeit von Krankheitsbildern oder Diagnosen
- Logistikfunktionen zur Steuerung der Materialflüsse
- Auswertungen zur strategischen Unternehmenssteuerung
- Hausweite Terminierung von Leistungen
- Anbindung an patientengeführte Akten im Internet
- Sektorübergreifende Prozesssteuerung
- Business Intelligence (BI), Integration in Datawarehouses

Diese Liste variiert von Krankenhaus zu Krankenhaus, ist abhängig von der Bettenanzahl, den Fachdisziplinen, der Organisationsform und vielen weiteren Einflussfaktoren.

Eine Definition von KIS nur über Funktionalitäten ist daher nahezu unmöglich.

Ist ein KIS *ein* Produkt? Nein, die Vielzahl von Anforderungen, die heute an ein solches System gestellt werden, können nicht von einer Software oder gar einem Anbieter erfüllt werden. Allein die notwendige Tiefe der Spezialisierung in Teilgebieten ist heute marktwirtschaftlich von einem Anbieter nicht mehr zu realisieren.

Versuchen wir eine Definition über die Bestandteile des Begriffs „Krankenhausinformationssystem". Folgende Erläuterung zu „Informationssystem" gibt Wikipedia:

Informationssystem in der Informatik

Ein Informationssystem in der Informatik dient der rechnergestützten Erfassung, Speicherung, Verarbeitung, Pflege, Analyse, Benutzung, Disposition, Übertragung und Anzeige von Informationen.

Informationssysteme in der Entscheidungstheorie

In der Entscheidungstheorie lassen sich die Informationen in Entscheidungssituationen grob einteilen in Informationen über mögliche Aktionen, über zu erreichende Ziele, über eintretende Zustände und deren Wahrscheinlichkeiten. Zusammen bilden diese Informationen das Wissen, das für eine Entscheidung vorliegt. Je nachdem, inwiefern vollständige Informationen für die einzelnen Dimensionen des Systems vorliegen, teilt man die Entscheidungssituation ein.

Diese Beschreibung von Informationssystemen, zusammen mit den genannten Funktionalitäten führt zu folgender Definition eines Krankenhausinformationssystems (KIS):

Ein Krankenhausinformationssystem ist die Gesamtheit aller Einheiten und Beteiligten, Menschen und Maschinen, die im Krankenhaus in informationsverarbeitenden Prozessen Daten erheben, verändern und auswerten, um daraus zur Entscheidungsfindung Informationen zu bilden.

Lassen sich aus der Entscheidungsfindung definierte, gesteuerte und messbare Prozesse gestalten, wird aus den Informationen im Kontext des Handelns nachhaltiges Wissen.

An dieser Stelle überschreiten wir die Grenzen der „klassischen IT" im Krankenhaus. Das bisher eher mechanistische Selbstbild der IT in der Sammlung und Zur-
verfügungstellung von Daten hat sich erschöpft. IT muss heute den Menschen
helfen Informationen zu gewinnen und Wissen erfahrbar zu machen. Durch die
Rückkopplung des Wissens an den Ort der Datenerhebung bzw. -erfassung, den
Ursprung der Informationskette, wird der Regelkreis geschlossen und damit der
Prozess optimiert.

15.3 Der Prozess

Die oft hitzig geführte Diskussion um klinische Pfade und Prozessdefinitionen im
Krankenhaus, verbunden mit dem erbitterten Widerstand gegen jede Form der
Festlegung auf Strukturen, Ziele und Prozessbeschreibungen zeigt, welcher Nach-
holbedarf im Grunde im Gesundheitswesen herrscht.

Sehen Sie sich folgenden, stark abstrahierten Prozess aus der Automobilindustrie
an (siehe Abbildung 1):

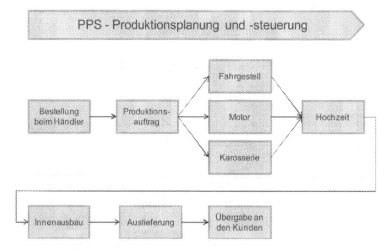

Abbildung 1: PPS - Produktionsplanung und –steuerung

Hier finden Sie den Begriff der *Produktionsplanung und –steuerung*. Der Bau eines
Fahrzeugs ist ohne Teileliste und Produktionsplan nicht möglich. In der Massen-
fertigung ist es heute gelebte Realität, bei hohen Stückzahlen, mit größtmöglicher
Standardisierung der Teile und Methoden, bei höchster Qualität, jedem Kunden
sein individuelles Fahrzeug zu bauen und in der versprochenen Zeit zu liefern.

Erlauben Sie mir nun einige der Begriffe in Abbildung 1 zu ersetzen (siehe Abbildung 2):

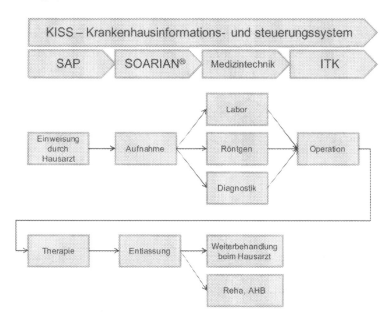

Abbildung 2: KISS – Krankenhausinformations- und -steuerungssystem

Das gleiche Prozessschema, nur übertragen auf das Gesundheitswesen! Während die Industrie bereits von Prozessplanung und –steuerung spricht, reden wir im Krankenhaus immer noch neutral von Informationen. Wenn wir die vielen Informationen in unseren Systemen heranziehen, um Prozesse auf der Grundlage vorheriger Planung und Definition zu steuern, ist es an der Zeit unser System auch *KISS* (Krankenhausinformations- und -steuerungssystem) zu nennen.

Bei einer Präsentation dieser beiden Prozessbilder im Herbst 2008 vor Fachpublikum aus der Industrie, meldete sich einer der Zuhörer und mahnte, dass dieser Vergleich so für die Medizin, insbesondere für die Prozesse im Krankenhaus, nicht statthaft sei. Von zehn Patienten in einer Notaufnahme seien am Abend vier wieder ambulant entlassen, vier stationär aufgenommen und zwei verstorben. Alles das sei *nicht planbar* war seine Kernaussage.

Meine Gegenfrage, ob er Mediziner sei, beantworte er mit „Ja" und das restliche Publikum, überwiegend Nicht-Mediziner, mit einem Lächeln. Dieser Dialog, zeigt symptomatisch die Vorbehalte und Bedenken gegenüber jeder Form der Festlegung, Definition und Planbarkeit.

Wenn Sie die Patientenzahlen in diesem Dialog betrachten, die sicherlich rein zufällig sind, so erkennen Sie auch hier eine 80/20-Regel. Acht Patienten wurden aus der Notaufnahme entlassen. Deren Weg ist planbar. Zwei Patienten sind verstorben. Sind diese zwei Patienten das Argument gegen eine Prozessdefinition „Notaufnahme"?

Durch historische Daten, Wettervorhersagen und Veranstaltungskalender, lässt sich das Patientenaufkommen in einem Notfallzentrum mit einer tolerierbaren Schwankungsbreite vorhersagen. Sowenig wie sich Katastrophen vorhersagen lassen, so wichtig sind Katastrophen- und Einsatzpläne. Tritt der Ernstfall ein, „Patient kommt in Notaufnahme", greift sofort ein definierter Ablaufplan:

- Stammdaten erfassen
- Standardisierte Erstanamnese durchführen (Fragebogen, Disease Staging)
- Verdachts-/Arbeitsdiagnose erheben
- Behandlungsziel, -zeit festlegen
- Diagnostik nach Krankheitsbild durch vorherige Festlegung (Medizinischer Pfad)
- Schlussdiagnose
- Therapieempfehlung für den Patienten
- Entlassung auf Station oder nach Hause

Dieses Beispiel soll nicht direkt die Produktion in der Industrie mit der Behandlung eines Patienten vergleichen. Die Abläufe im Krankenhaus sind klassische Dienstleistungsprozesse [Burlefinger et al. 2006]. Im Moment der Erzeugung der Leistung, der Behandlung, wird diese Dienstleistung vom Kunden, dem Patienten, verbraucht. Diese Dienstleistung ist somit nicht lagerfähig und Art und Umfang sind schwierig vorhersehbar. Dies schließt aber eine Planbarkeit nicht aus. Jede Art von Dienstleistung lässt sich als Prozessablauf beschreiben und damit auch definieren.

Die Entwicklung von Behandlungspfaden oder „Clinical Pathways" fristet in den meisten deutschen Krankenhäusern noch ein Schattendasein. Zwar wird deren Bedeutung und Notwendigkeit sowohl aus Wirtschaftlichkeits- wie auch aus Qualitätsgesichtspunkten mittlerweile auf den Führungsebenen anerkannt, dennoch bleibt die Umsetzung oft hinter den Erwartungen zurück. Die Gründe hierfür sind mannigfaltig. Zu massiv ist die Befürchtung des behandelnden Personals, in ihrer Tätigkeit eingeschränkt zu werden und somit den individuellen Behandlungsbedürfnissen der Patienten nicht mehr nachkommen zu können. Zu groß ist die Sorge, transparent zu werden und die eigene Rolle im Prozess definieren zu müssen. Zu stark sind die Berührungsängste vor der bereichsübergreifenden interprofessionellen und interdisziplinären Zusammenarbeit. Zu gewaltig ist der personelle Ressourcenverbrauch, den es zu aktivieren gilt [Günther & Kleemann 2007].

15.4 Behandlungspfade sind Prozessbeschreibung

Ein Behandlungspfad – häufig auch klinischer Pfad oder Clinical Pathway (CP) genannt – ist ein Steuerungsinstrument, das den optimalen Weg eines speziellen Patiententyps mit seinen entscheidenden diagnostischen und therapeutischen Leistungen und seiner zeitlichen Abfolge beschreibt. Interdisziplinäre und interprofessionelle Aspekte finden ebenso Berücksichtigung wie Elemente zur Umsetzung, Steuerung und ökonomischen Bewertung.

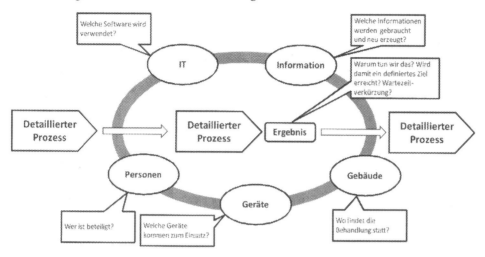

Abbildung 3: Detaillierter Prozessschritt

Klinische Pfade entstehen durch die Vernetzung vieler wiederverwendbarer *Einzelprozesse* zu komplexen, interdisziplinären und interprofessionellen *Prozessketten*.

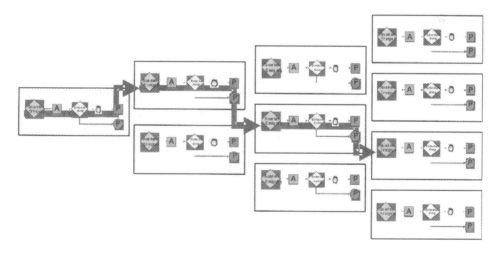

Abbildung 4: Prozesskette

Abbildung 5 zeigt die Vielschichtigkeit der Prozesse im Krankenhaus aus der Beteiligung der einzelnen Berufsgruppen:

Diagnoseabhängig

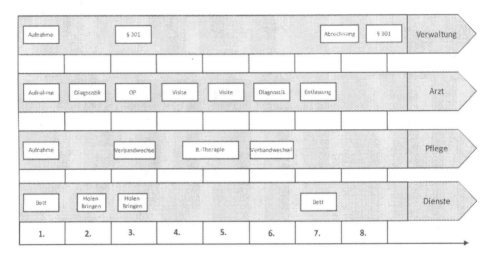

Abbildung 5: Vielschichtigkeit von Prozessen

Noch ist die klinische Informationsverarbeitung vielfach ein Abbild der funktionalen Organisationsstruktur. Sie erfolgt daten- und funktionsbezogen und ist nicht für eine prozessorientierte und bereichsübergreifende Koordination medizinischer, pflegerischer und administrativer Abläufe ausgelegt. Häufig gibt es spezialisierte EDV-Systeme z.B. für das Patientendatenmanagement, die Funktionsstellenanbindung, die OP-Planung und -Dokumentation, die Radiologie etc., deren Verknüpfung teils gar nicht oder nur sehr aufwendig umgesetzt wird. Das Zusammenführen der Systeme erfolgt oftmals noch in den Köpfen der Anwender, welche die Abbildung der Prozesse den EDV-Systemen abnehmen. Dieses Moduldenken wird den heutigen Anforderungen an ein tiefintegriertes KIS allerdings nicht mehr gerecht, da diese Darstellung und Denkweise einer Patientenzentrierung und Betrachtung des Patientenpfades als unterbrechungsfreies Ganzes widerspricht.

Im Einzelnen treten hierbei immer wieder folgende Probleme auf:

- Reibungsverluste an den Grenzen zwischen Abteilungen oder in der Zusammenarbeit mit Sekundärdienstleistern, wie den Funktions- und Leistungsbereichen.
- Mangelhafte Patientensteuerung beginnend bei der Einbestellplanung bis hin zum Entlassungsmanagement.
- Unzureichende OP-Planung, die nicht in den gesamten klinischen Prozess integriert ist.

- Doppelleistungen als Folge von fehlenden Leistungsabsprachen zwischen den beteiligten Leistungserbringern.
- Mangelhafte Kommunikation zwischen den Beteiligten.

Derartige Prozessstörungen sind in vielen Fällen die Hauptursache für die mangelnde Effektivität und Effizienz der deutschen Krankenhäuser. Alle organisatorischen, planerischen und steuernden Maßnahmen des Managements müssen sich an dem übergeordneten Ziel der Versorgung der Bevölkerung mit stationären Gesundheitsleistungen ausrichten. Diese Zielsetzung ist durch eine erwerbswirtschaftliche Orientierung mit dem Streben nach Rentabilität und Gewinn zu erreichen. Nur wenn ein Krankenhaus eine nachhaltige Kostendeckung mit der Möglichkeit der Re-Investition erreicht, kann es langfristig am Markt bestehen und somit auch sein Versorgungsziel erreichen. Ein effektiver und effizienter Ablauf der Patientenbehandlung ist eine der wesentlichen Voraussetzungen für den wirtschaftlichen Erfolg eines Krankenhauses. In Zukunft werden bewusst gestaltete Prozesse entlang der Wertschöpfungskette immer mehr im Vordergrund stehen. Durch klar definierte Arbeitsabläufe sind bestehende Probleme, wie z.B. Wartezeiten, fehlende Befunde, Therapieverschiebungen und OP-Absetzungen erfolgreich zu lösen.

Die Integration der Prozesse und Behandlungspfade über die klassische Sektorentrennung hinweg ist der einzig Erfolg versprechende Weg zur optimalen Versorgung der Patienten. Hierzu steht ein Krankenhaus in Kooperation oder vertraglichen Partnerschaften mit vielen anderen Einrichtungen im Gesundheitswesen:

- Einweisende Hausärzte/Fachärzte
- Ärztenetzwerke
- Krankenkassen
- Reha-Einrichtungen
- Kooperationspartner

Damit wandelt sich das Aufgabenspektrum der IT vom Dienstleister zum „Process Enabler". Mit diesem Rollenwandel ergeben sich auch technologische Anforderungen, die für die Wettbewerbsfähigkeit in der Zukunft entscheidend sein können.

Ziel einer sektorenübergreifenden integrierten Versorgung ist es, die Qualität und Wirtschaftlichkeit des gesamten Behandlungsprozesses über die einzelnen Sektorengrenzen hinweg zu verbessern. Die Informationstechnologie kann hierbei einerseits die Kooperation des Krankenhauses mit anderen einzelnen Leistungserbringern auf organisatorischer Ebene unterstützen und andererseits dafür sorgen, dass die notwendigen Informationen – medizinische wie administrative – an der Stelle zur Verfügung stehen, an der sie gebraucht werden. Eine wichtige Determinante der Behandlungsqualität im Krankenhaus ist die Menge und Qualität an relevanten Informationen, die dem behandelnden Arzt zur Verfügung stehen. Bedingt durch die sektoralen Grenzen und der daraus resultierenden suboptimalen Kooperation, stehen oftmals nicht alle bereits existierenden Informationen an allen Stellen im Behandlungsprozess zur Verfügung. Zudem gehen auf Seiten des Patienten im Zeitverlauf immer wieder Informationen verloren. Kooperation bedeutet im Kontext der integrierten Versorgung vor allem Kommunikation. Die Behandlungsqualität, z.B. in der Ausprägung Patientenzufriedenheit, kann durch eine intensive und effiziente Kommunikation der behandelnden Leistungserbringer verbessert werden, indem eine reibungs- und verzögerungsfreie Behandlungskette über die Sektorengrenzen hinweg sichergestellt wird.

Literaturverzeichnis

[Günther & Kleemann 2007] Günther, U.; Kleemann, Th.: Ganzheitliche Behandlungspfade – nicht nur als Papiertiger. In: Krankenhaus-IT Journal, 06 (2007), S. 84-87.

[Burlefinger et. al. 2006] Burlefinger S.; Mayer, I.; Petersen, L.; Schweitzer, M.: Maßnahmen und Modelle zur Analyse von Dienstleistungsprozessen, Lehrstuhl für Industriebetriebslehre und Controlling, Universität des Saarlandes 2006. http://www.prozessdesign.uni-saarland.de/broschuere.pdf, zuletzt geprüft am 13.08.2009.

Abkürzungsverzeichnis und Glossar

Abb.   Abbildung

AEV   Allgemeine Elektrische Versorgung (Notstromaggre-
                    gat übernimmt nach 15 Sekunden die elektrische Ver-
                    sorgung)

AKG   Arbeitsgemeinschaft kommunaler Großkrankenhäuser

Aktionen   Zielkonforme Handlungsalternativen, die dem Ent-
                    scheidungsträger zur Verfügung stehen.

Anwender / Benutzer   Organisatorische Einheiten (Instanz = Person, Abtei-
                    lung, Unternehmen), die betriebliche Informationssys-
                    teme zur Erfüllung ihrer Aufgaben benutzen.

Asset   Bezeichnung für jedwede Ressource oder Fähigkeit.
                    Die Assets eines Service Providers umfassen alle Ele-
                    mente, die zur Erbringung eines Service beitragen
                    können. Assets können folgende Typen einschließen:
                    Management, Organisation, Prozess, Wissen, Mitarbei-
                    ter, Informationen, Anwendungen, Infrastruktur und
                    finanzielles Kapital.

Best Practices Best Practices sind vorbildliche Lösungen oder Verfah-
                    rensweisen die zu Spitzenleistungen führen und als
                    Modell für eine Übernahme in Betracht kommen. Best
                    Practice ist ein pragmatisches Verfahren. Es systemati-
                    siert vorhandene Erfahrungen erfolgreicher Organisa-
                    tionen, vergleicht unterschiedliche Lösungen, die in
                    der Praxis eingesetzt werden, bewertet diese anhand
                    betrieblicher Ziele und legt auf dieser Grundlage fest,
                    welche Gestaltungen und Verfahrensweisen am besten
                    zur Zielerreichung beitragen.

BIP 0005   ITSM Managers Guide: Das BIP 0005 des BSI enthält
                    als Ergänzung zur ISO 20000 eine Managementbe-
                    schreibung zur Zielsetzung und zu den Inhalten des IT
                    Service Management auf der Basis von ISO 20000 und
                    ITIL®.

BSI   British Standards Institution: Die nationale Standardi-
                    sierungsbehörde von Großbritannien, die für die Er-
                    stellung und Pflege der britischen Standards verant-
                    wortlich ist.

BSI	Bundesamt für Sicherheit in der Informationstechnik
CCTA	Central Computer and Telecommunications Agency
CEO	Chief Executive Officer, engl. Synonym für die oberste Unternehmensführung.
Chance	Der mögliche Wertgewinn als Folge der möglichen Zielerreichung
CIO	Chief Information Officer, engl. Synonym für den IT-Verantwortlichen eines Unternehmens (IT-Leitung).
CMDB	Configuration Management Database (enthält die Dokumentationsdaten der gesamten IT-Infrastruktur).
CMM	Capability Maturity Model: Reifegradmodell zur Beurteilung der Qualität ("Reife") des Softwareprozesses (Softwareentwicklung, Wartung, Konfiguration etc.) von Organisationen sowie zur Bestimmung der Maßnahmen zur Verbesserung desselben.
CMMI	Das Capability Maturity Model Integration ist eine Familie von Referenzmodellen für unterschiedliche Anwendungsgebiete - derzeit für die Produktentwicklung, den Produkteinkauf und die Serviceerbringung. Ein CMMI-Modell ist eine systematische Aufbereitung bewährter Praktiken, um die Verbesserung einer Organisation zu unterstützen.
COBIT®	Control Objectives for Information and Related Technology bietet Anleitungen und Best Practices für die Steuerung von IT-Prozessen. COBIT® wird vom IT Governance Institute herausgegeben.
Control	Konzepte, Verfahren, Praktiken und Organisationsstrukturen, welche eine angemessene Gewissheit verschaffen, dass die (Geschäfts-)Ziele erreicht und unerwünschte Ereignisse verhindert oder erkannt und korrigiert werden.
Control Objective	Aussage über das gewünschte Ergebnis oder den zu erreichenden Zweck, der mit der Umsetzung von Controls erreicht werden soll.
COSO	Das Committee of Sponsoring Organizations of the Treadway Commission ist eine freiwillige privatwirtschaftliche Organisation in den USA, die helfen soll, Finanzberichterstattungen durch ethisches Handeln, wirksame interne Kontrollen und gute Unternehmensführung qualitativ zu verbessern.

Daten	Menge von Zeichen, die aufgrund bekannter oder unterstellter Abmachungen Informationen darstellen, vorrangig zum Zwecke der Verarbeitung oder als deren Ergebnis. Beinhalten keine unmittelbare Aussage über deren Zweck bzw. Kontext.
EDV	Elektronische Datenverarbeitung
eFA	Elektronische Fallakte
ePA	Elektronische Patientenakte
FDA	Food and Drug Administration (amerik. Behörde)
Geschäftsprozess	Innerhalb eines Unternehmens ablaufender Prozess, der eine inhaltlich abgeschlossene, zeitlich und sachlogische Abfolge von Funktionen darstellt, die zur Bearbeitung eines betriebswirtschaftlich relevanten Objektes notwendig sind (engl. Business Process).
HSM	Hierarchisches Speichermanagementsystem
IEC	International Electrotechnical Commission
ISO	International Organization for Standardization: Die ISO ist eine regierungsunabhängige Organisation, die aus einem Netzwerk nationaler Standardisierungsinstitute aus 156 Ländern besteht und weltweit der größte Entwickler von Standards ist.
ISO/IEC 20000	Offizieller Name des Standards. In der Praxis wird der Standard als ISO 20000 bezeichnet.
IT	Informationstechnologie
IT-Governance	Sicherstellen, dass Richtlinien und Strategien in der IT auch tatsächlich implementiert werden und die erforderlichen Prozesse korrekt eingehalten werden. Die Governance umfasst die Definition von Rollen und Verantwortlichkeiten, Maßnahmen und Berichte sowie Aktionen zur Lösung aller identifizierten Anliegen.
IT-Infrastruktur	Die Gesamtheit der Hardware, Software, Netzwerke, Anlagen etc., die für die Entwicklung, Tests, die Bereitstellung, das Monitoring, die Steuerung oder den Support von IT Services erforderlich sind. Der Begriff IT-Infrastruktur umfasst die gesamte Informationstechnologie, nicht jedoch die zugehörigen Mitarbeiter, Prozesse und Dokumentationen.
IT-Ressourcen	Ein allgemeiner Begriff, der die IT-Infrastruktur, Personen, Finanzmittel oder andere Elemente umfasst, die zur Erbringung eines IT Service beitragen können. Ressourcen werden als Assets einer Organisation be-

	trachtet.
IT-Standards	Standards können internationale Standards (z.B. ISO/IEC 20000), interne Standards (z.B. ein Sicherheitsstandard für die Unix-Konfiguration) oder vom Gesetzgeber verordnete Standards (z.B. zur Aufbewahrung von Buchhaltungsunterlagen) sein. Der Begriff „Standard" bezeichnet außerdem bestimmte Codes of Practice oder Spezifikationen, die von Standardisierungsorganisationen, wie der ISO oder dem BSI, veröffentlicht werden.
ITGI	IT Governance Institute: Das gemeinnützige und unabhängige IT Governance Institute wurde 1998 mit dem Ziel gegründet, die Lösungswege und Standards bei der Verwaltung und Steuerung des IT-Bereichs in Unternehmen international voranzubringen. Das ITGI ist ein Forschungsinstitut und dem ISACA, einem gemeinnützigen Verband für IT-Steuerung, -Kontrolle und -Audit mit mehr als 50.000 Mitgliedern aus über 140 Ländern, angeschlossen.
ITIL®	Information Technology Infrastructure Library: ITIL® ist ein Leitfaden zur Unterteilung der Funktionen und Organisation der Prozesse, die im Rahmen des serviceorientierten Betriebs einer IT-Infrastruktur eines Unternehmens entstehen (IT Service Management).
ITSEC	Die Information Technology Security Evaluation Criteria (deutsch: Kriterien für die Bewertung der Sicherheit von Informationstechnologie) ist ein europäischer Standard für die Bewertung und Zertifizierung von Software und Computersystemen in Hinblick auf ihre Funktionalität und Vertrauenswürdigkeit bzgl. der Daten- und Computersicherheit.
ITSM	IT Service Management: Die Implementierung und Verwaltung von qualitätsbasierten IT Services, die den Anforderungen des Business gerecht werden. Das IT Service Management wird von IT Service Providern mithilfe einer geeigneten Kombination aus Personen, Prozessen und Informationstechnologie durchgeführt.
KH	Krankenhaus
KIS	Krankenhausinformationssystem
KTQ	Kooperation für Transparenz und Qualität im Gesundheitswesen

LAN	Local Area Network: Datennetz innerhalb eines Unternehmens
LUN	Logical Unit: Zusammenfassung von Speicher zu logischen Einheiten
MPG	Medizinproduktegesetz
Nutzen	Bewertung, die einem Ergebnis zugeordnet ist. Abhängig von dem individuellen Bewertungsmaßstab.
OGC	Office of Government Commerce
OPD	Operationsdokumentation
PRINCE2®	Projects in Controlled Environments: PRINCE® wurde 1989 erstmals von der heutigen OGC als Standard der britischen Regierung für IT-Projektmanagement ins Leben gerufen. Durch kontinuierliche Weiterentwicklung ist diese Projektmanagement-Methode heute nicht mehr nur für IT-Projekte anwendbar, sondern seit 1996 als PRINCE2® ein generischer Ansatz zum Management von Projekten jeglicher Art und Größe.
Quality Management	Eine Reihe von Prozessen, mit denen sichergestellt wird, dass die Qualität aller von einer Organisation ausgeführten Aufgaben für das Erreichen von Business-Zielen oder die Einhaltung von Service Levels ausreichend ist.
RACI	Ein Modell, auf dessen Grundlage Rollen und Verantwortlichkeiten definiert werden. RACI steht für „Responsible" (zuständig für die Durchführung), „Accountable" (letztlich verantwortlich für die Aktivität), „Consulted" (muss/soll beteiligt werden, liefert Input) und „Informed" (muss über den Fortschritt informiert werden).
RIS	Radiologieinformationssystem
Risiko	Die Wirkung von Ungewissheit auf Ziele
Risikomanagement	Die koordinierten Aktivitäten zur Führung und Steuerung einer Organisation in Bezug auf Risiken
SAN	Storage Area Network (Speichernetzwerk)
Service	Ein Service bedeutet, einem Kunden einen Nutzen zu liefern, indem die erwarteten Ergebnisse produziert werden, ohne dass der Kunde die spezifischen Kosten und Risiken zu tragen hat.
Service-Lebenszyklus	Die unterschiedlichen Phasen während der Lebensdauer eines IT Service, Configuration Item, Incident, Problems, Change etc. Der Lebenszyklus definiert die

	Statuskategorien sowie die erlaubten Statusübergänge. Beispiele: Der Lebenszyklus einer Anwendung umfasst: Anforderungen, Design, Build, Deployment, Betrieb und Optimierung. Der erweiterte Incident-Lebenszyklus umfasst: Erkennung, Antwort, Diagnose, Reparatur, Instandsetzung und Wiederherstellung. Der Lebenszyklus eines Servers kann Folgendes umfassen: Bestellt, Erhalten, Testphase, Live-Phase, Entsorgt etc.
Service Provider	Eine Organisation, die einem oder mehreren internen oder externen Kunden Services zur Verfügung stellt. Service Provider wird häufig als Kurzform des Begriffs IT Service Provider verwendet.
SLA	Service Level Agreement
SLM	Service Level Management
SPICE	Software Process Improvement and Capability Determination oder ISO/IEC 15504 ist ein internationaler Standard zur Durchführung von Bewertungen (Assessments) von Unternehmensprozessen mit Schwerpunkt auf der Softwareentwicklung.
TCO	Total Cost of Ownership ist ein von der Gartner Group entwickeltes Modell zur Kostenbetrachtung.
USV	Unterbrechungsfreie Stromversorgung
VK	Vollkräfte
VM	Virtuelle Maschine
WAN	Wide Area Network (standortübergreifendes Netzwerk)
Ziel	Zu erreichende Anforderung (Zustand): Fokussiert die Aufmerksamkeit und mobilisiert Aktivitäten zur Zielerreichung. Zielinhalte variieren hinsichtlich Präzision, Quantifizierung, Neuartigkeit und Konsistenz. Häufig besteht ein zeitlicher Bezug.

Die Autoren

Dr. jur. Christiane Bierekoven

Christiane Bierekoven ist Rechtsanwältin und Associate Partner der internationalen Rechtsanwalts-, Steuerberatungs- und Wirtschaftsprüfungsgesellschaft Rödl & Partner. Dort leitet sie das Kompetenzcenter IT.

Von 1988 - 1994 studierte sie Rechtswissenschaften an der Universität zu Köln und der Universität Lausanne. Im Anschluss erfolgte das Rechtsreferendariat im OLG-Bezirk Köln. Seit Mai 1997 ist sie als Rechtsanwältin tätig, zunächst bis Juni 2006 in einer überregionalen Sozietät in Bonn mit Schwerpunkt IT-, IP- und internationalem Recht, ab Juli 2006 bei Rödl & Partner. Im Dezember 2000 erfolgte die Promotion zum Thema „Der Vertragsabschluss via Internet im Internationalen Wirtschaftsverkehr", erschienen 2001 im Carl Heymanns Verlag in der Schriftenreihe „Internationales Wirtschaftsrecht".

Frau Dr. Bierekoven berät in- und ausländische Unternehmen in Fragen des IT-Rechtes mit der Schnittstelle zum Gewerblichen Rechtsschutz. Schwerpunkte sind die Gestaltung von Web-Auftritten, Online-Shops und elektronischen Marktplätzen, Haftungsfragen, elektronisches Marketing, die Erstellung und Verhandlung von Softwareerstellungs-, Softwarelizenz-, Projekt- und Outsourcing-Verträgen, elektronische Archivierung, nationaler und internationaler Datenschutz sowie IT-Security.

Sie ist Mitglied des Geschäftsführenden Ausschusses der Arbeitsgemeinschaft IT, Davit, des Deutschen Anwaltvereins, der Deutschen Gesellschaft für Recht und Informatik, DGRI sowie des fachübergreifenden Rödl & Partner Corporate Compliance Teams. Sie ist Dozentin im Fachanwaltslehrgang Informationstechnologie der Deutschen Anwaltsakademie und Autorin des Skriptes „E-Commerce I" sowie Referentin beim Management Circle, Euroforum und NIK. Sie referiert und publiziert regelmäßig und gehört zum ständigen Autorenteam des IT-Rechtsberaters.

Dipl.-Ing. Udo Bräu

Udo Bräu ist Leiter des Bereichs Professional Service für die MEIERHOFER Unternehmensgruppe sowie Geschäftsstellenleiter der MEIERHOFER GmbH Österreich.

Nach seinem Studium der Informatik an der Technischen Universität in Wien sammelte er bei einem Auslandsaufenthalt in San Fransisco erste Berufserfahrungen im Bereich Telekommunikation und Softwareentwicklung. Als Organisationsanalytiker arbeitete er anschließend bei der Firma CSC SERVODATA in den Bereichen Echtzeit- und Experten- sowie Dokumentenmanagementsysteme für Pharmaunternehmen. 2000 wechselte er zur MEIERHOFER GmbH in St. Valentin als Projektmanager. In den ersten Jahren verantwortete Udo Bräu richtungweisende

Projekte im österreichischen Markt und in den Folgejahren den Aufbau eines professionellen Projektmanagements für die gesamte Unternehmensgruppe.

Juliane Dannert

Frau Dannert erwarb ihren Magister in Neuerer Deutscher Literatur und Medienwissenschaften an der Philipps-Universität Marburg. Parallel dazu sammelte sie Erfahrungen in verschiedenen Bereichen der Publizistik, insbesondere in der Gestaltung von Printmedien für öffentliche und private Auftraggeber, aber auch beim Rundfunk. Seit ihrem Studienabschluss ist sie in verschiedenen Funktionen im Vertrieb und der Unternehmenskommunikation der MEIERHOFER AG tätig gewesen. Seit 2007 vertritt sie das Unternehmen als Pressesprecherin. In dieser Funktion steigerte sie den Bekanntheitsgrad des Anbieters für innovative ICT-Lösungen im Gesundheitswesen durch Publikationen, klassische Pressearbeit und die Gestaltung des Web-Auftritts.

Dipl.-Kfm. Dr. rer. pol. Margit Fischer

hat nach dem Studium der Betriebswirtschaftslehre an der Universität Erlangen-Nürnberg auf dem Gebiet "Visualisierung von Management-Informationen" promoviert. Von 1998 bis 2001 war sie bei einem IT-Dienstleister zunächst für die SAP-Modulbetreuung FI/CO zuständig und in diesem Zusammenhang mit der Einführung von SAP in verschiedenen Unternehmen im In- und Ausland betraut.

Ab 2002 koordinierte sie die IT-Aktivitäten der schlott gruppe AG und leitete die Abteilung Informationsmanagement mit den Schwerpunkten SAP und Anwendungsentwicklung. Weiterhin unterrichtete sie als Lehrbeauftragte an der Georg-Simon-Ohm-Hochschule Nürnberg (Fakultät Informatik).

Im März 2009 wechselte sie zum Klinikum Nürnberg und leitet dort das Sachgebiet Rechnungswesen und Leistungsabrechnung innerhalb der Konzern-IT.

Dr. med. Uwe A. Gansert

Dr. med. Uwe A. Gansert ist Chief Information Officer des Klinikums der Stadt Ludwigshafen am Rhein gGmbH, einem Großkrankenhaus der Maximalversorgungsstufe und Akademischem Lehrkrankenhaus der Universität Mainz mit rund 2400 Mitarbeitern und zeichnet dort für die strategische Entwicklung und das operative Informationsmanagement sowie die Leitung der Abteilung für Medizinische Dokumentation verantwortlich.

Die Arbeitsschwerpunkte des Facharztes (Ärztliches Qualitätsmanagement, Medizinische Informatik) und medizinischen Informatikers sind Konzeption, Planung und Einführung von Informationssystemen im klinischen Umfeld, insbesondere der Aufbau der elektronischen Krankenakte.

Nach dem Studium der Humanmedizin und abgeschlossener ärztlicher Weiterbildung arbeitete er in verschiedenen Bereichen der medizinischen Forschung und Beratung.

Mit vielen Publikationen und Vorträgen ist er als Experte für Prozessmanagement sowie strategisches Informationsmanagement mit internationalem Kontext im In- und Ausland bekannt.

Als ausgebildeter Qualitätsmanager und KTQ-Visitor hat Dr. Gansert ein Qualitätsmanagementsystem unter Anwendung der Best Practices nach ITIL® eingeführt und in der Informationstechnologie des Klinikums zur erfolgreichen Zertifizierung nach DIN/ISO EN 9000 geführt.

Dipl.-Inf. (FH) Horst Grillmayer

Studium Maschinenbau/Fertigungstechnik FH Berlin

1972 – 1980	ALPMA Verpackungstechnik; Fertigungsplanung/ -steuerung
1981 – 1988	BULL AG, München; Anwendungs-/Organisationsberater/PL
1989 – 2001	BULL AG, Managementlaufbahn
	Leiter Organisationsberatung (München, Stuttgart, Nürnberg)
	Leiter Beratungszentrum (München, Stuttgart, Nürnberg)
	Service Manager Süd (München, Stuttgart, Nürnberg)
2002 – 2003	STERIA GmbH; Senior Consultant
seit 2004	HGC Consulting Rosenheim; Selbständig

Rüdiger Gruetz

Leitung des Bereiches Produktion/RZ-Betrieb der Abteilung Informationstechnologie des Städtischen Klinikums Braunschweig gGmbH.

Nach dem Abschluss des Studiums Bio-Medizinische Technik an der FH Hamburg im Jahr 1987 absolvierte er umfangreiche Weiterbildungen in den Bereichen Systembetreuung, SAP R/3, Kommunikationsserver und IT Service Management. Er legte die Ausbildereignungsprüfung der IHK ab und ist Mitglied des Prüfungsausschusses für Fachinformatiker der IHK Braunschweig. Gruetz arbeitete in der Arbeitsgruppe „Security" des Arbeitskreises Kommunaler Großkrankenhäuser mit. Aktuell leitet er das ISO27001-Zertifizierungsprojekt „Elektronische Patientenakte" am Klinikum Braunschweig".

Dr. sc. hum. Uwe Günther, Diplom-Informatiker, Diplom-Wirtschaftsingenieur

Herr Dr. Günther ist geschäftsführender Gesellschafter der Sanovis GmbH. Er blickt auf eine über fünfzehnjährige Erfahrung im IT Consulting bei weltweit führenden Technologie- und Unternehmensberatungen zurück.

Ergänzend zu seinem Informatikstudium in Erlangen und Nürnberg absolvierte Herr Dr. Günther einen einjährigen Aufenthalt in Princeton, New Jersey, USA, wo er bei einem weltweit führenden Elektronik Konzern ein Forschungsprogramm im Bereich der innovativen Netzwerktechnologie durchführte. Parallel zu verschiedenen Entwicklungstätigkeiten für Unternehmen der deutschen Industrie, diplomierte er zusätzlich im Bereich Wirtschaftsingenieurwesen in Würzburg. Herr Dr. Günther hat im Bereich der Gesundheitswissenschaften zum Thema „Strategische Leistungsausrichtung von Krankenhäusern" promoviert.

Nach mehrjährigen Erfahrungen in der IT Beratung für einen international tätigen IT-Dienstleister, übernahm Herr Dr. Günther die Leitungsverantwortung für die Bereiche System Engineering und Managed Services. Herr Dr. Günther sammelte in diesen Positionen profunde Erfahrungen in der IT Beratung sowie im Thema IT Management. Diese konnte er in seiner anschließenden langjährigen Tätigkeit bei einer der weltweit führenden Technologie- und Unternehmensberatungen intensivieren, wo Herr Dr. Günther Strategieberatung für die Bereiche Finanzdienstleistung und Gesundheitswesen im multinationalen Umfeld in den Themen IT-Strategie, IT-Transformation, IT-Organisation, IT-Effizienz und -Effektivität durchführte.

Herr Dr. Günther ist freier Dozent an der Fachhochschule Nürnberg.

Gerhard Härdter

Jahrgang 1962, in Stuttgart geboren und aufgewachsen, ist seit Mai 2007 Leiter des Servicecenters IT am Klinikum Stuttgart. Im Servicecenter IT sind die IT-Abteilungen der vier Häuser des Klinikums zu einer zentralen Querschnittsabteilung zusammengefasst. Zu seinem Verantwortungsbereich gehört neben der Informationstechnologie auch die Telekommunikation. Von 1995 bis 2007 war er EDV-Leiter des Robert-Bosch-Krankenhauses in Stuttgart, wo er die IT-Infrastruktur verantwortlich aufgebaut hat. Hier konnte er insbesondere seine Erfahrung als Softwareentwickler und Datenbankspezialist in den Aufbau eines umfassenden Krankenhausinformationssystems einbringen.

Als Gründungsmitglied des Bundesverbandes der IT-Leiter im Krankenhaus, KH-IT e.V., liegt ihm sehr am Erfahrungsaustausch. Neben seiner Tätigkeit als IT-Leiter ist er Mitglied in vielen bundesweiten Arbeitsgruppen. In zahlreichen Projekten war und ist er als IT-Strategieberater tätig.

Dipl.-Mathematiker Franz Jobst

Studium der Mathematik mit Nebenfach Betriebswirtschaftslehre in Regensburg, Kiel und Brest/Frankreich

1983-1984 Allianz Generaldirektion: Stabsstelle Information und Statistik

1984-1989 Wacker Chemie: Leiter des Referats Datenadministration

seit 10/1989 Direktor des Zentrums für Information und Kommunikation am Universitätsklinikum Ulm:

- 1990-1991 Einführung von SAP R/2
- 1994-1998 Ablösung des Mainframes durch Client-/Server-Technologie, u.a. Einführung SAP R/3
- 1998-2001 Entwicklung einer generischen digitalen Krankenakte
- 2000-2001 Einführung eines Data Warehouses
- 2002-2003 Einführung B2B für C-Artikel
- 2004-2005 XML-Einführung für die generische digitale Krankenakte
- 2006-2008 Umstellung der Kommunikation auf WebService-Basis
- 2007-2009 Aufbau und Ausweitung einer serviceorientierten Anwendungs-Architektur
- 2009 Beginn der Einführung von Web 2.0-Technologien

Daniel Kehrer

Nach seiner abgeschlossenen Berufsausbildung zum Fachinformatiker mit dem Schwerpunkt Systemintegration im Jahr 2004 am Klinikum der Stadt Ludwigshafen am Rhein gGmbH besuchte Herr Kehrer zahlreiche SAP-Schulungen und war ab diesem Zeitpunkt als „inhouse"-Berater im Bereich SAP MM (Materialwirtschaft) tätig.

Mit Beginn des Projektes zur Zertifizierung der Informationstechnologie nach der Norm DIN EN ISO 9001 übernahm er zusätzlich die Funktion des Qualitätsmanagementbeauftragten.

Dipl.-Ing. Thomas Kleemann

Nach dem Abschluss seines Maschinenbaustudiums an der Technischen Universität München im Jahre 1994, widmete sich Kleemann in mehreren Projekten dem Einsatz von EDV zur Prozessoptimierung und dem Aufbau großer Netzwerke.

Seit 2001 ist er Leiter der IT-Abteilung im Klinikum Ingolstadt und verantwortlich für die IT-Strategie des Hauses. Besonderer Schwerpunkt seiner Arbeit ist die Gestaltung eines ganzheitlichen IT-Ablaufes von der Aufnahme des Patienten bis zu seiner Entlassung. Im April 2008 hat er nach einer Projektlaufzeit von 6 Monaten erfolgreich ein Krankenhausinformationssystem (KIS) auf Basis von SAP und Siemens SOARIAN im Klinikum Ingolstadt eingeführt. Die Analyse und Standardisierung von Prozessen im Krankenhaus mit der Unterstützung durch IT-

Instrumente ist sein momentaner Schwerpunkt. Insbesondere die Erfahrungen und Lösungen aus anderen Wirtschaftsbereichen sind für ihn dabei von besonderer Bedeutung. Zusätzlich hat Herr Kleemann einen Lehrauftrag für Datenbankanwendungen an der Hochschule für angewandte Wissenschaften in Ingolstadt.

Dr. rer. med. Dipl.-Inf. Med. Ansgar Kutscha

Studium der Medizinischen Informatik an der Universität Heidelberg / Hochschule Heilbronn

1989–1995	Wiss. Angestellter Universitäts-Kinderklinik Heidelberg IT-Verantwortung im neurophysiologischen und neuropsychologischen Forschungslabor
1995–2001	IT-Leiter an der Universitäts-Kinderklinik Heidelberg
2001–2007	Senior Consultant bei PERGIS Systemhaus GmbH IT-Strategieberatung IT-Projektmanagement
2004–2007	Berufsbegleitende Promotion bei Prof. Dr. A. Winter am Institut für Medizinische Informatik, Statistik und Epidemiologie der Universität Leipzig
Seit 2007	IT-Leiter am Diakonie-Klinikum Schwäbisch Hall und zuständig für den Betrieb und die strategische Weiterentwicklung der IT-Lösungen des gesamten Diak-Konzerns bestehend aus 3 Klinikstandorten, Alten- und Behinderteneinrichtungen, ambulanten Pflegestationen sowie dem Dienstleistungszentrum mit insgesamt ca. 2.800 Mitarbeitern
Seit 2005	Stellv. Leiter der Arbeitsgruppe „Methoden und Werkzeuge für das Management von Krankenhausinformationssystemen" der GMDS und GI
Seit 2008	Vorsitzender des Beirats des Verbandes für Unternehmensführung und IT-Service-Management in der Gesundheitswirtschaft e.V. (VuiG)

Dr. sc. hum. Dipl.-Inf. Med. Ulrike Kutscha

Nach dem Studium der Medizinischen Informatik an der Universität Heidelberg und der Fachhochschule Heilbronn übernahm Frau Kutscha 1995 die Aufgabe der IT-Leiterin der Universitäts-Hautklinik in Heidelberg. 2001 wechselte sie in die Abteilung Medizinische Informatik und 2003 ins Zentrum für Informations- und Medizintechnik.

Der Schwerpunkt ihrer Tätigkeit liegt im Projektmanagement von Systemeinführungs- und Softwareentwicklungsprojekten. Hierbei oblag ihr jeweils die Personalverantwortung größerer Projektteams. Seit 2008 entwickelt sie im Auftrag des

IT-Managements ein Kennzahlensystem für das unternehmensinterne Controlling und Berichtswesen.

Dipl.-Inf. (FH) Helmut Schlegel

Nach seiner Laufbahn als Ausbildungsoffizier der Luftwaffe studierte Schlegel an der FH in Regensburg Informatik. Bereits während seines Studiums arbeitete er für den IBM Systemservice in München und Nürnberg. Bei der BULL AG in Stuttgart war er nach dem Studium sechs Jahre als Systemberater und Projektleiter tätig. Während der folgenden zehn Jahre bei der BULL AG in Nürnberg durchlief er mehrere Verantwortungsbereiche im Management der Geschäftsbereiche System-integration & Services (Beratungsleiter Nordbayern, Leiter Consulting Center Süd-deutschland, Systemleiter Industriekunden Deutschland, Leiter Consulting Center SAP Walldorf, Leiter Service Marketing SAP). Zum September 2006 folgte Schlegel dem Ruf des Verwaltungsrates der Stadt Nürnberg und übernahm die Verantwor-tung für die IT am Klinikum und in der Folge auch für das Gesamtunternehmen Klinikum Nürnberg mit den angeschlossenen Töchtern.

Helmut Schlegel war von 2002 bis 2007 stellvertretender Sprecher des Arbeitskrei-ses Krankenhaus in der DSAG e.V. Im Jahre 2004 war er Mitbegründer der Ar-beitsgruppe eGK des Verbandes der deutschen Krankenhaus IT-Leiter/innen e.V. Von 2006 bis 2009 war er Sprecher IT der Arbeitsgemeinschaft kommunaler Groß-krankenhäuser; seit 2010 ist er Mitglied des Fachausschusses für Daten-Informa-tion und Kommunikation der DKG e.V.

Darüber hinaus ist er Gastdozent an mehreren Hochschulen (ev. FH Nürnberg, FH Regensburg usw.). Auf zahlreichen Kongressen und Veranstaltungen war und ist er als Referent aktiv.

Dr. rer. biol. hum. Christoph Seidel

1976–1982: Studium der Mathematik an der Ludwig-Maximilian-Universität Mün-chen und Georg-August-Universität Göttingen; Diplom 1982.

1984: Wissenschaftlicher Angestellter am Zentrum Anästhesiologie, Rettungs- und Intensivmedizin der Kliniken der Universität Göttingen.

1989: Angestellter in der Abteilung für Informationsverarbeitung am Klinikum Nürnberg.

1992: Dissertation in Humanbiologie am Lehrstuhl für Medizinische Informatik der Medizinischen Hochschule Hannover. Thema der Dissertation: „Bestimmung der Herzwandkinetik aus transoesophagealen Echokadiogrammsequenzen".

1994: Akademischer Rat am Medizinischen Rechenzentrum der Kliniken der Uni-versität Göttingen.

Seit 2001: CIO am Städtischen Klinikum Braunschweig.

Seit 2004: Lehrauftrag am Peter L. Reichertz Institut für Medizinische Informatik der Technischen Universität Braunschweig und der Medizinischen Hochschule Hannover.

Seit 2006: stellvertretende Leitung der Arbeitsgruppe „Archivierung von Krankenunterlagen" der Deutschen Gesellschaft für Medizinische Informatik, Biometrie und Epidemiologie.

Seit 2007: Geschäftsbereichsleiter IT und Unternehmensentwicklung am Städtischen Klinikum Braunschweig.

2009: Sprecher IT der Arbeitsgemeinschaft kommunaler Großkrankenhäuser. Vorsitzender des Compentence Centers für die Elektronische Signatur im Gesundheitswesen CCESigG. Vizepräsident des Berufsverbands Medizinischer Informatiker BVMI.

Dr. rer. pol. Anke Simon

Promotion an der Philipps-Universität Marburg, Studium der Wirtschaftsinformatik an der TU Ilmenau, MBA-Studium des Social and Health Care Managements an der Hochschule Ravensburg-Weingarten

1987–1990	Tätigkeit als Krankenschwester
1995–1999	Wiss. Mitarbeiterin sowie Projektleiterin am Lehrstuhl für Unternehmensführung / Personalwirtschaft der Technischen Universität Ilmenau Kommissarische Geschäftsführerin des Lehrstuhls (1996 - 1998)
1999–2002	Stabsstelle der kaufmännischen Direktion im Klinikum Stuttgart
2002–2007	Leiterin des IT-Service-Centers im Klinikum Stuttgart
2007–2009	Aufenthalt in Melbourne/Australien, gleichzeitig externe Doktorandin
2009– dato	Dozentin und Studiengangsleiterin an der Dualen Hochschule BW in Stuttgart

Beirat im Vorstand des Bundesverbandes der Krankenhaus-IT-Leiterinnen und Leiter e.V. (KH-IT) / Leiterin des Arbeitskreises IT-Benchmarking des KH-IT-Verbandes

Mitglied der AG IT-Benchmarking der Arbeitsgemeinschaft Kommunaler Großkrankenhäuser (wissenschaftliche Begleitung und Datenauswertung)

Nebenberufliche Beratungsprojekte in den Bereichen strategisches IT-Management, Systemeinführung/-konsolidierung, Qualitätsmanagement sowie Marketing

Prof. Dr.-Ing. Martin Staemmler

Nach dem Studium der Elektrotechnik an der RWTH Aachen war Martin Staemmler in der medizinischen Bildgebung und Bildverarbeitung als wiss. Assistent am Klinikum der RWTH Aachen tätig. Als Projektleiter am Fraunhofer-Institut für Biomedizinische Technik (IBMT), St. Ingbert verantwortete er Projekte mit den Schwerpunkten Telemedizin, MR-Bildgebung und -Rekonstruktion und promovierte an der Universität Saarbrücken (MR Mikroskopie, 1993). Als Gruppenleiter am IBMT leitete er die Bereiche medizinisches Bilddatenmanagement, Gesundheitsinformationssysteme und Home-Care. Nach dem Ruf an die FH-Stralsund (1997) war er an dem Aufbau des Bachelor Studiengangs „Medizininformatik und Biomedizintechnik" sowie des Master Studiengangs „Medizininformatik" beteiligt und führte Projekte im Bereich der Telematik durch.

Herr Staemmler ist Gründungsmitglied und Mitglied des Vorstands des Instituts für Angewandte Informatik e.V. an der FH Stralsund sowie wiss. Beirat der KH-IT (Bundesverband der Krankenhaus-EDV-Leiterinnen/-Leiter KH-IT) und Mitglied der Präsidiumskommission eHealth der GMDS (Deutsche Gesellschaft für Medizinische Informatik, Biometrie und Epidemiologie e.V.). Er ist Mitglied in der GMDS, HL7, BVMI, ASTM und DGBMT.

Dipl.-Inf. Norbert Vogel

war nach dem Abschluss des Studiums der Informatik an der Universität Erlangen-Nürnberg über fünf Jahre als Projektleiter und Systementwickler bei einem Softwarehaus tätig. Schwerpunkte waren die Treiberprogrammierung für Ethernet-Interfaces sowie die Weiterentwicklung der Applikations- und Systemsoftware eines Patienten-Monitoring-Systems. Seit 1988 ist Vogel als Leiter des Sachgebietes Netzwerke und Basistechnologien in der IT des Klinikum Nürnberg unter anderem auch mit der IT-Sicherheit betraut. Er ist Sprecher des Arbeitskreises Netzwerkinfrastruktur der Arbeitsgruppe Kommunaler Großkrankenhäuser (AKG e.V.). Vogel war bis 1999 im Vorstand der Benutzergruppe Netzwerke (BGNW) und ist derzeit dort stellvertretender Moderator des Arbeitskreises Security. U.a. war er für die BGNW auch als Co-Lektor des dritten Teils der „Technischen Richtlinie Sicheres WLAN" des Bundesamtes für die Sicherheit in der Informationsverarbeitung BSI beteiligt. Er ist Mitglied im Prüfungsausschuss für Fachinformatiker der IHK Mittelfranken.

Sachwortverzeichnis

IT-Management und -Anwendungen

Detlev Frick | Andreas Gadatsch | Ute G. Schäffer-Külz
Grundkurs SAP® ERP
Geschäftsprozessorientierte Einführung mit durchgehendem Fallbeispiel
2008. XXX, 352 S. mit 442 Abb. und Online-Service
Br. EUR 39,90   ISBN 978-3-8348-0361-0

Frank Lampe (Hrsg.)
Green-IT, Virtualisierung und Thin Clients
Mit neuen IT-Technologien Energieeffizienz erreichen, die Umwelt schonen
und Kosten sparen
2010. XIV, 196 S. mit 33 Abb. und 32 Tab.
Geb. EUR 39,90   ISBN 978-3-8348-0687-1

Rudolf Fiedler
Controlling von Projekten
Mit konkreten Beispielen aus der Unternehmenspraxis - Alle Aspekte der
Projektplanung, Projektsteuerung und Projektkontrolle
5., erw. Aufl. 2010. XVI, 280 S. mit 215 Abb. und und Online-Service.
Br. EUR 34,95   ISBN 978-3-8348-0889-9

Wolfgang Riggert
ECM - Enterprise Content Management
Konzepte und Techniken rund um Dokumente
2009. X, 186 S. mit 39 Abb. und 17 Tab. und und Online-Service und Online-
Service. Br. EUR 24,90   ISBN 978-3-8348-0841-7

VIEWEG+
TEUBNER
Abraham-Lincoln-Straße 46
65189 Wiesbaden
Fax 0611.7878-400
www.viewegteubner.de

Stand Januar 2010.
Änderungen vorbehalten.
Erhältlich im Buchhandel oder im Verlag.

IT-Management und -Anwendungen

Ralf Buchsein | Frank Victor | Holger Günther | Volker Machmeier

IT-Management mit ITIL® V3

Strategien, Kennzahlen, Umsetzung
2., akt. und erw. Aufl. 2008. XII, 371 S. mit 93 Abb. und Online-Service
Br. EUR 41,90   ISBN 978-3-8348-0526-3

Gernot Dern

Management von IT-Architekturen

Leitlinien für die Ausrichtung, Planung und Gestaltung von Informationssystemen
3., durchges. Aufl. 2009. XVI, 343 S. mit 151 Abb. Br. ca. EUR 49,90
                                                 ISBN 978-3-8348-0718-2

Knut Hildebrand | Marcus Gebauer | Holger Hinrichs | Michael Mielke (Hrsg.)

Daten- und Informationsqualität

Auf dem Weg zur Information Excellence
2008. X, 415 S. mit 108 Abb.
Br. EUR 41,90   ISBN 978-3-8348-0321-4

Helmut Schiefer | Erik Schitterer

Prozesse optimieren mit ITIL®

Abläufe mittels Prozesslandkarte gestalten - Compliance erreichen und Best
Practices nutzen mit ISO 20000, BS 15000 & ISO 9000
2., überarb. Aufl. 2008. VIII, 283 S. mit 80 Abb. und Online-Service
Br. EUR 51,90   ISBN 978-3-8348-0503-4

**VIEWEG+
TEUBNER**

Abraham-Lincoln-Straße 46
65189 Wiesbaden
Fax 0611.7878-400
www.viewegteubner.de

Stand Januar 2010.
Änderungen vorbehalten.
Erhältlich im Buchhandel oder im Verlag.